양자역학이란
무엇인가

양자역학이란 무엇인가

원자부터 우주까지 밝히는 완전한 이론

초판 1쇄 발행 | 2018년 6월 4일
초판 3쇄 발행 | 2021년 4월 8일

2판 1쇄 발행 | 2023년 1월 20일
2판 2쇄 발행 | 2023년 6월 10일

지은이 | 마이클 워커
옮긴이 | 조진혁
감수인 | 이강영
발행인 | 안유석
책임편집 | 고병찬
디자이너 | 김민지
펴낸곳 | 처음북스
출판등록 | 2011년 1월 12일 제2011-000009호
주소 | 서울특별시 강남구 강남대로364 미왕빌딩 17층
전화 | 070-7018-8812
팩스 | 02-6280-3032
이메일 | cheombooks@cheom.net
홈페이지 | www.cheombooks.net
인스타그램 | @cheombooks
페이스북 | www.facebook.com/cheombooks
ISBN | 979-11-7022-252-2 03420

양자역학이란 무엇인가

QUANTUM FUZZ

원자부터
우주까지 밝히는
완전한 이론

마이클 워커 지음

조진혁 옮김 | 이강영 감수

처음북스

이전부터 현재까지 나의 모든 가족에게

차 례

소개의 글

———————★———————

우린 역사적으로 특별한 시기에 살고 있다. 세상의 지식이 기하급수적으로 팽창하고 있다. 내가 가장 좋아하는 과학자 중 한 사람인 칼 세이건Carl Sagan의 말을 인용하자면, "우린 과학과 기술에 절묘하게 의존하는 사회에 살지만, 과학과 기술을 조금이라도 아는 사람이 거의 없다"[1]는 점이 중요하다. 이것이 진정한 문제이고 바로잡아야한다.

그리고 그 이외에도 과학에는 사람들 대부분이 놓치고 있는 흥분할 만한 것이 있다. 수학이 과학의 언어이고 그와 연관된 수학은 너무나 복잡해 높은 수준으로 수학교육을 받은 사람이라야 과학을 감상할 수 있기에 문제가 되기도 한다. 그러나 가끔씩 '번역자'가 나타나 과학의 의미와 아름다움 그리고 흥미로움을 일반 대중에게 전해준다.

마이크 워커는 번역자로서 최첨단의 과학을 소개한다. 그는 교육자가 아니지만 이 대중적인 책을 통해 수학을 피하면서 물리 세계를 명확하게 이해하도록 도와준다. 그가 표현하듯, 궁금증을 해결하려고 꼭 수업을 들을 필요는 없다. 요즘에는 수업을 듣는다고 궁금증이 생기는 것도 아니다. 수학의 수렁에 빠져 헤매거나, 이 책에서 논의할 흥미로운 세계를 가르치지 않을 수도 있기 때문이다. 물리학을 전공하더라도 말이다. 몇 가지 세부 사항은 물론 지루하겠지만(어느 첨단 분야라도 마찬가지다), 이 책을 모든 학생을 도와줄 대중 서적으로서 추천하는 데 전혀 거리낌이 없다. 이 책을 보면 수학을 넘어 벌어지고 있는 일을 더욱 깊이 이해할 수 있을 것이다. 『양자역학이란 무엇인가』는 전문서적을 대신하려고 기획된 책은 아니지만 훨씬 더 재미있고, 쉽게 읽히며, 흥미롭다.

　　이 책의 중심은 양자역학이다. 물론 일상적이지 않고 응용 분야도 깊이 파고들지만, 워커는 물리적인 세계를 가장 이상하고, 매력적이며, 아름답게 묘사한 양자역학에 생명을 불어넣는다. 특히 양자역학의 일부인 원자를 묘사하는 측면에 공을 들이고 있으며 그것을 바탕으로 화학과 우리 주변의 모든 것을 설명한다. 이 책은 양자역학을 '번역하면서' 수학을 사용하지 않고 대부분 시각적으로 표현하려 했다. 이 책은 이따금씩 물리와 화학의 역사 및 이 역사를 진행시킨 중요한 과학자의 삶을 말하며 활기를 준다.

　　개인적으로, 비록 나중에 실험해 본 결과 믿기 어려울 정도로 성공적이었다고 밝혀지지만, 양자역학을 발견한 초기 과학자가 얼마나 애를 먹었는지를 묘사한 부분이 마음에 든다. 과학계의 거인 사이에 벌어진 대단한 논쟁 이야기도 사랑스럽다. 예를 들어, (양자역학과 그 비상식적인 결론을 싫어했으나 결국 이 분야의 연구로 노벨상을 수상한) 앨버트 아인슈타인은 "신은 우주를 두고 주사위를 굴리진 않는다"고 말한 걸로 유명하다. 또 다른 노벨상 수상자인 닐스 보어는 아인슈타인만큼 유명하지는 않으나 동등하게 중요한, "신에게 이래라저래라 하지 마라"라는 말로 응수했다. 또한 보어는 "이 주제를 두고 충격을 받지 않는 사람은 이것을 이해하지 못한 것이다"라고 말하기도 했다. 그리고 80년 이상의 시간이 흐른 지금, 양자역학은 주장컨대 역사상 가장 성공적이며, 논증과 시험을 거친 이론이다.

　이 책이 과학과 역사를 함께 엮은 첫 번째 책은 아니다. 이 주제를 다룬 많은 교양서적이 개념의 어려움을 완화하려고 이러한 방식을 사용한다. 그러나 워커는 물리에 연관된 화학을 설명하고 양자역학을 이해한 것이 어떻게 현대의 발명과 기술 대부분을 가능케 했는지도 설명한다. 그는 산업 연구소에서 일생에 걸쳐 연구한 관점에서 설명한다(또한 자신이 직접 관여한 프로젝트 중 일부를 간략하게 소개하기도 한다). 그리고 우리 우주를 해석하고, 어떻게 우주가 빅뱅과 함께 시작해 현재처럼 되었는지를 이해하는 데에 양자역학에 대한 지식과 이해를 활용하고자 지구에서 우리가 볼 수 있는 것 이상을 다룬다.

　마지막으로 이곳 지구상의 인간과 사물은 모두 원자로 만들어졌다. 하지만 왜 원자가 놀랍게도 전 우주에 (균일하게) 퍼져 있는지와 어떻게 이러한 형태가 우리 우주의 특성 중 상당 부분을 결정하는지를 우리는 전혀 모른다. 이 책에 승선해 '이해'라는 신대륙을 찾아 항해할 좋은 기회를 잡길 바란다.

　내가 그러했듯 여러분 또한 이 책을 즐기리라 믿는다. 그리고 과학적 사실이 정말 소설보다 훨씬 더 이상하다는 점에 동의할 거라 확신한다.

데이비드 토백

텍사스 A&M대학교
기초물리학, 천문학 미첼연구소
물리학 천문학 교수
학부교육향상 사만 교수

*저자 주
토백 교수는 비과학 전공자를 위한 우주론 과정을 가르치고 있으며, 2013년 『빅뱅, 블랙홀, 수학 없음Big Bang, Black Holes, No Math』를 출간했다.

서문

———✖———

| 밖에 얼음, H_2O 분자들이 보인다. 이들은 양자적으로 구조를 이루고 있지 않다면 존재하지 못할 것이다(그리고 나도 존재하지 못할 것이다).

| 핸드폰으로 전화를 받는다. 액정, 전선, 반도체칩. 이들이 양자적으로 구조를 이루고 있지 않다면 그 어느 것도 존재하지 못할 것이다.

우리는 아름답고, 흥미로운 양자세계에 살고 있다. 우리 자신도 양자로 이루어진 존재다. 모든 생명과 물질은 양자이며, 우리의 기술은 양자론을 이해하면서 점점 진보하고 있다. 하지만 대다수는 이 이론을 어렴풋이 알고 있을 뿐이다.

1900년, 독일 물리학자 막스 플랑크는 뜨거운 물체로부터 그가 '양자$_{quanta}$' 라고 이름 붙인 에너지 덩어리 형태로 빛이 방출된다는 것을 발견했다. 이 발견은 이후에 양자혁명, 양자론, 양자역학, 양자세계와 같은 용어를 탄생시키는 빙산의 일각이었다.

호기심 많은 일반 독자가 이러한 양자세계를 쉽게 이해할 수 있도록 하려고 이 책을 썼다. 지난 120년간 일어난 풍부한 과학적 발견과 이와 연관된 인간사와 갈등을 역사적으로 서술해 나가고자 한다. 이 목적을 달성하려고 이러한 주제로 쓴 문서와 그 외의 방식으로 이미 나와 있는 최고의 것을 염치 불구하고 빌려 쓰거나 요약했으며, 각 경우에 연관된 수학적인 부분은 아주 간단한 것을 제외하고는 의도적으로 피하고자 했다.

만약 이 세상이 양자세계가 아니라면 원자는 서로 겹쳐질 수 있으며, 원자로 이루어진 물질의 부피가 아마 백만 × 십억 분의 1만하게 줄었을 것이나 그 무게는 지금과 같을 것이다. 인간은 머리 한 가닥 두께만큼의 아주 작은 키에 체중은 그대로일 것이다. 그리고 화학적 특성이 지금과 달라 원소의 양태와 특성이 완전히 달라졌을 것이다. 분자는 (만약 존재한다면) 매우 다를 것이다. 물이나 공기는 없고, 아마도 고체뿐이며 원자는 중력의 인력에 의해서만 서로 얽혀 있을 것이다. 아마도 불은 없을 것이다. 생명체는? 어떤 형태로? 생각은? 의식은?

양자 요동으로 설명이 가능한 초기 우주의 불균질성이 아니었다면, 물질이 응집해 별과 은하계를 만드는 작용이 다르게 일어났을 것이며 훨씬 더 많은 시간이 걸렸을 것이다. 아마도 현재의 태양은 없고, 태양 빛도 없으며, 살기 좋은 지구도 없었을 것이다.

그렇지만 현재 우리의 모습은 이러하다. 은하계는 실재하며 우리는 주위를 둘러싼 환경 속에서 살고 있다. 이는 우주와 원자의 양자적 성질 때문이다. 일상생활에서 보이지는 않지만 이 세계의 내면에서 일어나는 작용은 매우 이상한데, 상상을 초월할 정도로 이상하다.

'양자론'(좀 더 수학적 체계에서는 '양자역학')은 이러한 이상함뿐 아니라, 아인슈타인의 상대성이론과 함께 우리 주변 세계에서 관찰되는 모든 양상을 설명하며, 고전 뉴턴 물리학의 결함까지 설명한다. '양자론의 예측 중 단 하나도 틀렸다고 결정된 것이 없고,'[1] 양자론은 새로운 발명으로 향하는 길을 열었다. 5년 전에 "우리 경제의 3분의 1이 양자론에 근거한 산물 때문에 나타난다"[2] 고 서슴없이 말할 수 있었다.

이상함을 말하자면, 우선 양자 우주에서의 사건은 더 이상 과거 사건을 보고 예측 가능할 만큼 확실히 정해져 있지 않다. 즉, 확률에 근거한다. 아인슈타인이 "유령 같은 원격작용"[3]이라 부른 '얽힘'과 비국소성도 있다. 한 물체를 한 곳에서 측정한 정보가 빛보다 빠른 속도로 즉시, 다른 한쪽에 있는 물체에 정보를 전달해 어떠한 매질 없이도 (먼 곳에 있는) 그 물체의 측정 결과를 결정할 수 있다. 원인과 결과에 대한 인식도 바꿔야 한다(흥미롭게도 이러한 이상함에 대한 해결책은 더욱 이상하다. 우리가 평행한 수많은 세계 중 단지 하나에 살고 있다는 것이다).

그러면 엔지니어들은 어떻게 이 모든 확률과 이상함에도 불구하고 행성의 움직임을 예상해, 달과 그 너머로 로켓을 보내며 정밀하게 작동하는 기계를 만들 수 있었을까? 글쎄, 거시적 세계를 묘사하는 데 그들이 사용해 온 (그리고 계속해서 사용할) 익숙한 고전적 견해는 일종의 물리학 약식으로 볼 수 있다. 고전적 견해는 큰 물체(모래 한 알이면 꽤 큰 편이다)에 대한 계산을 꽤 정확하게 양자 물리학의 확률적 결과물(번거롭고 가끔은 사용하기에 부적절하다)에 근접시키는 쉽고 빠르며 현실적인 방식이다.

그러나 엔지니어가 설계하는 데 사용하는 현대적 도구와 기계 속의 어떤 부품은 사실 양자론적 시각의 산물이라는 사실은 주목할 만하다. 여기에는 레이저와 초전도체 그리고 모든 현대 반도체 전자장치가 포함된다.

뒤에 나올 장에서는 이 세계의 양자론적 특성을 어떻게 이해하게 되었고 유익하게 사용하게 됐는지를 설명한다. 연대순으로 기술하는 1부에서는 양자를 이해하도록 이끈 '양자혁명'과 그와 관련된 논쟁을 기술한다. 양자, 물리학의 확률적 본질 그리고 이제는 보편적으로 물질의 최소 단위라 받아들이는 원자의 발견 같은 중대한 실험적, 이론적 결과를 이야기를 하고, 이러한 개념이 어떻게 레이저의 발명을 낳고 여러 곳에 응용되는지 예를 들어 보인다.

2부에서는 이론이 어떻게 전개됐는지 간략히 요약하고 어디에 적용됐는지 기술한다. '얽힘'은 동시에 "객관적으로 실재"하고 "국소적"일 수는 없다. 여기서는 이러한 용어가 뜻하는 바를 알아본다. 또한 여기에서 양자론을 응용한 몇 가지 제품을 설명한다. 기존 컴퓨터와 비교했을 때 번개 같은 속도로 동작할 초강력 양자컴퓨터, 양자암호, 그리고 상상 속에서나 가능할 법한 '얽힌' 순간이동(여러분이 생각하는 그건 아니다)에 대한 전망 등이다.

3부에서는 빅뱅 이후 최소 입자부터 별과 은하계의 형성에 이르기까지 영향을 미치는 양자를 일부 알아본다. 블랙홀, 초신성, 힉스 입자, 그리고 기본입자를 논한다. 여기에서 빅뱅에 관계된 강력한 에너지를 설명할 때는 양자역학과 일반상대성이론이 외견상으로 양립하지 못함을 말하며, 가능한 대안인 끈이론과 루프 양자 중력 이론도 참고해 본다.

4부에서는 양자론부터 실제 세계와 우리가 주변에서 볼 수 있는 것들까지 연결해 본다. 다전자 원자의 형태와 물리적 성질이 얼마나 수소원자의 양자 구성과 흡사한지와 연관해 모든 물질의 화학적 성질과 본질을 설명한다(나에겐 이것이 양자역학의 가장 중요한 산물이며, 양자역학을 이해함으로써 이 발견이 이루어졌다).

나는 물리와 화학을 공부하는 학생과 졸업생조차 기쁘게 만들 방식으로 원자 내부에서 일어나는 일을 시각화할 것이다. 5부에서 설명할 양자론적 경이로움을 이해할 배경지식으로서 '결합'과 '재료공학'을 약간 소개하는 짧은 장으로 4부를 결론 맺는다.

이 책의 마지막 파트에서는 양자역학에서 비롯된 결과이거나 양자역학으로 설명되는 재료나 발명품을 말한다. 여기에는 현대의 초전도체, 초전도장치, 핵융합 발전, 양자식 전자기기가 포함된다. 또한 새로운 초전도체, 반도체 그리고 그래핀과 나노튜브를 포함해 개발이 진행되고 있는 재료와 그 재료의 의료, 전자공학, 에너지 저장 부문에서의 응용도 함께 설명한다.

이러한 역사를 이끌어 온 매우 뛰어난 남성과 여성의 인생과 개성을 이 책 속에서 살짝 들여다볼 수 있도록 했다. 이런 이야기와 약간의 흥미로운 정보를 주된 내용과 구분하려고 박스 안에 넣었다. 또한 여기저기 추가 설명이나 배경지식을 제공하며, 때론 시간 순서에서 벗어나기도 한다. 이러한 부분은 들여쓰기 되어 있다. 마지막으로 좀 더 깊이 들어가 보고 싶은 독자를 위해 ①특정 장과 연관된 부록과 ②추천 도서목록(그리고 CD로 된 강의시리즈)을 제공한다. 쉽게 참조할 수 있도록 각각 A부터 Z까지 분류한 같은 책을 자주 인용하고 있으며 26개 이후의 책은 동일한 두 개의 알파벳을 사용해 표기했다. AA, BB, CC…식이다.

독자 여러분을 환영한다.

마이클 S. 워커 박사

1부

발견과 이해

1900 ~ 1927

1장

1부, 2부에 대한 소개

이 세상은 양자세계이지만 수십 년간의 실험과 이론을 통해 비로소 알려졌다. 1900년부터 원소의 화학적 성질, 주기율표, 원자의 크기, 우리의 크기가 현재와 같은 이유, 그리고 당시까지 존재한 인습적이고 고전적인 시각(예를 들면 사과의 낙하와 행성의 궤도를 설명하는 뉴턴의 운동의 법칙)에 위배되는 여러 현상을 설명하는 급진적이고도 새로운 이론이 전개되었다.

새로운 견해를 대개 '양자론'이라고 지칭하며, 이러한 견해를 설명하고 일반적으로 적용되는 계산법으로 통합한 수학적 접근을 '양자역학'이라 한다. 이러한 결과물을 통틀어 '인간이 창안한 것 중 가장 성공적인 발상'[1]이며 '이제껏 만들어진 것 중 가장 강력한 물리학 이론'[2]이라 말한다.

1925년까지 양자론은 실험상 발견을 그럭저럭 설명할 수 있는 가정, 주장 그리고 유사 고전주의적 생각의 집합체였다. 그러나 이후 몇 년 뒤 세 명의 젊은 과학자가 각각 전자 하나로 이루어진 수소원자를 정확히 설명하는 수학적 구조를 완성하자 모든 노력을 뒷받침할 확고한 토대가 마련됐다.

1927년 가을 전 세계 24명의 주요 과학자가 브뤼셀에 모여 거의 일주일 동안 제5회 국제회의를 열었다. 벨기에의 기업가 어니스트 솔베이가 후원한 이 회의는 새로운 양자역학을 지속적으로 발전시키겠다는 목적으로 '최고의 물리학자가 함께한 유례없이 흥분된 모임'[3]이었다. 그림 1.1에 이 그룹과 다섯 명의 게스트가 보인다. 이 그룹 중 17명이 당시 물리학 또는 화학 노벨상 수상자이거나 후에 수상자가 되었다

그림 1.1. 제5회 솔베이 국제회의 참가자들, 주제는 양자역학, 1927년 10월 24~29일(사진: 벤쟈민 쿠프리, 국제 솔베이 협회 제공)

(참고: 노벨상은 수여하는 시점에 생존해 있는 과학자에게만 주어진다. 그리고 작업이 세상에 끼친 가치가 인정을 받는 데까지 대개 많은 세월이 걸린다. 그래서 수상할 만한 많은 과학자가 그 전에 세상을 떠났다).

솔베이 국제회의가 열린 당시 물리학계는 양자론의 해석과 도입에 극단적인 관점을 보이는 두 개 진영으로 나뉘어 있었다. 앨버트 아인슈타인(사진 속 첫째 줄 중간)이 이끄는 한 진영과 닐스 보어(두 번째 줄 오른쪽 맨 끝)가 이끄는 다른 진영이 그들이다. 견해 차이가 워낙 심해 현실과 물리학 자체의 의미까지 주제로 삼고 다투었다. 이들의 견해는 최근 판정이 났지만, 이때는 처음으로 양측의 모든 주요 주자가 회동해 발표하는 순간이었다. 말하자면 거인들의 격돌이었다.

1부는 모임 이전을 설명하고 양자론과 양자역학이 어떻게 전개됐는지를 다룬다. 여기서 실험, 견해, 관련된 사람을 기술한다. 2부에서는 이 모임과 새로운 이론 제시, 그리고 이어진 논쟁과 상상을 초월하는 영향력을 살펴보며 토론에 판정을 내린 결정적인 실험을 이야기한다.

참고로 1부와 2부에 나오는 역사적인 이야기는 훌륭한 책인 만지트 쿠마르Manjit Kumar의 『양자혁명Quantum—Einstein, Bohr, and the Great Debate about the Nature of Reality』4에 많이 의존했다. 그리고 1부와 2부, 3부 전반에 걸쳐 적절한 지점에서 노벨 물리학상 수상 여부와 노벨 재단이 각 상에 수여한 근거를 열거한다. 이 모든 인용의 출처는 <20세기 과학the Twentieth Century Science> 시리즈 중 알프레드 보르츠의 『물리학: 100년사Physics: Decade by Decade』의 '노벨 수상자' 부분이다.

과학 표기법 및 과학 약칭

이 책을 통틀어 수학은 아주 단순한 것을 제외하고는 피하려 했다. 그 대신 몇 가지 간단한 물리학 관계를 기술하고자 '과학 약칭'을 사용한다. 그리고 이곳저곳에서 아주 큰 수나 아주 작은 수가 나오기 때문에 '과학 표기법'을 사용해 단순화한다. 다음 들여쓰기 되어 있는 단락에서 약칭과 표기법 각각 두 개의 예시를 제공해 설명한다. 두 가지 편리한 방식에 익숙해지고 필요할 때 쉽게 사용할 수 있도록, 몇 분 정도 시간을 내 이 예시들을 보길 바란다.

예를 들어 광속을 c로 표기한다. 에너지는 물질의 질량과 등가하다는 아인슈타인의 공식 $E=Mc^2$ 를 알고 있을 것이다(이 공식, 또는 방정식이 바로 과학 약칭이다). 그리고 c가 바로 광속을 나타내는 숫자와 단위에 대한 약칭이다. C=299,793,000미터/초에서 299,793,000은 숫자이고 미터/초 단위(미터와 초)를 포함하고 있으며 m/s라는 약칭으로 쓴다(참고: 길이의 국제표준 단위인 미터는 1야드 3인치다. '야드 줄자'나 '미터 줄자'라는 용어를 들어 보았을 것이다). c 다음에 나오는 위첨자 2는 c 자신만큼 배가 된다($c \times c$)는 의미다.

간결하게 때론 대략적으로 c와 같은 큰 수를 나타낼 때 과학 표기법을 사용한다. ⓐ 처음의 숫자 몇 자리에서 소수점을 찍은 형태로 반올림한 뒤(여기에선 2.998) ⓑ 곱하기 10의 소수점 이후 전체 자릿수로 위첨자('제곱')를 표시한다(이것은 10을 그 숫자의 횟수만큼 곱한 것과 같다). 그러므로 이 표기법에선 $c=2.998 \times 10^8$m/s이다. 자릿수는 알려진 만큼의 정확함 또는 사용할 때 정확도에 따라 달라진다. 좀 더 반올림하면 기억하기 쉬운 $c=3 \times 10^8$m/s를 얻는다(여기에서 10^8은 10을 자신만큼 8번 곱한다는 뜻이다).

또한 아주 작은 수를 몇 번 마주치게 될 것이다. 예를 들어 전자의 질량은 0.0000000000000000000000000000091083킬로그램이며 1킬로그램은 2.2파운드다. 이것은 9.1083 x 10^{-31}kg으로 쓰며 10^{-31}의 - 표시는 9.1083을 10^{31}, 즉 10으로 31번 나눈다는 뜻이다.

2장

---✦---

플랑크, 아인슈타인, 보어
– 실험과 초기의 견해

우리가 양자세계에 살고 있다는 깨달음은 당시 절대적 진리로 여겨지고 있었고 보편적으로 인정된 고전 물리학과 맞지 않는 듯해 느리게 받아들여졌다.

이 장에서는 단서를 찾고 연결하며 큰 퍼즐을 완성해 사건을 해결하는 셜록 홈즈처럼 이러한 발견들을 검사할 것이다. 단서와 단서 사이를 이동하며 연관된 인물의 전기를 박스에 넣어 소개했다. 또한 약간의 물리학 배경지식을 들여쓰기한 단락으로 안내함으로써 이러한 단서를 이해할 수 있도록 할 것이다. 첫 번째 단서이자 그 시초는 막스 플랑크가 발견했다.

양자 (첫 번째 단서)

사진 1.1에서 첫째 줄 아인슈타인의 좌측 두 번째에 마리 퀴리가 보이고 그 옆에 앉은, 맨 왼쪽에서 두 번째가 1900년 빛과 열의 복사에 대한 설명으로 양자혁명을 시작한 막스 플랑크다. 당시 이론물리학 연구의 중심은 독일이었는데 이론물리학 교수 16명만 있을 뿐이었다. 작은 커뮤니티였다. 이론물리학은 20대 남성이 대부분 발달시켰고, 특히 20대 초반이 많았다. 플랑크는 마흔이 넘은 나이였다.

새로운 학문에 근거한 상품을 개발하면 유리한 고지를 차지할 수 있다는 인식하에 독일 정부는 1887년부터 베를린 외곽에 물리기술왕립연구소PTR를 세웠다. 당시 세계 최고 수준의 시설을 갖췄고, 최대의 비용을 투자했다. 그곳에서 더 나은 전구를 개발하려고 뜨거운 물체의 빛과 열 복사를 연구했다. 1900년 초, 복사를 설명하는 고전 이론에 결점이 있다는 새로운 실험결과가 나왔다(첫 번째 단서). 당시 독일 베를린대학의 선임물리학자였던 플랑크는 이 문제를 연구하기로 결심했다.

그림 2.1. 막스 플랑크 (출처: AIP Emilio Segre Visual Archives)

막스 칼 언스트 루드윅 플랑크는 1858년 4월 23일 출생해 부유하고 교양 있는 가정에서 자랐다. 성직자의 후손인 그의 아버지는 키엘에서 헌법학 교수로 일했는데, 당시 덴마크 홀슈타인에 속해 있었다. 막스는 모범적인 학생이었고, 예술가로서 인생을 살아도 되었을 만큼 뛰어난 피아니스트였지만 물리학에 대한 호기심을 따랐다. 그가 배울 당시의 교수들은 국가의 지원을 받았으나 이론물리학은 학문 분야로 정립되지 못한 시기였다. 여러 대학에서 저명한 과학자와 함께 박사과정을 밟은 후 막스는 1880년, 사강사(학생들로부터 직접 수업료를 받으며, 가르칠 공간이 제공되나 대학의 교수직은 아닌 강사)로 가르치기 시작했다. 8년 뒤 30세가 되었을 때 베를린대학에 신설된 이론물리학과로부터 구스타프 키르히호프의 후임 교수직을 맡아 달라는 제안을 받는다.

1900년 말, 플랑크는 복사에 대한 새로운 실험 결과를 완벽히 설명할 수식을 만들었으나 자신과 모든 사람이 확고하게 견지하던 고전적 개념을 고통스럽게도 부정해야 했다. 그는 자신이 방금 발견한 사실이 미칠 영향을 깊이 고민했다.

플랑크의 성과에 내포된 기묘함과 양자역학의 많은 부분을 이해할 수 있도록 돕고자 빛과 열 복사에 관한 역사를 간략히 소개한다.

아이작 뉴턴은 1600년대 중반, 빛은 그가 미립자corpuscle라 지칭한 입자로 구성돼 있다고 이론화했다. 이러한 관점은 1801년에 위대한 뉴턴의 견해에 감히 반대한 27세의 토머스 영에 의해 뒤집어진다. 영은 장벽에 난 두 개의 틈slit에 부딪히는 빛은 물결 같은 파동처럼 회절과 간섭을 일으킨다는 사실을 발견했다. 여기서는 물에서 벌어지는 파동에 비유해 이러한 과정을 설명하겠다.

그림 2.2는 물을 양쪽으로 나눈 장벽에 나 있는 두 개의 틈에 물결이 부딪힐 때 일어나는 회절과 간섭을 보여준다. 물결은 실제로 이동하지 않는다는 점을 참고한다. 물 분자는 주로 위아래로 움직이기 때문이다. 물은 한 지점에서 정점에 오르고 이어서 약간 앞쪽의 물이 잠시 뒤에 정점에 오르는데, 이 작용은 경기장의 관중석에 앉은 축구 팬들이 일어났다가 손을 내리는 인간 파도와 흡사하다. 인간 파도가 경기장을 돌면서 전파되는 것과 달리 그림 속 물결은 왼쪽에서 오른쪽으로 전파된다.

이제 (마루에서 마루까지의 파장이 w인) 물결이 ⓐ에 보이는 것처럼 벽에 부딪힌다고 해보자. 각 물결의 일부가 두 개의 틈을 통해 건너편으로 나오는데, 시점 2의 ⓑ에 보이는 것처럼 각 틈에서 회절(바깥쪽으로 퍼짐)하고 시점 4까지 진행된다. 한쪽 틈에서 나온 회절된 물결은 두 번째 틈에서 나온 물결과 간섭할 것이다. 물결은 교차되며 간섭해, 시점 3에서는 마루(선으로 표시함)의 교차가 보이고 시점 4에서는 점선 L 위치의 ⓒ에 보이는 파고의 간섭 패턴으로 나타난다. 마루와 마루가 교차하는 곳에서 물은 양쪽 물결이 합쳐진 높이만큼 오른다. 골과 골이 만나는 곳에서는 두 골의 깊이가 합쳐진 만큼 물이 내려간다. 마루와 골이 만나는 곳에서는 소멸하는 경향이 있고 물은 정도 차이는 있으나 그다지 오르거나 내려가지 않는다.

이것은 물의 경우였고, 빛은 어떨까? 이 그림의 오른쪽에 보이는 간섭 패턴은 빛이 어떻게 행동하는지를 보이려고 영이 런던 왕립학술원에서 실험한 빛의 패턴과 유사하다. 그의 주장은 어떤 입자도 양쪽 틈을 동시에 통과할 수는 없으며 스스로 간섭할 수 없다는 것이었

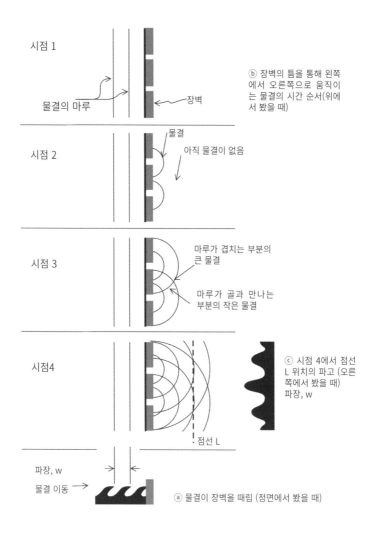

시점 1

물결의 마루

장벽

ⓑ 장벽의 틈을 통해 왼쪽에서 오른쪽으로 움직이는 물결의 시간 순서(위에서 봤을 때)

시점 2

물결

아직 물결이 없음

시점 3

마루가 겹치는 부분의 큰 물결

마루가 골과 만나는 부분의 작은 물결

시점4

ⓒ 시점 4에서 점선 L 위치의 파고 (오른쪽에서 봤을 때)
파장, w

점선 L

파장, w

물결 이동

ⓐ 물결이 장벽을 때림 (정면에서 봤을 때)

그림 2.2. 물결의 회절과 간섭: ⓐ 마루에서 마루까지의 파장이 w인 물결이 왼쪽에서 오른쪽으로 전파된다. ⓑ 시점 3에서 묘사된 것처럼 2개의 틈을 통해 회절하고 간섭하며 ⓒ 우측 하단에 보여지는 것처럼 L선 위치에서 간섭 패턴을 만들어낸다. (Big Bang, Black Holes, No Math, by David Toback. Copyright© 2013 by David Toback의 그림 5.1에서 승인을 받아 수정함)

다. 그리고 간섭하는 영역에서 빛의 강도를 측정한 영의 실험 결과는 우리가 물결의 간섭에서 본 패턴가 같았다.

빛이 입자가 아닌 파동으로 구성된다는 결론이어야 했다. 그러나 당시 이러한 결론은 받아들여지지 않았다.

쿠마르는 다음과 같이 말했다. "영이 간섭에 관한 의견을 제시하고 1802년 그의 초기 결과를 보고했을 때 언론은 뉴턴에게 도전한다며 격렬히 공격했다. 그는 뉴턴에 대한 자신의 감정을 '뉴턴의 이름을 매우 공경하지만 그렇다고 해서 그가 결코 오류가 없다고 믿지도 않는다. 나는 의기양양한 것이 아니라 유감을 표하는 것이다. 뉴턴이 실수를 범할 수 있는데, 아마도 그의 권위가 가끔 과학의 진전을 지연시키기도 했을 것이라 생각한다'[1]고 쓴 소책자를 만들어 스스로를 방어하려 했다. 이 책자는 단지 한 부만 팔렸다."[2]

플랑크 시대가 되자 상황이 뒤집어졌고, 빛이 파동이 아니라고 믿는 사람을 찾기가 어려워졌다.

모두 견고한 이론과 실험에 기반했다. 그러나 곧 보게 되듯 정반대의 새로운 증거가 쌓이기 시작했다.

다음의 몇 단락에서 파동에 어떤 특성이 있는지 살펴본다. 지엽적인 것처럼 보일지 모르나 나중에 매우 유용해질 것이다.

영의 실험으로부터 100년이 지난 후에 플랑크가 분석한 내용은 빛이 파동이라고 굳게 믿던 고전적 견해에 모순됐다. 자신의 이론을 측정된 자료에 맞추려면 빛 또는 열 복사는 별개의 입자와 같은, 그가 양자라 부르는 에너지 묶음 형태로 이뤄져야 했다. 그리고 분석이 가능하도록 각 양자의 에너지는 상수(나중에 플랑크상수라 부르며 부호 h로 나타냄)에 빛의 진동수를 곱한 것으로 정의했다. 약칭으로 $E_{quantum}=hf$다. 그러므로 진동수가 낮을수록(즉, 붉은 색과 적외선으로 향하는 경향이며 빛의 파장이 길어질수록) 관련된 양자에너지는 작아진다. 그리고 반대로 진동수가 높을수록(즉, 자색과 자외선으로 향하는 경향이며 빛의 파장이 짧아질수록) 각 양자의 에너지는 커진다(앞으로 보게 될 텐데, 플랑크상수는 기하학과 수학에서 π의 쓰임처럼 물리학의 토대다).

마루에서 마루까지의 거리(파장, w)를 측정하고 주어진 시간에 벽을 지나는 파동의 수를 세면 초당 파동이 통과하는 수(초당 순환 수, 각 순환은 마루-골-다음 마루의 흐름이다)인 파동 진동수 f를 얻는다. 그런 뒤에 파동이 전파되는 속도를 계산할 수 있다. 여기선 S로 표기하는데, w에 f를 곱한다. 과학 약칭으로는 $S = wf$라고 쓴다.

1900년에 빛과 열의 복사는 여러 전자기 파동 중 하나일 뿐이며, 그 둘 사이의 차이는 단지 파장의 길이뿐이라는 것이 알려진다. 열 복사는 빛보다 더 파장이 길며 적외선이기 때문에 눈에 보이지 않는다. 모든 전자기 파동은 '광속(c, 대략 초당 3×10^8미터)'으로 전파된다. 그래서 전자기 파동에 대한 우리의 공식은 명확히 $c = wf$이다(이 방정식의 양쪽을 w나 f로 나눠도 여전히 등가를 이루며 $c/w = f$와 $c/f = w$를 얻는다. f나 w 중 하나를 계산하려 할 때 다른 하나를 알고 있다면 유용한 공식이다. 만약 w를 알고 있다면 c에서 나누어 f를 얻고, f를 알고 있다면 c에서 나누어 w를 얻는다. 달리 표현하면 만약 w나 f 중 하나를 명시하면 둘 모두의 값을 명시한 것과 같다. 가끔은 w를 사용해 물리학의 특성을 논하는 것이 더 편리하며, f를 사용하는 것이 편리한 때도 있다).

(전자기 파동의 고전적 견해는 부록 A에 매우 잘 설명되어 있다. 만일 지금 전자기 스펙트럼을 구성하는 파동과 광선의 여러 종류를 개략적으로 알아보고자 한다면 그림 A. 1 ⓒ를 한 번 본 뒤에 그림 A. 2의 좌편에 기술된 파장의 스펙트럼을 보도록 한다.)

그간 플랑크가 알고 있던 고전 물리학 어느 부분도 빛과 열이 별개의 에너지 덩어리로 복사한다는 사실을 설명하지 못했다. 빛은 파동 같은 존재라고 보편적으로 간주되고 있었고, 어떠한 양이나 강도로도 복사될 수 있었다. 즉, 플랑크가 이전에 배운 바대로라면 빛은 제한 없이 계속해서 어두워질 수 있었다. 어떤 진동수라도, 어떠한 양의 에너지도 가능하고 최소량의 제한도 없었다. 프랑크는 자신의 자료에 맞추려고 광양자를 가정했다. 어떻게 이러한 (입자 같은?) 불가분의 양자가 영이 보여준 것처럼 두 개의 틈을 통해 회절하고 스스로 간섭할까? 불가능해 보였다! 그래서 플랑크는 불가능하다고 확실히 믿었다(틀렸다고 밝혀진 뉴턴의 미립자corpuscle 아이디어로는 돌아가려 하지 않았다!).

플랑크는 양자와 고전 개념 사이의 명백한 모순은 나중에 해결해야 할 숙제로 남기고 자신의 결과를 발표했다. 그 후로 10년 이상 플랑크는 그 해답을 찾고자 노력했으나 허사였다. 그가 양자 물리학적 근거를 제시하면서 추측한 것은 "빛은 뜨거운 물질 표면에 자리하며 다른 진동수로 동작하는 미세한 전기 진동자oscillators 집단에 의해 방출된다"였다. 그러나 실험 결과에 맞추려면 별개의 에너지 덩어리라고 주장해야 했는데, 언제나 그 부분에서 막혔다. 빛 자체가 양자화돼 있고 양자 단위에서는 빛과 물질 간의 차이가 단지 에너지 교환뿐이라고 말하는 단계까지는 이르지 못했다. 그는 양자라는 아이디어가 불러온 물리학의 혁명기 중에도 자신의 의견을 일생 동안 고수했다. 결국 1900년에 그가 제시한 것은 옳았다. 1918년, 그는 '에너지 양자를 발견해 물리학 발전에 기여한 공로'로 노벨 물리학상[3]을 수상했다.

광전효과 (두 번째 단서)

고전 물리학과 근본적으로 거리를 두게 된 시발점은 1905년 아인슈타인의 광전효과 분석이다. 그는 이 효과로 '양자'를 플랑크가 수학적 편의를 위해 사용한 항목에서 결국 (시간이 좀 걸리더라도) 받아들여야 할, 완전히 새로운 물리학 개념으로 바꿔 놓았다.

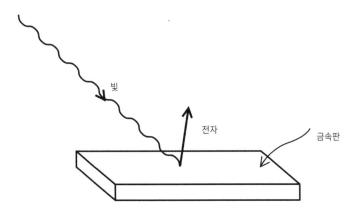

그림 2. 3. 광전효과: 충분히 짧은 파장(충분히 높은 광자에너지)의 빛은 금속판으로부터 전자를 떨어져 나오게 한다.

적절한 조건에 맞는 빛을 금속에 비추면 전자가 그림 2. 3처럼 금속의 표면으로부터 튀어나온다. 빛을 아무리 강렬하게 비춰도, 빛의 파장이 각 금속의 특성을 나타내는 어느 특정 값보다 길면, 즉 광양자의 에너지가 특정 값보다 크지 않으면 어떠한 전자도 금속에서 떨어져 나오지 못한다. 그러나 어떤 전자는 빛의 파장이 충분히 짧다면 (양자의 에너지가 충분히 크다면), 아주 약간의 빛 복사만으로도 튀어나온다. 이러한 결과는 고전적으로 설명할 수 없었다.

이 효과에 대한 아인슈타인의 분석을 곧 다룰 것이다. 하지만 먼저 알아둘 것은 아인슈타인이 이 분석을 했을 때 겨우 26세였고 스위스 정부의 특허조사원으로 일하면서 부인과 어린 아들을 부양했다는 사실이다. 아인슈타인을 이토록 분석과 씨름하고 현대 물리학의 가장 심오하고 중요한 개념을 창조해내도록 이끈 초기 생애의 굴곡을 여기서 잠시 이야기하는 시간을 갖겠다.

앨버트 아인슈타인은 1879년 3월 4일 독일 울름의 세속적 유대 가정에서 태어났다. 여동생 마야는 2년 뒤 태어났다. 그는 매우 오랜 시간이 걸려 말하는 법을 배웠다. 말할 때는 먼저 머릿속에서 문장을 구성하고 시험하고 난 뒤에 했다. 일곱 살이 되고 나서야 평범하게 말하기 시작했다.

앨버트가 물리학 세계에 관심을 보이기 시작한 시기는 다섯 살 때로 나침반의 바늘을 움직이는, 보이지 않는 힘에 호기심을 느껴서였다고 한다. 여섯 살 때 가족이 뮌헨으로 이주했고, 아버지와 작은아버지는 전기업을 시작했다. 그래서 그는 전기 기계와 전기 및 자기의 개념을 접했다. 소년 시기에 무언가를 스스로 하는 것을 좋아했고 하나의 목표를 추구하는 인내와 끈기가 대단했다. 한 예로 열 살 때 카드로 14층 집을 만들기도 했다.

10대 초반에는 종교에 매혹됐다. 하지만 그 뒤 유클리드와 칸트, 스피노자 그리고 아론 번스타인Aaron Bernstein의 『자연과학 대중서the Popular Books on Natural Science』를 접하고 나서 기만이라고 생각하는 것에 전적으로 저항했다. 이는 모두 아인슈타인의 집에 매주 목요일마다 저녁 식사를 하러 오던 21세의 빈털터리 폴란드 의학생인 맥스 탈무드Max Talmud에게 영향을 받아서였다.

직류발전기와 계량기를 제조하는 집안 사업은 형제가 전기와 조명 전선을 설치하던 초기에는 번영을 누렸다. 1885년에는 뮌헨 옥토버페스트에 사용할 조명도 작업했다. 그러나 규모가 큰 회사, 특히 지멘스의 교류 시스템에 결국 밀려났고 1894년에 형제는 사업장을 밀란으로 이전했다. 당시 15세던 앨버트는 남은 중등학교 3년을 마쳐야 해서 먼 친척의 손에 맡겨졌다. 그러나 만약 독일 시민으로 17세가 된다면 군국적인 독일에서 의무 군 복무를 해야 할 염려가 있었다(그는 나중에 평화주의자가 되지만 그가 싫어한 것은 독일에서의 군복무가 아니라 군국주의였다).

앨버트는 밀란의 가족과 합류한다는 핑계로 학교를 떠났고 독일 시민권을 포기했다. 결국[4] 취리히 소재 스위스 과학기술 전문학교(ETH)의 입학시험에 통과해 수학과 물리학 교사 자격을 이수했다. 그는 1896년 10월 입학한 여섯 명의 학생 중 가장 어렸다. 나중에 이들 중 한 명인 훌륭한 헝가리-세르비아인 집안의 밀레바 마리치와 사랑에 빠지는데, 1903년 1월 그의 부인이 된다.

학교생활은 처음엔 순탄했으나 나중에 매우 어려운 시간을 보낸다.

아인슈타인은 밀레바와 친구들과 함께 물리학에 관한 흥미로운 문제를 열정적으로 탐구했으나 그만의 방식을 고수하다가 교수의 적대감을 불러일으켰다. 수업을 빼먹고, 공부할 노트를 빌려 가며 겨우 졸업했다. 밀레바는 기말고사에 떨어져 집으로 돌아갔다. 교수에게 좋은 추천서를 받지 못한 아인슈타인은 직장을 찾을 수 없었다. 많은 동기와는 달리 그는 ETH에서 조교직 제안을 받지 못했다. 게다가 양가의 부모, 특히 아인슈타인의 어머니는 결혼에 반대했다.

앨버트는 명망 있는 취리히 대학의 박사과정에 결국 들어갈 수 있었으나 당시 아버지 사업은 쇠퇴하고 있었다. 앨버트는 가정교사 일을 하면서 약간의 돈을 벌었다. 밀레바는 임신했고 기말고사에 또 낙제했다. 그녀는 집에서 어렵게 여자 아기를 낳았고 리세를이란 이름을 붙였다. 앨버트는 사랑을 담아 응원하는 편지를 썼으나 찾아가 볼 돈이 없었다. 그는 자신의 딸을 결코 보지 못하는데, 입양을 보낸 걸로 추정된다. 그는 물리학을 추구한다는 변명 뒤로 숨었다.

1902년 6월 드디어 친구의 도움으로 앨버트는 직장을 찾는다. 스위스 특허 사무소의 3등 기술 전문가직이며, ETH 조교였다면 받았을 급여의 두 배를 번다. 안정적인 수입이 생긴 그는 그제야 아버지의 (임종하는 자리에서) 허락을 받아 두 친구가 참석한 가운데 베른 시청에서 밀레바와 결혼한다. 몇 년 뒤 그와 밀레바의 모습이 그림 2.4에 나와 있다. 1904년 5월 그의 첫째 아들인 한스 앨버트가 세상에 태어났을 때 그들은 새로운 가정을 꾸린다.

특허청에서 아인슈타인은 사무를 보며 자신이 읽는 모든 것을 의심해야 했다. 아마도 이것이 그에게 고전 물리학에서 결점을 찾도록 하는, 특별한 토대를 만든 것 같다. 그리고 특허청의 분위기도 비판적 사고를 키우는 데 한몫했다. 일주일에 6일, 48시간 동안 자신의 책상에서 특허 관련 업무도 잘 처리하는 동시에 어떠한 방해도 받지 않고 물리학 기초 법칙을 탐구할 수 있었다. 하지만 특허청이 이러한 일을 할 만큼 조용한 곳은 아니다. 아인슈타인은 놀라운 집중력을 보여 주었다. 혼란스러운 집안 한가운데에서도 작업했고, 사교 모임을 하는 와중에도 생각에 빠져들었다.

(여기 간략하게 소개한 그의 전기는 어쩔 수 없이 한계가 있다. 아인슈타인과 그의 고군분투, 쟁취, 미덕, 실패를 좀 더 알아보려면 아서 위긴스 Arthur Wiggins, 찰스 윈Charles Wynn 공저 『과학의 인간적인 면The Human Side of Science』(레퍼런스 KK)의 102쪽부터 읽어 보기를 추천한다. 만지트 쿠마르의 『양자혁명』(레퍼런스 K)에서는 보완적인 견해를 제공한다.)

그림 2.4. 앨버트 아인슈타인과 그의 아내 밀레바 마리치의 모습, 1912년 (사진: ETH-Bibliothek Zurich, Bildarchiv.)

아인슈타인의 광전효과 분석을 좀 더 이해하기 위해 1905년 당시 사람들이 전자를 어떻게 인식하고 있었는지 살펴보자.

1897년에 전자를 발견한 계기는 '음극선' 관찰이었다. 거의 진공인 유리관 속의 두 전선 사이에 고전압을 발생시키면 전선 사이의 간격gap에 전기가 흐른다. 이 때문에 관 속에 갇힌 소량의 공기가 빛나며 전기가 지나가는 길이 또렷이 보이는데 이를 '선ray'이라 부른다. 1897년, 이 선을 연구한 J. J. 톰슨은 이것이 사실 음 전하를 띤 작은 입자의 흐름이며, 각 입자의 질량은 수소 원자의 1000분의 1보다 작다고 결론을 내린다. 뉴턴이 빛의 입자에 사용한 명칭을 적용해 그는 이 입자를 미립자corpuscle라고 불렀지만 나중에 전자electron라 부른다.

톰슨이 실험에 사용한 유리 기구는 그림 2.5 ⓐ에서 볼 수 있다.

그의 실험에서, (언제나 단위 음전하를 띠는) 전자들은 거의 진공인 유리관 내부의 전선에 흐른 높은 양전압 때문에, 빛줄기 입자만 A와 B의 틈으로 끌어당겨지고 가속된다. 이 틈을 통과한 전자는 자신의 운동량momentum에 의해 이동하다가 관의 오른쪽 끝 안쪽 전면 형광체를 때려 결과적으로 빛나게 한다. D와 C에 낮은 +나 -전압을 주면 전자들은 (각각 점선으로 보이는 경로를 이동하며) 위나 아래로 꺾인다. 전자가 음전하이기 때문에 양전하의 금속판으로 당겨지고, 음전하의 금속판으로부터는 밀려나게 될 것이다(실제로 그랬다).

전자기 파장이 자기장에 의해 굴절될 일은 절대 없을 것이라 여겼기 때문에, 톰슨은 선이 관찰되는 원인은 대전 된 입자 때문이라는 결론을 내렸다. 그는 이것이 자연 상태에서 발견되는 가장 작은 전하이며 자연의 기초 전하 단위라고 추정했다. 굴절과 그 원인인 전압으로부터 전자의 전하와 그 질량비를 계산할 수 있었다. 이 비율과 수소핵(나중에 양 단위 전하인 양성자 하나로 구성됨을 발견함)의 전하와 질량 비율을 비교해 톰슨은 전자의 질량을 대략 추정했다(실제로는 양성자 질량의 1800분의 1).

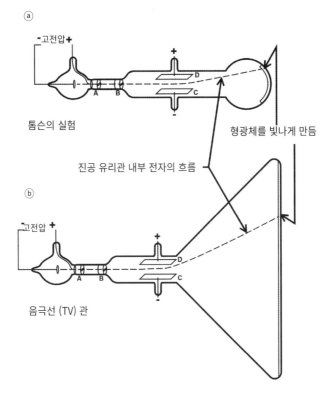

ⓐ

-고전압+

톰슨의 실험

형광체를 빛나게 만듦

진공 유리관 내부 전자의 흐름

ⓑ

고전압 +

음극선 (TV) 관

그림 2.5. ⓐ 전자를 발견한 톰슨의 기구. 진공유리관 내부에선 (왼쪽에 있는) 음전압의 뜨거운 음극이 +전압의 고리를 통과하고 D와 C의 +와 -전압 판에 의해 꺾여 오른쪽의 형광스크린을 때려 빛나는 전자의 흐름(점선)이 그려진다. ⓑ 초기 형태의 음극선 TV관 구조.

아인슈타인은 뜨거운 물체로부터의 열과 빛의 복사를 이론적으로 조사해 플랑크의 뒤를 따랐다. 그러나 그는 통계적 접근과 다른 모델을 사용했다. 그는 양자에너지에 대한 플랑크의 공식을 도출했다. 그리고 양자화되는 것은 플랑크의 모델에서 가설로 설정한 진동자가 아니라, 빛 자체라는 결론을 내렸다. 그는 광전효과를 설명하는 데 이러한 광양자 개념을 적용했다.

아인슈타인은 빛이 많은 에너지 양자로 이루어져 있으며, 단 하나의 광양자라도 충분히 파장이 짧다면(즉, 충분한 에너지를 가진다면) 그림 2.3처럼 하나의 전자를 튀어나오게 할 것이라고 판단했다. 이런 점에서 양자는 빛 '입자'로 볼 수 있었다. 충분히 높은 에너지, 즉 충분히 파장이 짧은 빛 입자 하나는 하나의 전자를 튀어나오게 한다.

이제 잠시 주제에서 벗어나 톰슨의 연구에서 비롯된 응용품 몇 가지를 살펴본다.

(다른 모양의 좀 더 완벽히 진공 상태인 관에서) 빨갛게 달아오를 정도까지 전기적으로 음극을 가열하면 전자를 흐르도록 하는 데 필요한 전압이 작아도 된다는 사실을 발견했다. 그리고 굴절시키는 금속판, 틈, 형광체 없이 음극cathode과 양극anode사이에 전선을 추가하고 아주 적은 전압을 흘려주면 흐름에 큰 변화가 생긴다는 것도 발견했다. 이 '관'이 전기 신호 증폭기와 지금은 '전자 장치'라 부르는 많은 장치의 발명이 있게 했다. 훨씬 뒤인 1950년대에 작은 고체 합성물로 전기를 증폭할 수 있다는 것이 발견됐다. 이 덕분에 복잡한 관을 대부분* 대체할 '고체 상태의 전자 장치인' 양자 장치가 나왔고 결국 하나의 '칩' 안에 회로와 장치가 집적된 부품 생산이 가능해졌다. 간략히 17장, 23장에서 소개하고 있다.

(*마지막까지 크고 무거운 '음극선관'이 현재의 평면스크린 TV가 나오기 이전까지 자리를 지키고 있었다. 그림 2.5 ⓑ에 톰슨의 장치보다 훨씬 더 큰 형광스크린을 부착한 관이 보인다. 관 속에서 수평 또는 수직의 금속판과 전압에 의해 스파게티 한 줄 만큼 얇은 전자가 흐르다가 관 전면에 있는 형광체의 여러 위치를 때림으로써 밖에서 빛이 보인다. 전자가 관 전면

에 있는 형광체를 가로질러 흐르도록 금속판 전압을 변경하는 동시에 전자 흐름을 켜고 끄면서 밝을 때와 어두운 때를 만들면 순간적으로 지속되는 그림이 만들어지고 즉시 다음 전자가 형광체를 가로지르며 때림으로써 그림이 빠르게 바뀐다. 이러한 방법으로 그림의 작은 변화가 빠르고 끊김없이 발생함으로써 우리가 TV에서 움직임을 보게 되는 것이다. 이것이 기본적으로 오래된 흑백 TV에서 일어나는 일이었다. 이후 컬러 TV도 만들어졌다.

양자는 이제 고전물리학 법칙에 대두된 두 가지 문제를 설명했다. 플랑크와는 달리 아인슈타인은 양자론적 시각을 지지한다. 그러나 답이 필요한 여러 질문이 여전히 존재한다.

회절과 간섭 때문에 빛은 파동과 같다고 간주됐다. 그러나 광전효과 때문에 빛은 또한 다량의 입자처럼 행동하는 것으로 보인다('미립자'로 돌아가는가?). 어떻게 입자 같은 광양자에서 간섭이 일어날까? 불가분의 에너지 덩어리인 하나의 광양자가 하나의 틈을 통과하고 (그림 2.2의 물 비유 참고) 그 후 틈을 빠져나오면 스스로 간섭해 영이 관찰한 간섭 패턴을 만드는가?

1909년 당시, 독일의 주요 물리학자가 모인 한 강의에서 아인슈타인은 '빛은 입자이면서 파동의 특성 둘 모두를 가지고 있다'는 수학적 모델을 발표했다.

나중에 이것을 '파동-입자 이중성'이라 부르게 된다. 이 모임을 주재한 플랑크는 예의 바르게 그에게 감사를 표했지만 당시 대부분의 물리학자가 고전적 믿음을 언급하며, 그의 의견에 동의하지 않았다.

물질과 복사 사이의 에너지 교환을 고려할 때는 양자가 필수적이지만, 빛을 입자 또는 양자 구성체로 다룰 때는 양자가 필수적이지 않다는 것이었다.

아인슈타인의 다섯 개 논문 중 광전효과에 관한 논문, 특수상대성에 관한 논문 그리고 (원자와 분자의 존재에 대한 증거로서의) 브라운 운동에 관한 논문이 그의 '기적적인 해'인 1905년에 발표한 세 개의 논문이다. 이것과 그 뒤를 이은 많은 연구에 근거해 아인슈타인은 1921년 '이론 물리학에 대한, 특히 광전효과 법칙을 발견한 공로'를 인정받아 노벨물리학상을 수상했다.

고체의 양자론 (추가 증거)

특허청에 들어간 지 7년 뒤이며, 베른대학교 강사로 1년(임용 필요조건)을 근무한 뒤인 1909년, 아인슈타인은 드디어 취리히대학교에서 이론물리학 조교수에 해당하는 지위를 얻는다. 여유로운 강의 스타일로 질문을 독려했고, 곧 학생의 존경을 받았다. 그리고 물리학의 완전히 새로운 분야로 눈길을 돌린다.

많은 고체는 3차원 배열로 쌓인 원자 결정들로 구성된다. 우리가 온도라고 느끼는 것은 열 유도된 원자가 자신의 결정격자 위치 근처에서 격렬히 움직이고 있는 것이다. 이러한 움직임이 격렬해질수록 온도는 더 높아지게 된다(뜨거운 물체에 닿으면 그러한 움직임이 손가락의 원자에 전달된다. 이 움직임이 심하면 손가락 세포는 손상되고 화상을 입는다). 고체성 금속이 매우 뜨거워지면 움직임이 너무 격렬해져서 원자가 격자 위치에서 벗어나게 되고 결과적으로 고체가 녹는다.

움직임은 스프링 위에 올린 추와 유사하게, 다른 진동수를 가진 역학적 진동자의 중첩으로 모델화될 수 있다고 아인슈타인은 주장했다. 플랑크가 빛의 복사에서 주장한 것처럼 아인슈타인도 양자화된 특정 진동수만으로 진동한다고 주장했다. 그는 고체에 열을 가할 때 온도가 상승하는 현상을 공식으로 만들었다. 즉, 고체의 '열용량heat capacity'이라 불리는 것을 계산했다.

아인슈타인의 이론은 2년간 거의 관심받지 못했다. 하지만 뒤에 베를린대학교의 저명한 물리학자인 발터 네른스트가 저온에서 고체의 열용량을 정밀하게 측정하는 데 성공한다. 결과는 아인슈타인이 계산한 예측치와 정확히 일치했다!

아인슈타인은 이제 알려지기 시작했다. 프라하의 독일대학교 교수직 제안을 받은 그는 이를 받아들였다. 1911년에 밀레바, 여섯 살인 한스 앨버트, 그리고 한 살이 다 된 에두아르드와 함께 그곳으로 이사했다. 또한 브뤼셀에서 개최된 제1회 솔베이 국제회의에 초청받았고, 유럽을 대표하는 스물두 명의 물리학자 앞에서 연설한 권위 있는 여덟 명 중 마지막 연사가 됐다. 이 회의는 분자 및 운동 이론들(즉, 입자의 운동 이론)에 관한 문제를 다루었다. 그는 고체의 열용량을 발표했다. 양자 개념이 관련된 첫 번째 국제회의였다(그러나 광양자는 안건이 아니었다).

아인슈타인은 상당한 성공을 거두었지만 1908~1911년까지는 특히 밀레바와 어려움이 있었다. 취리히대학교의 강사(무급 강사)로 있는 동안 앨버트는 특허청에서 상근직으로 여전히 근무했다. 1년 뒤 조교수직을 얻자 강의 일정이 꽉 찼고, 물리학 토론을 나누려고 주변에 학생이 모여들었으며, 취리히의 카페까지 따라 올 정도로 인기가 많았다. 1910년 6월 밀레바는 둘째 아이인 에두아르드를 낳았는데, 한스 앨버트와는 달리 매우 보채는 아이였다. 밀레바는 두 아이를 돌보았고, 너무나도 바쁜 남편에게 소외감을 느꼈다. 또한 오해도 있었다. 나중에는 프라하에서의 삶을 불행하게 느꼈다. 앨버트도 취리히로 돌아가고 싶었다. 마르셀 그로스만(대학 동창이자 친구, 당시 수학 및 물리학과장)의 도움으로 전에는 조교직조차도 얻을 수 없었지만, 개칭한 스위스연방공과대학교(ETH)에서 전임물리학자(물리학과 교수)로 임명받는다.

준 고전주의적 양자화 보어 원자 모델(일종의 해결책)

돌파구는 1911년 덴마크의 물리학자 닐스 보어가 만든다. 그는 그림 1.1의 가운데 줄 맨 오른쪽에 보인다. 보어는 원자와 원소를 묘사한 초기 양자론에 여러 실험적, 이론적 노력을 통합하는 견인차 역할을 한다. 보어는 이론물리학연구소에 있으면서 스스로 통찰하고 양자 분야의 선구자와 대화하며 나중에는 양자역학을 발전시킨 '코펜하겐 해석'의 최고 옹호자이자 대변인이 된다.

보어가 이룬 업적이 어느 정도인지 이해하고자 당시 원자에 대한 지식을 우선 요약해보기로 한다.

전자를 발견한 지 6년 만인 1903년, J.J. 톰슨은 '플럼 푸딩(건포도나 과일이 박힌 푸딩)' 원자 모델을 제시했다. 그는 모든 원소의 원자는 질량이 없고 넓게 퍼져 있으며 (전자 수에 상당하는) 양 전하로 이루어진 구 속에 수천 개의 (음 대전된) 전자가 박혀서 이루어진다고 주장했다. 나중에 더 적은 수의 전자를 포함하는 모델로 수정하고, 대부분의 질량은 양 전하를 띠는 구역에 존재한다고 주장했다. 당시 많은 저명한 물리학자들과 화학자들은 '원자'와 같은 것이 존재하지 않는다고 여전히 믿고 있었다.

곧 보어의 멘토가 되는 어니스트 러더퍼드는 다른 원자 모델을 개발한다.

러더퍼드는 뉴질랜드의 노동자층 가정에서 열두 명의 아이 중 한 명으로 자라났다. 장학금을 받으며 학업을 이어 나가던 러더퍼드는 1895년 케임브리지에 들어가 톰슨 밑에서 공부를 하게 된다. 초기에는 전부터 해오던 전파를 탐지하는 방법을 연구하다가, 나중에 방사성 우라늄의 방사를 연구했다. 1898년에는 톰슨의 강력한 추천으로 몬트리올의 맥길대학교 교수로 임용된다. 그곳에서 러더퍼드는 방사성 원소를 연구했다. 1901년 동료 교수인 프레더릭 소디와 함께, 하나의 방사능 원소는 (나중에 헬륨 핵으로 확인된) 알파 입자를 방사하며 다른 원소로 변형될 수 있음을 발견했다(한 원소가 그 방사성의 절반을 잃는 시간을 말하는 반감기half-life라는 용어를 만든 사람이 바로 러더퍼드다). 이 연구로 그는 1908년 노벨화학상을 수상했고 맨체스터대학교 교수직으로 승격 제안을 받았다. 소디는 1921년에 노벨화학상을 수상했다.

맨체스터에서 러더퍼드는 자신의 조수인 한스 가이거(맞다. 가이거 계수기의 그 가이거다)와 학부생 어니스트 마르스덴에게 헬륨 핵을 금박에 쏴 원자가 어떻게 구성됐는지 알아보는 임무를 맡겼다. 이 무거운 입자가 금박을 관통하지 않고 가끔 뒤로 튕겨져 나오자 러더퍼드는 원자가 훨씬 무거운 핵으로 이루어져 있다고 결론을 내렸고 그의 계산상 핵은 원자의 10만분의 1만큼 작았다. 전자가 작지만 무거운 핵을 큰 궤도로 도는 '행성' 원자 모델을 고안했고, 실험 측정치로 원자의 전체 크기를 도출했다.

하지만 그의 모델에는 아주 중대한 결점이 하나 있었다(잠시 뒤 설명하겠다). 그는 이를 무시하기로 결정하고 1911년 3월 맨체스터 모임에서 자신의 견해를 내놓았다. 이 결점 때문에 반응은 냉담했고 그해 말 제1회 솔베이 국제회의에서 그의 행성 모델은 논의조차 되지 않았다.

결점은 이미 입증되고 잘 알려진 대전 된 입자의 특성과 반대로 행성 모델이 작동한다는 점이다. 대전 된 입자는 가속하면 에너지를 복사radiation한다. 행성처럼 궤도를 도는 전자는 가속 운동을 한다. 전자는 순 전하net electrical charge를 갖기 때문에 러더퍼드의 궤도처럼 움직인다면 에너지를 복사하다가 느려지며 어느 시점에 붕괴할 것이라 예상된다. 그러면 원자는 안정적이지 못하다. 그리고 물론 이 현상이 관찰되지 않았다(그리고 관찰되지 않는다).

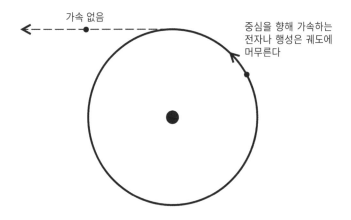

ⓐ 위에서 본 모습

가속 없음

중심을 향해 가속하는
전자나 행성은 궤도에
머무른다

ⓑ 옆에서 본 모습

전자나 행성은 앞뒤로 가속, 감속하는 것처럼 보인다

그림 2.6. ⓐ태양 주변 궤도의 행성은 태양의 질량에 따른 중력이 태양을 향해 계속해서 당기기 (그것을 가속하기) 때문에 원형 또는 타원형 (그림에 없음) 길을 따른다. 그렇지 않으면 행성은 직선으로 이동할 것이다. (점선으로 표시) 양성자의 양 전하로 당겨지는 전자는 유사한 방식으로 행동할 것이다. ⓑ이 모습에서 행성이나 전자는 앞뒤로(왼쪽과 오른쪽으로) 가속하는 것처럼 보이게 된다.

궤도상 물체의 가속

그림 2.6 ⓑ처럼, 원형 궤도를 도는 행성이나 전자를 옆으로 보면 전자가 가속한다는 것을 알 수 있다. 이렇게 보면, 전자(또는 행성)는 왼쪽에서 오른쪽으로 그리고 다시 돌아가며 진동하는 것처럼 보이고 처음엔 한 방향으로 다음엔 다른 방향으로 가속하는 것처럼 보인다. 그림 2.6 ⓐ처럼, 위에서 볼 때조차 전자(또는 행성)는 언제나 궤도를 돌며 핵(또는 태양) 쪽으로 가속하고 있는 것처럼 보인다. 그렇지 않다면 그 운동량이 전자를 무한대로 날려 보낼 것이다.

우리가 알고 있는(그리고 당시 알려져 있던) 사실에 따르면 가속하는 전자, 또는 대전된 어떤 물체라도 가속한다면 전자기 에너지를 계속해서 방송 broadcast한다(그것이 전파가 생성되는 방법이다. 방송될 만한 진동수로 수십 억 개의 전자를 전후 또는 상하로 가속하는 것이다. 그러나 원자 궤도의 전자와는 달리 방송 안테나의 전자는 가끔 광고에 나오는 것처럼, 매우 높은 킬로와트의 에너지로 계속 재보충된다). 그래서 물리학계에 알려진 바에 따르면 러더퍼드의 궤도에 있는 전자는 에너지를 복사할 것이며, 전자가 나선형으로 떨어지면서 원자를 붕괴시킬 것이었다. 그의 모델은 유효한 것으로 보이지 않았다.

보어는 아인슈타인처럼 물리학 분야에서 문제와 모순이 어디에 있는지 알아보는 능력이 있었다. 그는 러더퍼드의 원자 모델이 기본적으로 옳다고 확신했고 복사radiation 문제에 대한 해답은 (여전히 대부분이 믿지 않는) 플랑크와 아인슈타인의 양자 아이디어와 어떻게든 관련이 있을 것이라 생각했다.

닐스 헨릭 데이비드 보어는 1885년 10월 7일 태어났다. 그는 특권층 자제로서 코펜하겐에서 어린 시절을 보냈다. 어머니는 재력이 있었고, 정치계에도 영향력이 컸다. 아버지는 코펜하겐대학교 생리학과의 유명 교수였다. 닐스와 누나, 남동생은 보어 가족을 정기적으로 방문하는 작가, 예술가, 그리고 모든 분야의 학자가 나누는 지적인 토론을 마음껏 접했다. 닐스는 운동감각이 좋았고 수학과 과학에 뛰어났다. 1903년 그는 코펜하겐대학교 물리학과에 입학했고 1909년 석사학위, 1911년 금속이론에 관한 논문으로 박사학위를 받았다.

9월 보어는 박사 학위를 받은 1년 후 장학금을 받고 (당시) 노벨상 수상자인 케임브리지의 J.J. 톰슨과 연구하려고 떠난다. 그러나 그곳에서 톰슨의 관심을 얻을 수 없었고, 그와 소통을 하는 것이 어렵다는 것을 깨닫고는 8개월 뒤 그 대신 맨체스터의 러더퍼드와 합류해 나머지 장학금 기간을 보낼 결정을 내렸다. 러더퍼드가 이론가를 탐탁지 않게 여긴다는 사실도 알고 있었다(보어가 축구를 했었다는 사실이 그가 그곳에 도착해 적응하는데 분명 도움을 주었다).

본능적으로 보어는 원자의 전자가 정해진 '정지' 궤도에서만 발견될 수 있고, 전자들은 이 궤도에서만 안정적이며, 고전 물리학이 요구하는 것처럼 에너지를 복사하지 않는다고 가정했다(정상상태). 모델이 잘 작동하고, 아직 설명하지 못하던 현상을 정량적으로 설명하는데 사용할 수 있다는 점을 제외하고는 어떤 증거도, 타당한 이유도 없었다.

가정에 대한 기반으로서, 보어는 케임브리지의 전 동료인 J. W. 니콜슨이 그 해 초에 발표한 개념과 연결했다. 회전하는 전자의 운동량(질량 곱하기 속도, M × v) 곱하기 회전 궤도의 반지름 정수(n으로 명명) 곱하기 플랑크 상수, 나누기 2π로 양자화(연속적인 양을 정수배의 양으로 재해석하는 것)된다. 이것을 물리학 약칭으로 Mvr = (nh)/(2π)라고 적는다. 그는 만일 이 공식이 참이고 궤도당 하나의 전자만 있다고 간주하면 고전 뉴턴물리학의 수학으로는 n^2에 비례하는 특정 크기의 궤도만 허용된다는 것을 보여주었다. 전자 하나로 이루어진 수소원자에서 가능한 다섯 개 궤도를 그림 2.7 ⓐ에서 볼 수 있다. 같은 계산으로 만약 전자가 이들 궤도 중 하나에서 발견된다면 전자는 그림 2.7 ⓑ의 몇 개의 궤도로 표시된 것처럼 고유의 정해진 에너지를 갖는다(이것은 행성과는 꽤 다르며, 각 행성은 불특정 궤도와 그와 관련된 불특정 에너지 연속체를 택하는 듯하다. 각 행성은 그저 우연히 하나의 궤도에 자리한다. 약간의 에너지 차이로 또 다른 근처의 궤도로 쉽게 변경될 수 있다).

가장 작은 궤도며 가장 낮은 에너지를 지닌 보어의 n = 1 상태는 바닥상태ground state라 불린다. 더 이상 작고 안정된 상태가 존재하지 않으므로, (가정에 의해) 전자는 고정적이고 안정된 상태에 있을 수 있고, 원자는 고전 이론에서 예상하는 것처럼 붕괴하지 않을 것이다. 이러한 방법으로 보어는 원자의 크기를 실측했다.

보어 모델은 거의 60년간 설명하지 못한 실험 결과를 정확히 예측함으로써 신뢰받는다. 그 의미를 이해하려면 스펙트럼을 좀 알아볼 필요가 있다.

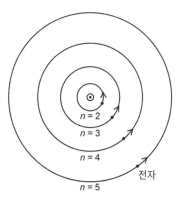

ⓐ 수소원자의 전자에 대한 보어 궤도

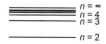

ⓑ 해당되는 보어 궤도 에너지 준위

그림 2.7. ⓐ 수소원자의 보어 모델에서 양성자(중심의 점) 주위의 전자를 에너지가 낮은 순서부터 5개의 보어 궤도(전자와 양성자는 워낙 작아서 1억 배로 확대해도, 눈에 보이지 않을 것이다). ⓑ 참고로 n = 1이 가장 낮은 에너지 준위며 가장 작은 궤도에 해당된다.[ⓐ에 명칭을 표시하진 않았다.] (에너지 준위는 11장에서 설명한다.)

아이작 뉴턴은 1666년(처럼 이른 시기에) 실험을 통해 빛을 유리 프리즘(세 개의 단면으로 된 유리)에 통과시켜 흰빛을 무지개색(그는 이것을 스펙트럼이라 불렀다)으로 나눴다.

1800년대 초반, 여러 물질을 불에 태우거나 불에 노출시키면 색깔이 혼합된 빛을 발산하고 이러한 개별 색깔을 분광기spectrometer안의 프리즘으로 분리할 수 있다는 걸 알았다. 그림 2.8의 분광기에서, 뜨거운 수소로부터 발산된 빛을 분리한 띠는 어두운 배경 위에 밝은 색깔의 선들로 보여진다. 각 원소 또는 화합물은 자신의 특징적 색깔로 이루어진 선 집합set을 보여준다.

원소와 화합물을 확인하는 스펙트럼은 하이델베르크의 화학자 로베르트 분젠과 물리학자 구스타프 키르히호프(기억하는가? 베를린대학교의 플랑크 전임자였다)가 공동 작업으로 1860년대에 체계적으로 연구하기 시작했다. 스펙트럼 발산을 촉발하기에 충분한 화염을 일으키려고 분젠과 대학 정비공 피터 데사가는 분젠 버너(샘 킨은 이것을 이렇게 표현했다. "화학 연구실에서 자를 녹여 봤거나 연필에 불을 붙여 본 모두에게 그는 영웅이었다."[5])를 만들었다.

그즈음 대학원생으로서 분젠 밑에서 공부한 사람이 드미트리 멘델레예프다. 러시아 출신의 젊은 학생으로 원소를 분석하고 원소주기율표를 개발하는 작업에서 두드러지게 중요한 역할을 차지한다.

(멘델레예프와 주기율표 개발은 부록 B에서 더 이야기하도록 하자)

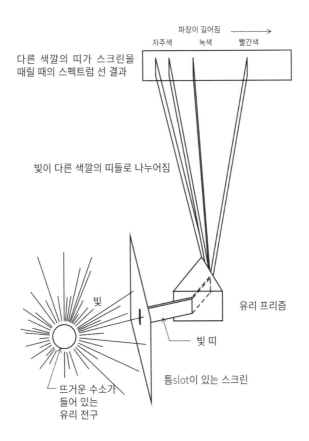

파장이 길어짐 ⟶

자주색　　　녹색　　　빨간색

다른 색깔의 띠가 스크린을
때릴 때의 스펙트럼 선 결과

빛이 다른 색깔의 띠들로 나누어짐

빛

유리 프리즘

빛 띠

틈slot이 있는 스크린

뜨거운 수소가
들어 있는
유리 전구

그림 2.8. 분광기spectrograph가 작용하는 과정. 뜨거운 수소가 발산하는 빛이 유리 프리즘을 통과하며 빛의 파장에 따라 다른 각도로 휜다. 스크린의 구멍을 통과한 빛 띠는 네 개의 띠로 나뉘어 보이며, 각 광양자(광자)의 특징적인 색깔(파장)이다. 그 파장은 전자의 궤도(에너지)가 변화하는 동안 발산된 것이다.

수소 선(몇 가지 오랜 증거들)

보어의 모델이 받아들여진 이유는 그림 2.8에서 볼 수 있는, 수소에서 방출된 스펙트럼 선 때문이다. 수소 선은 1850년대 중반에 일찍이 스웨덴의 물리학자 안더스 옹스트룸이 측정했다. 처음 보았을 때, 수소 스펙트럼은 (수직으로 세우면) 그림 2.7 ⓑ에서 이미 본, 보어 원자의 에너지 준위를 보여주는 선처럼 보이지만 거기에는 그 이상의 많은 것이 있다.

정수로 스펙트럼 선을 나타내는 공식은 스위스 수학 교사인 제이콥 발머가 1884년에 고안했다. 고전물리학으로는 스펙트럼 선이나 발머의 공식을 설명하지 못했다. 그러나 보어는 이 공식을 살펴보고, 자신의 모델이 이 공식과 관찰되는 모든 스펙트럼 선을 설명할 수 있다고 깨달았다. 각 선은 보어의 에너지 상태 중 높은 에너지에 있던 전자가 낮은 에너지 상태로 전이하며 광양자를 내보내면서 생긴다. 그림 2.9 ⓐ에서 n = 5에서 n = 2로, 그리고 n = 3에서 n = 2로의 전이를 표시하는 화살표처럼 각 전이에서 전자가 에너지를 잃으면서 하나의 광양자가 방출된다. 이때 각 경우 에너지 손실은 ⓑ의 에너지 상태 간의 폭으로 보인다. 생성되는 스펙트럼 선은 ⓒ에 나와 있다.

보어는 당시 대부분의 과학자처럼 플랑크-아인슈타인의 빛 양자화를 믿지 않았지만 전이 시 방출되는 빛의 파동이 가지는 진동수를 계산하고자 플랑크의 공식 $E_{quantum} = hf$를 사용했다. 그런 뒤에 그는 전자기 파동에 대한 공식인 (전에 우리가 살펴 본) c = wf(f로 나누면 c/f = w를 얻는다)를 사용해 해당되는 파장을 계산할 수 있었다. 그는 모든 선에서 자신이 계산한 파장과 관찰된 파장이 정확히 일치함을 발견했다.

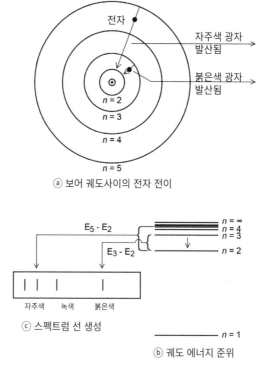

ⓐ 보어 궤도사이의 전자 전이

ⓒ 스펙트럼 선 생성

ⓑ 궤도 에너지 준위

그림 2.9. ⓐ n = 5 또는 n = 3 보어 궤도에서 자주색 또는 붉은색 파장 광자를 내보내며 n = 2 보어 궤도로 전자 전이. ⓑ 에너지 준위 변화를 보여주는 층, 즉 전이 중 에너지가 광자로 내보내짐 ⓒ 자주색과 붉은색 스펙트럼 선들은 이러한 전이, 그 전자, 그리고 발산된 광자와 관련이 있다.

보어는 수소의 선 스펙트럼을 전자가 더 높은 에너지 상태에서 낮은 에너지 상태로 전이하면서 에너지를 빛으로 내보내는 것이라고 설명했다. 그에게 원자와 각 상태의 에너지 준위에 대한 유효한 모델이 있었기에 이 결과를 얻을 수 있었다(보이지 않는 전이는 나중에 해결해야 할 세부사항이라 여겼다)!

1913년 3월 6일, 보어는 세 개의 논문 중 첫 번째인 '원자와 분자의 구조에 대한 논문'을 러더퍼드에게 보냈다(더욱 빨리 발표하려면 선배 과학자에게 감수와 추천을 받는 것이 당시 관행이었다). 이 논문은 4월에 발표됐다. 여러 원소를 대상으로, 가능한 원자 내 전자의 배열을 설명한 두 번째와 세 번째 논문은 9월과 11월에 발표됐다.

보어의 유사 양자, 유사 고전적 원소는 9월 영국에서 가진 모임에서 논의됐을 때 복합적 반응을 이끌어냈다. 대륙에서는 믿지 못하겠다는 반응이었다. 그러나 보어는 이론을 확장해 수소 패턴과 일치하지 않는 별빛의 스펙트럼 선을 분석했고, 헬륨 이온에 대한 보어 모델과 대략 맞는다는 것을 보여주었다(그리고 이를 통해 [당시] 매우 존경받던 아인슈타인에게 보어의 모델이 가치가 있다는 확신을 주었다).

세계대전과 그 여파 - 광양자와 일반상대성이론

1914년 8월 14일 발발한 제1차 세계대전은 부당한 민족주의의 이름으로 유럽 연구소에서 친구와 과학자를 빼내 서로 반대편에 서서 지지하고 싸우도록 했다.

당시 베를린대학교 총장이던 플랑크는 '정당한 전쟁'을 도우라며 자신의 학생을 보냈고, 사실을 무시한 채 독일은 벨기에의 중립성을 훼손하지 않았고 전쟁에 휘말렸으며 어떤 잔학한 행위도 저지르지 않았다고 주장하는 성명서에 93인의 여타 전문가들과 서명했다(그는 빠르게 이를 후회했고 다른 국가의 친구에게 사죄하기 시작했다). 스위스 시민이던 아인슈타인은 성명서에 서명할 것을 요청받지 않았으나 고심하다가 독일 지성인의 맹목적 민족주의를 힐난하며 전쟁 반대 성명서를 만드는 데 일조했다. 이 성명서에는 그를 포함해 네 명만이 서명했다.

아인슈타인은 독일 생활을 몹시 싫어하지만 플랑크와 네른스트의 매우 매력적이고 권위 있는 세 가지 제안을 받아들여 그해 초 독일로 돌아갔다. 제안은 프로이센 과학아카데미에서 급여를 받는 한 직위, 베를린대학교에서 강의 의무가 없는 독특한 교수직 그리고 곧 설립되는 이론물리학연구소의 장으로 임명되는 것이었다. 하지만 밀레바는 독일로 돌아간다는 계획이 마음에 들지 않았다. 그녀는 앨버트가 베를린에 사는 이혼녀인 사촌 엘자와 점점 친분을 쌓아간다고 의심했다. 그리고 그의 어머니도 그곳에 있었다. 밀레바와 앨버트는 다투었다. 결국 별거하기로 합의하고 밀레바는 두 아이와 함께 취리히로 돌아간다.

1914년 4월 (제임스 프랑크와 구스타프 헤르츠가 선보인) 전자로 충격을 준 수은 증기에서 이루어진 보어식 원자 전이 시범에 영향을 받은 아인슈타인은 이러한 전이가 발생하는 역학을 이론적으로 설명하려 했다. 그는 빛 자체의 에너지는 확실히 양자화돼야 하며 더 나아가 양자는 운동량과 해당 이동방향을 가진다는 것을 다시 한번 확인했다(질량 없는 운동량이라, 흥미로운데?). 이 모든 사실이 빛을 양자화된 입자라 확정하는 듯했다. 그러나 이 개념을 받아들이려면 아직도 9년을 더 기다려야 한다. 또 다른 실험에서는 양자가 운동량을 가진 입자여야만 설명이 가능한 결과가 나왔다(이 실험은 3장 초반부에 설명하겠다).

또한 아인슈타인에게 최고의 찬사를 안겨준 명작인 일반상대성이론을 완성한 시기도 바로 제1차 세계대전이 일어난 때다. 이 이론은 큰 중력이 있는 물질에 영향받아 공간과 시간이 뒤틀린다고 전제했다. 수성이 태양을 도는 타원형 궤도의 세차를 설명했고, 별빛이 태양 근처를 지날 때 휘어짐도 예측했다. 이 현상은 1919년 5월 29일 개기일식 때 관찰됐다.

일반상대성이론이 인정받으며 아인슈타인의 사진은 신문의 전면을 장식했다. 길거리에서 상대성이론이 논의됐고, 독일은 독일 과학의 승리라고 발표했다. 2월, 그는 많은 위자료와 미망인 연금 그리고 곧 받게 될 노벨상 상금을 주기로 약속한 뒤 드디어 밀레바에게 이혼 인정을 받았다.

하지만 독일은 전쟁으로 파산했다. 독일 국민들은 이미 굶주렸고 배상금 탓에 부당한 금전적 부담을 곧 떠안을 처지였다. 1923년 인플레이션으로 독일 통화는 1달러당 4조 마르크라는 말도 안 되는 환율로 그 가치가 하락했다. 800억 마르크로 빵 한 덩이를 사는 셈이다.

1919년이 되자, 전후 환경 때문에 반유태주의가 표면으로 드러나기 시작했다. 대중 인사이면서 전쟁에 반대한 아인슈타인은 강의 도중에 협박을 받기도 했고 정부가 보장해도 안전이 염려됐다. 그는 공개석상에 드러나는 일도 꺼렸다. 두 명의 독일 노벨물리학상 수상자(광전효과를 측정한 필리프 레나르트와 전기장이 수소의 스펙트럼 선을 세밀하게 나눈다는 것을 발견한 요하네스 슈타르크)는 극단적 반유대주의자가 되었고 1920년 아인슈타인을 특정해 공개적으로 매도하고 상대성이론을 '유태인 물리학'이라고 공격했다. 네른스트와 다른 과학자들은 아인슈타인을 방어하는 글을 신문에 게재했다.

보어 모델의 확장 (잘못된 점 몇 가지 수정)

보어가 1916년 코펜하겐으로 돌아오자 아르놀트 조머펠트가 보낸 논문이 기다리고 있었다. 조머펠트는 뮌헨대학교의 이름난 이론물리학 교수였다. 그는 수소 스펙트럼의 각 선이 밀접하게 배치된 집합으로 보이는 '미세구조'를 더욱 정확하게 측정했다. 그리고 수소 원자가

자기 또는 전기장 안에 위치할 때 선이 갈라지는 현상이 관찰됐음을 밝혔다. 보어의 모델은 이러한 추가적인 선을 설명하지 못했고 난관에 봉착했다. 그

그림 2.10. 1922년의 닐스 보어. (사진: A. B. Lagrelius and Westphal, courtesy of AIP Emilio Segre Visual Archives, W. F. Meggers Gallery of Nobel Laureates.)

러나 수학적으로 좀 더 능숙한 조머펠트는 아인슈타인의 특수상대성에 따라 전자가 충분히 빠르게 움직이면 에너지에 상당한 영향을 준다는 것을 받아들여 방향이 다른 원형 궤도뿐 아니라 타원형 궤도까지 적용해 문제 대부분을 해결했다. 그는 밀접하게 배치된 에너지임에도 선이 나뉘었다는 것을 설명하려고 (양자수 n에) l과 m이라는 양자수 두 개를 추가했다. 이 숫자와 물리학적 의미는 뒤에서 살펴보기로 한다.

보어는 영국에 있는 동안 코펜하겐의 이론물리학 교수로 새로이 임용되었고 보어-조머펠트 이론이 성공함으로써 이 분야에서 지명도는 높아졌다. 1917년 친구로부터 재정적 후원을 받아 토지와 건물을 매입해, 보어 연구소라고 알려진 이론물리학연구소 건립 승인을 받을 수 있었고 1921년 완공되었다. 그는 자신이 맨체스터에서 러더퍼드 밑에서 배우고 탐구하며 즐기던 분위기를 이곳에서 그대로 재현해내고 싶어 했다(그림 2.10은 당시 보어의 모습이다).

전쟁 때문에 독일 과학자들은 국제적 모임에서 제외됐다. 하지만 보어는 특별한 편견이 없었다. 그는 조머펠트를 코펜하겐으로 초청했고, 이어서 1920년 4월에는 베를린으로 초대받았다. 그는 이때 처음으로 아인슈타인과 플랑크를 만나 플랑크의 집에 머물렀다. 이 며칠간은 물리학 토론으로 풍성했다. 보어와 아인슈타인은 함께 베를린 거리를 걷거나 아인슈타인의 집에서 저녁식사를 했다. 이후 8월에 아인슈타인은 노르웨이로 여행을 다녀오는 길에 잠시 보어를 방문한다.

주기율표의 설명 (불완전함)

더 나아가 보어는 주기율표와 원소의 특성을 정성적으로 설명하는 데에 보어-조머펠트 이론을 사용하기 시작했다. 특히 원자를 질량에 따라 나열하면 왜 화학반응을 하지 않는 비활성 원소가 매우 민감한 반응성 원소의 바로 다음과 바로 앞에 위치하는지 설명하려 했다. 원소의 특성을 설명하지 못했고, 특성에 따라 배열한 주기율표가 없었으며, 있다 해도 주기율표가 이러한 특정 양상을 설명하지 못함이 오랫동안 고전물리학의 결함이었다(주로 13, 14장에 대한 배경지식으로 부록 B에서 주기율표 대한 짧은 설명과 주기율표 구성 과정 그리고 주기율표 개발에 가장 중대한 역할을 한 카리스마 넘치는 인물을 간략히 살펴본다). 보어는 1922년 6월 괴팅겐에 초청을 받아 이를 주제로 삼아 역사적으로 유명한 7회의 강연을 한다. 아인슈타인은 안전이 염려돼 참석치 못했으나 보어의 생각을 듣고는, 그것은 '기적과도 같은' 설명이라고 견해를 밝혔다.

1922년 10월 닐스 보어는 '원자의 구조 및 원자에서 발산되는 복사를 연구한 노고'를 인정받아 노벨물리학상을 수상했다. 그는 보어-조머펠트 이론에 근거해 12월 노벨상 수상 강연 도중 아직 발견되지 않은 원자번호 72(즉, 72개의 원자와 같은 수의 양성자가 있는) 하프늄의 존재를 예견했다. 나중에 이 예견은 사실로 판명된다.

모델에는 여전히 두 가지 주요한 문제가 남아 있었다. 이 문제는 젊은 볼프강 파울리가 결국 해결한다. 보어와 조머펠트가 이미 세운 가설 이외에 두 가지 추가 가설을 포함한 것이다.

그림 1.1의 맨 뒷줄 오른쪽에서 네 번째에 있는 빈 출신의 파울리는 가끔 아인슈타인과 비교될 정도로 총명했다(그림 2.11은 중년의 파울리다).

파울리는 1900년 4월 25일 출생했다. 그의 아버지는 의사였다가 과학으로 분야를 바꾸었고, 이와 동시에 거세지는 반유대주의를 피하려고 가톨릭으로 개종하면서 성도 파셸레스에서 파울리로 바꾸었다. 파울리는 유태인 혈통에 대해선 아무것도 모르고 자랐다. 평화주의자이자 사회주의자이던 그의 어머니는 유명한 기자이며 작가였다. 예술, 의학, 과학 분야의 유명인들이 집을 자주 방문했기에 그와 여섯 살 어린 여동생은 이러한 장면에 익숙했다.

자신의 대부이자 오스트리아의 유명한 물리학자 에른스트 마흐의 영향으로 파울리는 어린 나이에 물리학에 흥미를 느낀다. 학교생활이 지루해서 가정교사와 공부했고, 이도 지루해져서 아인슈타인의 상대성이론 논문을 읽었다. 1919년 1월 당시 겨우 18세던 그는 상대성이론에 대한 논문을 발

표했고, 학계에 이름을 알린다. 그는 그 해 빈을 떠나(자격을 갖춘 교사가 없었다) 매우 존경받는 뮌헨의 아르놀트 조머펠트 밑에서 박사과정을 시작한다. 그는 정규 교육보다 밤 문화에 더 끌리긴 했다. 조머펠트

그림 2.11. 볼프강 파울리. (사진: AIP Emilio Segre Visual Archives.)

는 새로운 양자 물리학을 이온화된 수소 분자에 적용하는 임무를 그에게 맡겼다. 파울리는 보어-조머펠트 모델로는 이온에 대한 실험 결과를 설명할 수 없었는데, 오히려 이것이 모델에 결점이 있다는 증거로 받아들여졌다. 박사학위를 받은 파울리는 1921년 괴팅겐의 막스 보른 교수의 조수로서 연구를 계속한다.

보른은 그림 1.1의 두 번째 열 오른쪽에서 두 번째(보어 옆) 인물이다. 그는 괴팅겐에 이론물리학연구소를 세워 뮌헨의 조머펠트와 경쟁하려는 의도로 파울리를 찾았다. 보른은 전에 젊은 교수로서 베를린의 아인슈타인과 강한 친분을 쌓았다. 보른과 아인슈타인은 물리학뿐 아니라 음악에 대한 열정도 공유했기 때문에 보른이 징집되었을 때도(베를린 근처에 머물렀다) 아인슈타인은 음악을 즐기자며 저녁에 집으로 자주 초대했다. 보른이 수학에 능숙해서 물리학에 접근했다면, 파울리는 물리학 자체에 대한 직감으로 접근했다.

스핀 (주기율표를 설명하는 데 성공함 #1)

1922년 보어-조머펠트 모델에서 원자의 전자는 특정 상태 그룹을 점유한다고 간주된다. 각 그룹에 해당하는 상태는 에너지에 아주 약간의 차이만 있다. '껍질shell'이라 부르는 각 그룹은 보어 궤도 에너지와 비슷한 에너지를 가진다. 보어는 원자핵에 양성자 1개와 감싸고 있는 껍질에 1개의 전자가 연속적으로 채워지는 원소를 생각하기 시작했다. 한 껍질을 전자로 다 채우거나 아니면 그것을 넘어 다음 껍질에 전자를 더하는지 여부로 원소의 화학적 특성이 결정된다. 특히 헬륨, 네온, 아르곤 등 화학적으로 반응하거나 합치려 하지 않는 원소는 껍질이 차 있다.

첫 번째 문제는 껍질의 상태를 채우는 데 필요한 수의 두 배 만큼 전자가 존재해야 비활성기체 원소가 생기는 것처럼 보인다는 것이었다. 이론상 이는 두 가지 요소에서 맞지 않았다. 파울리는 1925년 봄, (보어의 이론이 성립하도록 만든다는 것 외에는 아무런 이유나 증거 없이) 보어-조머펠트의 상태에 또 다른 특성이 반드시 있고, 네 번째 양자수로 표시되는 그 특성은 두 값 중 하나만 취한다고 가정한다. 보어-조머펠트 모형 각각의 궤도는 이 두 값 중 하나를 취할 수 있으므로 모두 합하면 전자의 총 궤도 상태가 두 배가 되고, 이것이 비활성기체 원소를 설명하는 데 꼭 필요했다.

레이든의 대학에서 박사과정 학생이던 헤오르헤 울렌벡과 사무엘 호우트스미트는 이 네 번째 특성이 전자 내에 내재해야 하고 전자 궤도에 있는 게 아니라고 주장했다. 전자가 실제로 돌고 있다고 여겨지는 현상은 아무것도 없지만, 이들은 그것을 스핀spin이라고 불렀다. 이 특성은 고전 물리학에서 비슷한 어떤 것도 찾을 수 없는 본질적으로 양자적인 것이다. 두 학생은 1925년 여름, 자신들의 결과를 발표했다. 그리하여 이젠 각 상태에 네 개의 양자'수'가 있게 됐다. 세 양자수는 일반적으로 n, ℓ, m로 불리고, 네 번째는 편의상 단순히 '스핀'이라고 명칭을 붙였다.

울렌벡과 호우트스미트는 노벨상 후보로 거론되었으나 스핀에 대한 생각은 랄프 크로니그가 전에 독자적으로 제시했었다. 그는 콜럼

비아대학교의 대학원생으로 유럽에서 박사후과정을 밟고 있었다. 논쟁에 휩싸이면서 위원회는 이 공헌에 어떤 상도 수여하지 않기로 결정을 내렸다.

배타원리 (주기율표를 설명하는 데 성공함 #2)

껍질 채우기에 대한 두 번째 문제는 모든 전자는 단지 하나의 상태, 즉 자연적으로 가장 낮은 에너지 상태를 점유할 것이란 예상이다. 그렇다면 모든 전자는 같은 상태에 있기 때문에 껍질은 채워지지 않을 것이고, 모든 원소(즉, 모든 형태의 원자)의 특성을 설명하는 건 완전히 불가능해진다. 모든 원자의 전자는 단지 하나의 상태, 즉 가장 낮은 에너지인 바닥상태만 점유하며, 가장 낮은 에너지 껍질의 모든 면을 채우지 못하게 될 것이다.

이론이 올바르게 작용하도록 파울리는 1925년 '배타성exclusion'을 가정했다. 어떤 두 개의 전자도 같은 양자상태를 가질 수 없다는 의미다. 다시 말하면 어떠한 두 개의 전자도 같은 양자수 n, ℓ, m, 스핀 집합을 갖지 않는다는 뜻이다(여기서도 파울리는 이것이 주기율표의 원소 배열에 맞아떨어진다는 점을 제외하고는, 증거나 물리적 이유 없이 이렇게 가정했다). 원자의 전자는 가장 낮은 에너지 상태에서 시작해 하나의 상태에 하나의 전자만 거주한다. 일단 껍질의 매 상태에 하나의 전자가 들어서면, 다음 전자는 더 높은 에너지를 가진 다음 껍질에서 가장 낮은 에너지 상태를 취하기 시작한다. 원자에서 가장 높은 에너지를 점유한 전자 상태를 보고 그 원자의 가장 바깥쪽의 껍질이 채워졌는지 표시한다. 그 원자, 그 원소의 화학적 특성은 전자가 한 껍질을 완전히 채웠는지로 결정된다. 예를 들어, 두 상태가 비었는지, 한 상태가 비었는지, 꽉 채웠는지(비활성기체), 꽉 채운 것보다 하나 넘쳤는지, 꽉 채운 것보다 둘 넘쳤는지…와 같다. 원소의 화학적 특성이 전자의 점유와 어떠한 관련을 맺고 있는지는 4부에 나온다. 지금 여기서 핵심은 이것이 증명됐다는 것이다. 스핀과 배타성 같은 가설을 가지고 보어의 원리는 원소와 그 특성을 정성적으로 설명한다. 그리고 파울리는 '배타원리 또는 파울리의 원리를 발견한 공로'로 1945년 노벨물리학상을 수상한다.

원자와 그 특성을 묘사하는 데 성공했음에도 불구하고 많은 물리학자들은 원자에 대한 보어-조머펠트 모델이 대부분 가정과 추정을 기반해 세워졌다는 점과 궤도를 도는 (그래서 가속하는) 전자는 복사하고 붕괴한다는 고전적 견해를 여전히 무시하는 점이 불편했다. 파울리를 포함한 다른 물리학자들은 불편함 이상을 느꼈다. 이들은 본질적으로 꿰어 맞춰진 듯한 이론에 정말 실망했다. 그들에게는 완전히 새로운 물리학이 필요했다.

3장

하이젠베르크, 디랙, 슈뢰딩거
- 양자역학과 양자 원자

1922년부터 연쇄적인 발전이 빠르게 나타나서, 물리 세계가 보어나 조머펠트, 파울리, 아인슈타인, 그 외 누구도 상상치 못한 다른 모습이라는 것이 밝혀진다. 3장에서 이러한 핵심 사건을 기술하고 그 세계, 곧 지금 우리가 살고 있는 세계를 처음으로 들여다보도록 한다.

콤프턴산란 (광양자 입자성의 증거)

미국의 뛰어난 실험물리학자인 아서 홀리 콤프턴(그림 1.1의 두 번째 열 아인슈타인의 바로 뒤에 보인다)은 27세 때인 1920년에 미주리주 세인트루이스의 워싱턴대학교 물리학과에 교수 및 학과장으로 임명되었다. 1922년부터 1923년 겨울까지 위스콘신대학교에서 그는 X선 (대략 원자 크기의 파장이며 높은 에너지인 전자기 방사)을 연구하던 중 예상 밖의 결과를 얻는다. 흑연에 비춰진 X선은 파장이 길어지고 변화돼 돌아 나왔다. 그것은 마치 보라색 빛이 물질에 반사되는 과정에서 붉은색으로 바뀌어 나오는 것 같았다. 관찰된 현상을 지금은 '콤프턴효과'라고 부른다.

어떤 종류의 파동에서도 이와 같은 현상이 목격된 적이 없었다. 사실 목격된 것은 파동으로 전혀 설명할 수 없었다. 가능한 하나의 설명은 아인슈타인이 1916년에 이론적으로 선보인 것처럼 입자가 운동량을 가지듯이 전자기 방사도 운동량을 가진다는 것이었다. 흑연(탄소) 원소의 전자는 충돌에서 튀어 오르면서 들어오는 X선 양자의 운동량 일부를 흡수하고 X선 양자는 감소된 에너지와 운동량, 그리고 그만큼 길어진 파장을 가지고 다른 방향으로 반사되어 나간다.

그러나 보어와 두 명의 동료는 콤프턴의 결론에 의문을 제기했다. 보어는 단순히 빛 자체가 양자화되고 운동량을 가진다는 것을 받아들이려 하지 않았다. 콤프턴은 충돌 시 에너지의 보존을 추정했고, 보어는 에너지의 보존은 원자 수준에서 증명된 바가 없다고 주장했다 (물리학의 보편적 토대 중 하나를 거스른 주장이었다).

콤프턴은 튀어 오른 전자가 있다고 확정하고, 에너지와 운동량은 확실히 보존된다는 것을 증명할 방법을 찾았다. 그리고 독일의 한스 가이거와 발터 보테도 같은 결과를 얻었다. 실험에서 얻은 이 결과는 전자기 양자와, 추론적으로는 광양자도 입자성이라는 것을 밝히는 반박할 수 없는 증거였다. 이 실험과 그 해석을 보고 물리학계는 광양자는 입자와 파동 모두의 특성을 지닌다(아인슈타인이 1905년 광전 효과 분석에서 처음 제안했듯이)고 결국 받아들인다. 파동-입자 이중성의 '입자' 부분이 확인됐다. 아인슈타인이 20년 이상 거의 홀로 지지해온 관점이 증명된 것이다. 콤프턴은 '콤프턴 효과를 발견한 공로'로 1927년에 노벨물리학상을 받는다.

1928년 발간된 논문에서 콤프턴은 빛 또는 X선의 한 입자를 지칭할 때 '빛light'을 뜻하는 그리스어인 포톤photon을 사용했는데, 이 용어는 일반적으로 전자기 방사의 입자를 말할 때 사용한다(길버트 루이스가 1926년에 포톤photon이란 이름을 붙였다고 한다[1]). 일반적으로 전자기 스펙트럼의 가시적 범위를 빛이라고 하기는 하지만 나는 본 도서 전반에 걸쳐 빛이란 말을 넓은 의미에서 사용한다(부록 A 참조).

파장으로서의 입자 (돌아가는 것이 옳을까?)

루이 드 브로이(그림 1.1의 두 번째 줄 오른쪽에서 세 번째이며, 그림 3.1은 가까이에서 찍은 사진이다)는 1923년에 파리 소르본 대학원생이었다. 만일 빛이 입자와 같은 특성을 지닌다면, 전자 같은 입자도 파동성을 지닐 수 있다고 추리했다. 그는 계산으로 자신의 추리를 뒷받침했다. 급진적인 생각이었지만 외부 논문 검토자 폴 랑주뱅이 의견을 물어보자 아인슈타인은 논문을 살펴보고는, "그는 거대한 장막의 한 모서리를 들어 올렸다"[2]고 대답했다.

루이 빅터 피에르 레이몬드 드 브로이는 프랑스 공작이며 독일 왕자라는 작위와 함께 1892년 프랑스의 귀족 가문에서 태어났다. 열일곱 살 위인 그의 형 모리스는 아버지가 사망한 뒤 가장 역할을 했다. 루이는 당시 14세였다. 모리스는 가문의 전통대로 군대에서 커리어를 시작했으나 그곳에서 무선통신에 연관된 임무를 하다가 과학에 관심을 가졌고 결국 군대를 떠나 콜레주 드 프랑스에 들어가 랑주뱅 밑에서 박사 학위를 획득한다. 그는 이어 파리의 저택에 연구실을 만들고 X선 분야에서 저명한 학자가 된다.

루이는 가정교사와 함께 집에서 학업을 했고 기초학문은 모리스가 지도했다. 이후 모리스에게 영향을 받아 과학의 길로 접어들었다. 1년간의 의무

복무가 전쟁 발발로 5년 더 연장되었고, 이후 형과 함께 연구하며 몇 개의 논문을 썼다.

그림 3.1. 루이 드 브로이 (사진: Deutscher Verlag, courtesy of AIP Emilio Segre Visual Archives, Brittle Books Collection.)

드 브로이는 보어 궤도의 전자가 그림 3.2 ⓐ에 보이는 기타 줄의 배음 진동처럼 정상파standingwave와 관련이 있다고 생각했다(이 파동은 가로막혀 있고 어디도 가지 못하기 때문에 '서 있는standing' 것이다). 그림 아래에 보이는 반파장의 현은 현의 '기본fundamental' 진동수로, 기

초가 되는 음의 높낮이를 결정하며 위아래로 진동할 것이다. 이 경우의 '하향' 스윙의 정도는 실선으로, '상향' 스윙의 정도는 점선으로 표현했다. 양극단은 진동의 '진폭amplitude'을 표시한다. 위에 보이는 세 개의 '배음'은 소리의 '음색'을 결정한다. 이 배음은 기초 진동수의 연속적인 정배수로 진동한다.

드 브로이는 그림 3.2 ⓐ의 아래에서 두 번째 그림처럼 전 파장은 궤도의 둘레를 한 바퀴 도는 정확한 횟수에 맞아떨어져야만 한다고 추측했다. 그림 3.2 ⓑ에 보이는 것처럼 5회의 파장은 n = 5 보어 궤도에 꼭 들어 맞는다. 이 조건은 보어가 애초에 말한 양자화된 에너지 및 궤도와 같은 결과다. 그러나 드 브로이의 전자는 정상파이고 궤도상 실재하는 전자가 아니기 때문에 전하의 가속에 따른 방사와 붕괴가 일어나지 않는다. 드 브로이의 정상파는 고전 물리학과 상충되지 않으므로 보어 모델에 제기되는 근본적 반대를 피할 수 있었다.

드 브로이는 또한 전자가 파동과 같은 회절과 간섭을 겪어야 한다고 주장했다. 그림 2.2에 물에서 파장에 일어나는 현상을 비유적으로 그린 것처럼, 빛 입자에서도 파장의 특성이 똑같이 관찰되기 때문이었다.

전자의 이러한 파동성은 1926년에 미국인 물리학자인 클린턴 데이비슨과 레스터 저머 2인으로 구성된 팀이 관찰했다. 그들은 니켈 결정에 전자빔을 쏘았을 때 회절과 간섭이 일어날 수 있다는 단서를 발견했다(그림 2.2의 방파제에서 두 개의 문이 물의 파장을 회절하고 간섭하도록 하는 것과 같은 방식으로, 결정crystal에서 원자 격자도 전자를 회절하게 하고 간섭하도록 한다). 두 명의 학자는 당시 드 브로이의 생각을 알

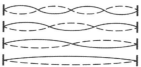

ⓐ 기타현의 정상파 배음 진동

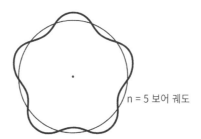

n = 5 보어 궤도

ⓑ 폐쇄적으로 진동하는 정상파로서의 드 브로이 전자

그림 3.2. ⓐ 하나의 기타현에서 '기본'(아래)과 3개의 가장 낮은 배음 진동들. 현은 각 경우에 실선과 점선 사이의 양 극단에서 진동할 뿐이고 보여지는 파장은 어디로도 이동하지 않기 때문에 각각의 진동하는 방식을 '정상파'라고 부른다.
ⓑ 드 브로이는 수소 원자에서 전자의 상태를 보어 궤도 안에서 돌고 거의 궤도에 가까운 정상파의 집합으로 생각했다. n = 5 정상파가 n = 5 보어 궤도 위에 그려져 있다.

지 못했다. (파동이 틈을 지나 퍼질 때의) 회절과 (이들이 합쳐질 때의) 간섭은 이들이 확인하고 나서 영국의 물리학자 조지 톰슨(J. J. 톰슨의 아들)도 독립적으로 확인했다. 그는 전자빔을 얇은 금속막에 통과시키는 약간 다른 실험에서 유사한 결과를 얻었다.

회절과 간섭은 파동성이 없다면 발생하지 않는다! 입자가 언제나 특정 위치에 있는 점과 같은 물체처럼 행동한다는 고전적 개념은 무너졌다. 파동성은 (가끔) 존재했다!

(드 브로이는 '전자의 파동성을 발견한 공로'로 1929년에 노벨물리학상을 받는다. 데이비슨과 톰슨은 '결정을 가지고 실험해 전자의 회절을 발견한 공로'로 1937년에 공동으로 수상한다.)

여기서 잠시 연대기적 설명을 보류하고 전자와 광양자의 파동성을 좀 더 밝히는 더욱 최근의 실험을 기술해 본다.

전자의 입자·파동 이중성은 두 개의 틈을 이용한 회절과 간섭 실험으로 멋지게 시연됐다. 이 실험의 구성을 그림 3.3.에서 도식화해 보여준다. 보여지는 모든 것은 진공실로 막혀 있다. 판에 나·있는 두 개의 틈 사이로 '전자총'이 전자를 한 번에 하나씩 발사하며 이들이 충돌하면 관찰 스크린에 작은 점으로 기록된다. 수만 개의 전자로부터 수만 개의 점들이 축적되며 파동의 간섭 패턴과 닮은 (스크린에 도식적으로 보여지는) 간섭 패턴이 만들어진다.

그림 3.4에서 이번엔 스크린이 검은색이고, 전자가 스크린에 충돌한 곳은 흰 점으로 나타나는 실험으로 점들이 점진적으로 실제 축적되는 모습을 보여준다. ⓐ는 전자 11개로 점이 축적된 경우다. ⓑ는 전자 200개, ⓒ는 전자 6,000

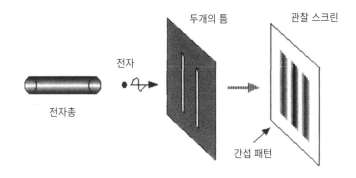

두개의 틈   관찰 스크린

전자

전자총

간섭 패턴

그림 3.3. 두개의 틈slit이 뚫려 있는 장벽에 전자를 한 번에 하나씩 쏜다. 각 전자는 흰색의 스크린에 검은 점을 만든다. 횟수가 거듭되면 가운데에 검은 점으로 된 막대모양과 그 양쪽에 이보다는 덜 검은 막대모양 2개, 그리고 그 바깥쪽에 이보다 좀 더 덜 검은 막대모양 2개 (위 그림에는 없음)가 나타나는 간섭 패턴이 나타난다. 점들의 밀도를 세어보면 그림 2.2ⓒ에서 보여준 파고와 같은 강도 그래프를 만든다. (사진: Wikipedia Creative Commons; file: Double-slit.png; assumed author: NekoJaNekoJa~commonswiki. Licensed under CC BY-SA 3.0.)

개, ⓓ는 전자 40,000개, ⓔ는 전자 140,000개다. 전자의 입자성은 전자총에서 하나의 입자를 쏘면 스크린에 하나씩 점이 만들어지는 사실에서 알 수 있다. 그러나 이 하나의 전자는 웬일인지 파동적 특성을 가지고 있어서, 두 개의 틈을 통해 동시에 이동하지 않는다 할지라도 적어도 양 틈의 위치를 아는 듯, 다른 전자가 만든 점과 함께 간섭 패턴을 형성하는 곳에 충돌점을 만든다.

우리가 입자라 생각하는 전자는 이와 같이 파동적 행위를 한다. 전자가 실제로 어떻게 해서든 나뉘어 두 개의 틈을 이동해 스스로 간섭할 수 있을까?

이제 그림 2.2처럼, 토머스 영이 빛이 파동적인지 보려고 두 개의 틈을 이용한 실험을 기억해 보자. 프린스턴대학교의 라이먼 페이지가 최근 수행한 실험에서, 단색광(하나의 뚜렷한 파장으로만 이루어진 빛)의 강도를 줄여 하나의

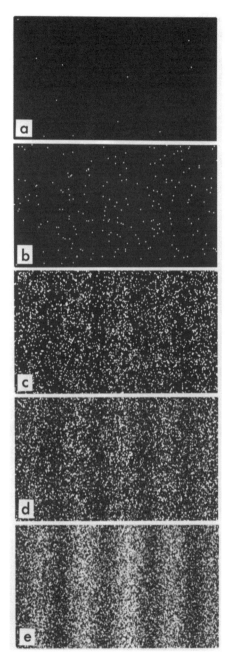

그림 3.4. 전자가 충돌했을 때 검은 스크린에 흰 점이 찍힌다는 것만 제외하면 그림 3.3의 실험과 동일한 실험물이 여기 있다. 여기서 간섭 문양이 생기는 걸 목격한다. ⓐ 11개의 점이 보인다. ⓑ 200개의 점이다. ⓒ 6,000개의 점. ⓓ 40,000개의 점. ⓔ 14 000개의 점. ⓐ에서 ⓔ로 가면서 파동이 두 개의 틈을 통과하듯 스크린을 때린 점이 간섭 무늬를 만든다. (그림 출처 Wikipedia Creative Commons; file: Double slit experiment results Tanamura 2.jpg; user: Belsazar, with permission of Dr. Akira Tanamura. Licensed under CC BY-SA 3.0.)

양자, 특히 하나의 광자를 그림 3.3에 보이는 것과 같은 구조로 된 두 개의 틈에 한 번에 하나씩 쏘았다. 점이 파동과 같은 간섭 패턴을 형성하며 유사하게 축적됐다. 우리는 비슷한 질문을 제기한다. 어떻게 나뉠 수 없는 하나의 광자가 두 틈을 이동해 간섭하지?

고전적 개념, 즉 고전 물리학에서는 개별 입자의 파동성을 전혀 설명할 수 없다. 전자든 광양자든 두 개의 틈을 이용한 실험은 우리가 양자세계에 살고 있다는 것을 실증적으로 잘 보여주는 예다. 여러분이 보듯이 우리의 양자세계는 이상하다. 양자역학은 이러한 이상함을 설명한다. 채널 고정하시라.

입자의 파동성에는 실용적인 면이 있다.

광학현미경으로 확대할 수 있는 범위는 빛의 파장에 제한된다고 1926년 이전에 이미 알고 있었다. 파장은 보려는 물체의 크기보다 짧아야 한다. 빛이 있다면 혈구를 볼 수 있다. 대략 10마이크론(10^{-5}미터)이나 그보다 작은 것은 보기 힘들다.

1931년에 전자가 가시광선보다 10만 배 짧은 파장을 만들 수 있다는 것을 깨닫고는 막스 크놀과 언스트 러스크는 전자현미경을 발명했다. 상업적 생산은 영국에서 1935년에 시작됐다.

(이제 초기 양자역학이 발견한 것을 연대기적으로 계속 설명하겠다.) 보어와 조머펠트는 1916년에 원자 모델에 양자화된 궤도들을 적용했으나 이들의 모델은 여전히 고전 물리학, 점point입자, 그리고 당시 대부분 물리학자에게 '견고한 기반'이던 행성 궤도를 닮은 궤도를 사용

했다. 그러나 그 모델에는 여전히 복사 때문에 궤도가 붕괴할 것이란 문제가 있었고, 드 브로이의 제안과 1923년 콤프턴효과, 1926년 니켈 결정과 금속막에서의 전자 회절과 간섭이란 실험적인 실증 때문에 기반이 흔들리고 쪼개지기 시작한다.

양자역학 (드디어 성립된 튼튼한 이론)

앞에 언급한 회절 실험 전에도 세 명의 과학자가 원자의 특성과 작용을 더 잘 설명해 줄 이론을 각자 탐구하고 있었다. 독일의 베르너 하이젠베르크(그림 1.1의 뒷줄 오른쪽에서 세 번째에 서 있다), 오스트리아의 에르빈 슈뢰딩거(뒷줄의 중심인 오른쪽에서 여섯 번째에 서 있다), 그리고 사교적이지 못한 폴 디랙(슈뢰딩거의 앞, 아인슈타인의 뒤에 있다)이 그들이다. 놀랍게도 세 명의 접근 방식은 모두 같은 결과를 만들어냈다.

그러나 이들 중 슈뢰딩거의 '파동역학' 버전이 가장 시각적이었으며, 우리는 그의 접근법에 집중해 흥미로운 원자의 개념과 결국에 우리가 사는 우주(아니면 우주들, 이제 알게 될 것이다)에 작용하는 방식을 알아볼 것이다. 우선 세 가지 접근 방식과 이러한 개발과 연관된 인간사도 살펴보자.

행렬역학

1925년 6월 괴팅겐에서 베르너 하이젠베르크는 교수인 막스 보른

이 2년 전 자신에게 맡긴 수소의 스펙트럼선 문제를 이해해보려 했다. 하이젠베르크는 원자를 한 다발의 양자 진동자로 취급할 수 있다는 의견을 내놓았다(플랑크가 25년 전 빛의 복사에 사용한 접근과 아인슈타인이 그로부터 9년 뒤 고체의 특정 열에 사용한 접근법과 어딘가 닮아 있다). 하이젠베르크는 원자 내에서 가능한 전이를 기술하는 배열, 즉 '정렬 이론'을 개발했다. (학계의 연구에 편견 없는 판단과 비평을 하는 인물로 존경과 두려움을 받던) 볼프강 파울리로부터 격려를 받고 하이젠베르크는 양자역학에 대한 첫 번째 논문으로 자신의 이론을 발표했다. 아인슈타인과 보어는 회의적이었으나 이것이 뭔가 새로운 것을 제시하길 바랐다.

그러나 이 이론은 원자 연구에서 자극을 받은 것이기는 하나 좀 모호했고 성공적으로 적용하기는 일렀다.

베르너 칼 하이젠베르크(그림 3.5은 가까이에서 찍은 모습이다)는 1905년 12월 5일 독일의 뷔르츠부르크에서 두 남자 아이 중 둘째로 태어났다. 그의 아버지가 뮌헨대학교의 비잔틴 문헌학 교수가 되어 베르너가 8세 때 그곳으로 가족이 이사했다. 전쟁의 여파로 급진적인 사회주의자들이 소비에트공화국을 선포하려는 바이에른에서의 삶은 힘들었다. 이러한 운동을 반대하는 많은 군사 그룹이 조직되었는데, 베르너와 그의 친구도 이 중 하나를 만들었다.

동시에 하이젠베르크는 우수한 학생이었고 일류 대학에서 장학금을 받았다. 물리학도로 성숙해지면서 양자역학을 공부하고 연구하는 세 개의 주요 센터와 연관을 맺었다. 그는 1920년에 파울리와 함께 조머펠트의 뮌헨 연구소에서 대학원 생활을 시작했다. 두 사람은 하이젠베르크의 잠재성을 알아보았고 파울리와 하이젠베르크는 이후로도 전문적인 견해를 편히 나누는 사이를 유지한다. 조머펠트는 미국으로 잠시 떠나며 하이젠베르크가 괴팅겐의 보른과 함께 공부할 수 있도록 주선했다. 하이젠베르크는 이후 뮌헨으로 돌아와 박사학위를 마치고 코펜하겐에서 1년을 머물러 달라는 보어의 초대에 응했다. 1922년 괴팅겐에서 보어가 강연하는 도중 하이젠베르크가 날카로운 질문을 던진 결과다.

파울리는 보어에게 하이젠베르크에 대한 편지를 썼고, 젊은 물리학자는 따뜻한 환대를 받았다. 이들은 직업적으로나 인간적으로 관계를 발전시켜 나갔다. (<코펜하겐Copenhagen>이란 제목의 연극과 영화에서 이러한 부분이 부자간의 관계처럼 그려진다. 하이젠베르크가 제2차 세계대전 동안 나치의 원자력 무기 개발계획의 리더를 맡은 이후 보어를 찾아온 상황을 묘사하고 있다.) 하이젠베르크는 곧 알게 되는데 보어는 다른 무엇보다도 자신의 원자모델의 결함이 드러날까 봐 염려했다

그림 3.5. 1927년의 베르너 하이젠베르크 (사진: AIP Emilio Segre Visual Archives, Segre Collection.)

보른은 하이젠베르크의 진동자 배열을 연구하려면 행렬 수학이 필요하다는 것을 알아차렸다. 행렬은 수학에서 많이 쓰였고, 당시 물리학자들에게는 일반적이진 않았다. 보른은 이론적 뼈대를 구축하고자 수학에서 물리학으로 전과한 22세의 파스쿠알 요르단을 불렀다. 그들은 하이젠베르크와 협조해 1925년 10월에 자신들의 발견을 발표한다. 이러한 접근법을 좀 더 정확하게는 행렬역학matrix mechanics이라고 부른다.

행렬역학은 다루기 까다롭지만 파울리는 연구를 병행하며 그것을 완전히 익혔고 이것을 적용해 수소 스펙트럼을 유도하는 데 성공했다. 행렬역학으로 결과를 얻어낸 것이다! 그러나 원자는 어떻게 생겼을까? 이 이론으로는 알 수 없었다.

디랙의 양자역학

하이젠베르크의 이론에 잠재한 기초 물리학을 인정한 폴 디랙은 앞에서 언급한 행렬역학에 대한 '3인의 논문'이 제출되기 전에 <런던 왕립학회 회보>에다 논문을 발표됐다.

폴 아드리안 모리스 디랙(그림 3.6에서 중년의 모습을 볼 수 있다)은 1902년에 영국인 어머니와 프랑스어를 사용하는 스위스인 아버지 사이에서 세 명 중 둘째로 태어났다.

프랑스어를 가르치던 그의 아버지는 고압적인 성격이었고 아들이 자신과 대화할 때는 언제나 프랑스어만 쓰도록 고집했다. 그러나 디랙은 프랑스어로는 표현을 잘할 수 없다는 것을 깨닫고 말을 많이 하지 않기로 결심했다. 이것이 성격으로 이어졌다. 그는 내성적이었다. 하지만 또한 총명했다. 디랙은 과학에 흥미가 있었으나 그의 아버지는 그를 공학engineering으로 인도했다. 그는 브리스틀대학교에서 3년 만에 졸업해 전기기술자가 되려 했으나, 전쟁의 여파로 직업을 찾을 수 없어 학교에서 머물며 무료로 수학 학위 과정을 계속했다. 그런 뒤에 정부보조금을 지원받아 전에는 형편이 안 돼 갈 수 없던 케임브리지에 들어갔다. 공학을 공부하는 학생이었으나

아인슈타인의 상대성이론을 읽고 이해했으며, 케임브리지에서 보어의 강의를 들었다. 그는 보어에게서 강한 인상을 받았으나 다른 이론을 펼쳤다.

그림 3.6. 중년의 폴 디랙. (사진: A. Bortzells Tryckeri, courtesy of AIP Emilio Segre Visual Archives, E. Scott Barr Collection, Weber Collection.)

　　홀로 케임브리지에서 연구하던 디랙은 지도교수였던 랄프 파울러 (러더퍼드의 사위. 그림 1.1에서 뒷줄 오른쪽에서 두 번째에 보인다)를 통해 하이젠베르크의 이전 연구를 접했다. 디랙은 1925년 11월 말경 네 개의 논문을 내놓는다. 이 논문을 모두 모아 박사 논문을 구성해 박사 학위를 취득한다. 그것은 3인의 논문보다 더 완벽한, 심혈을 기울인 연구 결과였고 거기엔 다른 형태론이 사용됐다(디랙은 2부에서 설명할

예정인 좀 더 탄탄한 방법을 양자역학에 제공한다. 자연스럽게 전자의 스핀을 만들어내는 방식으로 상대성이론과 슈뢰딩거의 방정식을 결합한다. 이후 그는 케임브리지의 루카스좌Lucasian 수학교수로 선정된다. 이 직위는 전에 아이작 뉴턴이 보유했었고, 뒤에 스티븐 호킹이 보유했다).

파동역학

1925년 10월에 보어 원자의 문제점들을 지적하기 시작했을 때 취리히 ETH의 교수였던 슈뢰딩거는 이미 논문 발표도 했고 체계가 잡힌, 학계에서 인정받는 물리학자였다.

그림 3.7의 에르빈 슈뢰딩거는 1887년 8월 12일 비엔나의 중상류층 가정에서 외아들로 태어났다. 당시는 합스부르크 왕조가 쇠퇴하고 오스트리아 제1공화국이 현대 문화의 중심에 있던 시기였다. 미국의 고등학교와 대학교에 해당되는 교육기관에서 뛰어난 성적을 거둔 뒤 슈뢰딩거는 대학원에 진학했고 1914년에 비엔나대학교에서 물리학 박사 학위를 받는다.

그 해에 제1차 세계대전이 발발했고 슈뢰딩거는 곧 포병장교로 이탈리아 전선에 배치돼 임무를 수행했다. 1918년 전쟁이 끝나자 그의 아버지는 사업을 그만두었다. 얼마 지나지 않아 부모님이 모두 사망했다. 전쟁의 상처가 가시지 않은 오스트리아에 머무는 젊고 총명한 물리학자의 전망은 좋지 않았다.

1920년에는 32세의 나이로 오랜 연인인 앤마리 베르텔과 결국 결혼했다. 베르텔은 시골의 훌륭한 가정에서 자란 23세의 전업 여성이었다. 하지만 가정을 꾸리려면 충분한 급여를 받을 수 있는 곳을 찾아 유럽 전역에서 일해야 했다. 파동 역학은 1926년, 취리히와 그 근처에서 그의 커리어가 정점에 있을 때 연구하기 시작했다.

1933년에 슈뢰딩거는 베를린에서 플랑크의 뒤를 잇는 교수직을 뒤로하고 옥스포드에 자리를 얻어 떠난다. 독일이 유태인을 박해하는 것이 싫었기 때문이었다. 히틀러는 수상이 됐다. 무어Moore는 다음과 같이 적고 있다. "슈뢰딩거는 특별했다. 유태인이 아니면서 나치에게 굴복하기를 거부한 몇 안 되는 교수 중 하나였다." 그리고 다음과 같이 덧붙이며 끝마치고 있다. "1933년 가을에 960명의 교수들이 히틀러를 지지하는 서약문을 발표했다."[3] 슈뢰딩거는 그들에 속하지 않았다.

 슈뢰딩거는 1936년에 오스트리아로 돌아왔다. 그러나 독일이 1939년 오스트리아를 병합한 이후 슈뢰딩거는 그곳에 남기 어렵다는 것을 느꼈다. 나치 기록에 "정치적으로 신뢰할 수 없는" 인물이라고 쓰여 있었기 때문이었다. 그는 옥스포드와 겐트에 방문 교수직을 얻어 아내와 함께 이주했고 뒤에 아일랜드의 수상인 이몬 데 발레라에게 초청받아 더블린 고등학문연구소 설립을 도왔다. 그는 이론물리학교 교장으로서 그곳에 17년간 머물렀다. 그동안 그는 아일랜드 귀화 시민이 됐고 여러 가지 주제로 50개의 논문을 추가로 발표했다. 여기에는 통일장이론a unified field theory을 개발하려는 노력도 있었다.

제임스 왓슨은 1944년에 쓴 슈뢰딩거의 책『생명이란 무엇인가What is Life』에서 DNA의 이중나선구조를 (프란시스 크릭, 모리스 윌킨스, 결정학자 로잘린드 프랭클린과 함께) 발견하는 영감을 받았다고 말했다. 이중나선구조가 있기에 세포분열을 하며 유전자코드를 복제할 수 있다. (왓슨, 크릭,

윌킨스는 노벨상을 수상했으나 프랭클린은 수상 전에 사망했다. 그래서 그녀는 수상후보가 아니었다. 하지만 그녀의 연구는 발견에 결정적인 역할을 했다.)

그림 3.7. 1933년의 에르빈 슈뢰딩거 (사진: Wikipedia Creative Commons; file: Erwin Schrödinger (1933).jpg; author: Nobel Foundation.)

슈뢰딩거는 하이젠베르크가 1925년에 주장한 양자역학에 대한 진동자 접근법이 모호하고 물리학적으로 충분히 설명되지 않는다는 것을 알았다. 그는 아인슈타인의 논문에 달린 주석을 보고 드 브로이의 정상파 이론을 검토해보기로 했다. 원자의 전자를 3차원의 정상파로 해결해 보려는 연구였다. 정상파 집합으로서의 원자를 설명한 것이 행렬역학보다 명확해 보였고, 많은 이들(특히 슈뢰딩거 자신)이 마지못해 포기할 수밖에 없던 고전물리학과 무리 없이 연결될 약간의 가능성을 제공하는 듯 보였다.

이론 간의 다툼?

1925년 크리스마스 동안 마음속에서 구상하다가 1926년 3월에 발표된 슈뢰딩거의 파동역학을 아인슈타인과 보어는 환영했고, 결국에는 학계 사람 대부분이 (의문이 없지는 않았으나) 인정했다.

그러나 파동역학은 하이젠베르크에게 도전을 받았다. 그는 물리학계가 슈뢰딩거의 개념을 자신의 것보다 지지하는 것에 점점 실망하고 있었다. 7월 뮌헨에서 열린 슈뢰딩거의 강의 도중 하이젠베르크는 슈뢰딩거에게 대답하기 어려울 만한 질문들을 던졌다. 예를 들면 슈뢰딩거의 이론으로는 광전효과를 설명할 수 없었다. 전자가 어떻게 파동으로서 '튀어나올 수' 있느냐? 그리고 파동이 어떻게 전자의 전하를 운반하느냐? 처음에 슈뢰딩거는 전하가 어떠한 방식으로든 바탕에 깔려 있기 때문에 이것이 가능하다고 생각했다. 그러나 그렇다면 전자의 입자성을 부정하는 것이 되고, 개별적이고 나누어지지 않으며 기초 전하 단위량을 지닌다는 점을 부정하는 것처럼 보일 것이다.

　모임 이후 보어는 슈뢰딩거를 코펜하겐으로 초청했다. 10월 초에 이 두 사람과 뮌헨에서 돌아온 하이젠베르크는 함께 모여 두 이론 사이의 모순점과 의문점을 며칠 동안 해결해보려 했다. 하이젠베르크보다 보어가 파동역학의 약점을 맹렬히 파고들었다. 그러나 하이젠베르크와 보어는 자신들의 방식으로 슈뢰딩거가 '양자도약quantum jumps'이라고 부르는 메커니즘을 설명할 수 없었다. 이는 전자가 한 에너지 상태에서 다른 상태로 전환되는 현상이다. 슈뢰딩거의 파동역학에선 이러한 메커니즘mechanism이 가능한 것처럼 보이나 하이젠베르크의 행렬역학에서는 그렇지 못했다. 두 이론의 의문점에 답하려면 더 넓고, 모든 것을 포괄하는 체계가 필요했다.

변환이론

1926년 후반, 파스쿠알 요르단과 폴 디랙은 각자 그 해답을 일부 제공한다. 보어의 초청으로 6개월간 코펜하겐에서 머물며 연구하던 중, 디랙은 행렬역학과 파동역학은 자신의 포괄적인 '변환이론 transformation theory'에 속하며 단지 수학적으로 특별한 경우에 해당할 뿐이라는 것을 보여 주었다. 이것으로 수학은 해결했으나 이론을 물리학에 훌륭하게 적용하기 힘들었고, 물리적으로 모순인 듯한 부분을 해결하는 면에서 여전히 부족했다. (하이젠베르크는 '양자역학의 발명과 이를 적용한 결과 중 하나인 수소 동소체를 발견한 공로'로 1932년에 노벨물리학상을 받는다. 슈뢰딩거와 디랙은 '새롭고 생산적인 원자 이론 형식을 발견한 공로'로 1933년에 공동 수상한다.)

파동역학과 수소원자(이뤄진 방법)

양자역학에 대한 슈뢰딩거의 '파동역학'적 접근법은 어떤 일이 벌어지고 있는지를 가장 잘 알려준다. 그것을 단순한 비유에서 시작해, 우리에게 더 친숙한 어떤 것과 비교해 그의 결과를 보여주는 또 다른 비유로 결론을 맺는다.

슈뢰딩거가 1925년에 한 것은 우리가 고등학교 수학시간에 배운 것과 약간 비슷하다. 알지 못하는 답을 문자 X로 두고, X와 관련된 그 값의 단서를 제공하는 상황을 기술하는 방정식을 만든다. 그런 뒤에 X의 방정식을 푼다. 가끔 해법상 두 개의 X값이 나올 때가 있다. 그 답은 상황에 맞는 것이며, 정확하고 인정되는 답이다.

슈뢰딩거는 그리스 글자 Ψ("프사이"로 발음)로 표현되는 복잡한 수학 함수로 정의했다. Ψ는 입자의 위치와 공간 및 시간에 따른 움직임의 모든 정보를 제공한다. 입자의 모든 물리적 특성은 그것에 맞는 수학연산을 하면 Ψ에서 뽑아낼 수 있다. 한 연산으로 전자의 위치, 다른 연산으로 그것의 속도, 세 번째 연산으로 그것의 에너지… 등이다.

고등학교 때처럼 미지수 X로 풀어내는 대신, 슈뢰딩거는 미지의 함수 Ψ를 수학적 형태로 푼다. 그는 (Ψ에 대한 알맞은 수학 연산으로 주어지는) 원자 계system의 총에너지를 도출하는 방정식을 만드는데, 이는 (Ψ에 대한 다른 연산으로 주어지는) 수소 전자의 운동motion 에너지와 (Ψ에 대한 또 다른 연산으로 주어지는) 전자가 양성자로 구성된 핵에 끌리는attraction 에너지의 합계와 같다(수소는 양성자 하나와 전자 하나로 구성된다).

수학이 관련된 헛소리처럼 들리지만 슈뢰딩거가 그의 방정식을 제시했을 당시 그 결과는 최상의 승리로 보였다. 추가적으로 스핀 가설을 포함한 것만으로 슈뢰딩거의 모델은 거의 정확하게 수소 원자의 모든 특성을 보여주었다. 보어-조머펠트 모델에 요구되는 가정도 필요 없었다! 디랙은 나중에 스핀이 전자의 내재적인 특성이라 밝힌다(그래서 더 이상 가설이 아니다).

슈뢰딩거가 자신의 방정식을 풀었을 때, 그는 특정한 에너지 준위에서 한두 개의 해를 얻은 것이 아니다. Ψ에서 무한한 정상파의 해(솔루션)를 얻었다. 이것이 그림 2.7 ⓑ에 보이는 보어 모델의 에너지 준위와 정확히 일치했다. 스핀을 포함하니 이러한 에너지 준위는 조머펠트가 얻은 밀접하게 배치된 에너지로 더 나뉘었다. Ψ로 도출한 이러한 솔루션은 수소 원자 내에서 전자가 보여주는 파동적 물리학을 수학적으로 만족하는 상태를 말해준다. 그러므로 이 솔루션들만이 수소 내 전자에게 '허용된' 상태다. 그리고 이러한 상태의 에너지 준위 간 간극은 발머가 (2장에 서술한 것처럼) 말한 수소 스펙트럼을 정확히 설명하며, 더불어 나중에 관찰되는 더욱 세밀한 구조와 자기장, 전기장 선의 분리까지 설명한다. 하지만 가장 중요한 사실은 보어 원자와는 달리 어떠한 궤도도 없다는 것이다. 그래서 전자의 가속도 없고 방사와 붕괴 이유도 없다!

확률 (원자를 시각화하는 방법)

조금 뒤인 1926년 8월, 막스 보른은 입자가 물리적으로 파동을 일으키는 것이 아니며, 파장은 단지 입자가 발견될 만한 곳을 찾는 파동역학이라는 수학 속에만 있다고 주장하기 시작했다. 보른에 의하면 슈뢰딩거의 정상파 솔루션의 강도(파동의 진폭으로 간주)가 강한 어느 지점이 있다면 입자가 실제로 그 특정 지점에 위치할 확률을 알려주는 것뿐이라는 것이다. 이런 방법으로 그는 파동과 입자 모두의 개념을 유지하고 하이젠베르크의 입자성에 가까운 이론과 슈뢰딩거의 파동성에 가까운 이론 사이의 차이점을 해결한다. 보른의 확률적 관점은 슈뢰딩거의 솔루션을 해석하는 방법이며 코펜하겐 해석Copenhagen interpretation(나중에 자세히 설명한다)에서도 일부 차용된다. 이 해석을 보어는 좋아했다. 보른은 '양자역학에 대한 기초적 연구,

특히 파동함수의 통계적 해석에 대한 공로'로 1954년에 노벨물리학상을 받는다.

그러나 보른의 확률은 고전물리학적인 면에서 보면 입자들의 개연성 있는 행동을 '통계적'으로 보여주지 않는다. 예를 들어 고전적 통계 입장에서는 터진 풍선에서 방출된 헬륨가스의 원자가 방에서 튀다가 얼마 후에 풍선에 들어 있던 구역에 모두 돌아오기는 어렵다. 보른의 전자 상태 확률은 위치가 '명확하지 않은' 경우에만 통계적이다. 그것은 전체 통계가 아니라 주사위 한 쌍을 굴려 7이 나오거나 '1+1'이 나올 확률만을 구하는 방식에 가깝다.

(참고: 자유로운 입자에 적용된 슈뢰딩거의 방정식 또한 파동함수로 결과가 나오며 이 파동함수는 입자의 개연성 있는 운동을 나타낸다. 시간에 따라 변하며 그의 방정식은 원칙적으로는 입자와 물체의 전체 계system에 적용할 수 있으므로 모든 계의 진화, 심지어 전 우주의 진화까지도 설명하는 파동함수를 만들 수 있다.)

원자를 시각화하는 방법

현재 원자를 공간에서 형태로 묘사하는 가장 일반적인 방법은 슈뢰딩거의 정상파 솔루션 Ψ를 확률로 해석한 보른의 방식을 응용해 만드는 것이다. 내가 보기에 원자를 가장 잘 재현한 모형은 수소의 전자 하나가 공간의 어느 특정 지점에 존재할 확률을 3차원의 어둠 속에서 밝은 한 점으로 표시한 것이다. 만일 수소에 대한 슈뢰딩거 방정식으로 도출된 공간의 모든 점을 Ψ의 강도에 비례하는 밝기로 시각화한다면 내재적으로 대칭성이 있는 불확실한fuzzy 흰색 확률 구름 형태로 보인다. 수소의 가장 낮은 에너지 상태 다섯 개를 나타내는 구름의 단면ₐ cross section을 그림 3.8에서 볼 수 있다. 1억 배로 확대된 것이다.

이 상태들은 사실 수학적으로는 슈뢰딩거의 방정식에서 나온 정상파 솔루션이다. 이 그림은 엄밀하게 도출된 3차원적 표현식이며, 드 브로이의 정상파 개념(그림 3.2)을 발전시킨 것이다. 이파리처럼 생긴 그림 3.8에서 밝은 구역은 파장의 진폭이 가장 큰 곳이고 어두운 구역은 진폭이 0에 가까운 정상파로 간주할 수 있다.

그림 3.8의 각 구름은 전자의 가능한 확률 패턴을 보여주고 있다. 나중에 예외를 설명하겠지만 전자는 오직 하나의 정상파 공간상태(상태라는 말이 자주 사용되는데, 양자역학에서 상태는 고전물리학에 빗대보면 전자가 가질 수 있는 위치라고 말할 수 있다. 고전물리학에서는 위치를 특정할 수 있고 위치와 속도가 특정되면 전자의 성질을 알 수 있다. 그러나 양자세계에서는 속도, 위치, 각속도 아무것도 특정할 수 없다. 그래서 '가능한' 상태라고만 말한다. 다만 매우 단순화한 비유일 뿐이니 이 책을 계속 읽으며 이해를 넓혀가도록 하자. - 편집자 주)에서 발견된다(즉, 차지한다). 이러한 공간상태는 어느 특정한 시간에 오직 하나의 구름처럼 표현된다. 중심에 위치한 양성자 하나로 이루어진 핵은 정말 작아서 그림 3.8에 보이는 구름을 아주 높은 배율로 확대해도 잘 보이지 않는다.

그림은 명확하게 볼 수 있도록 각 구름의 단면을 따로 나타낸 것이다. 그러나 특정 구름으로 각각 표현된 상태는 하나의 핵을 집합적으로 둘러싸고 있다. 그래서 모든 상태(구름)는 사실상 하나 위에 다음 것이 중첩되며, 각자가 수소 원자의 작은 핵을 똑같이 대칭형으로 둘러싸고 있다. 이 확률 구름은 수소 원자들은 둘 또는 그 이상의 전자를 가지고 있는 원자의 전자 상태도 솔루션을 내려고 설정하다가 전자에 스핀을 첨가하면 어떤 전자도 다른 전자와 같은 스핀 및 공간상태를 가질 수 없다는 것을 발견했다. 그리하여 파울리의 배타원리를 얻을 수 있었다! 그것은 더 이상 가설이 아니다.

그림 3.8의 각 구름 단면은 특정 n, ℓ, m 양자수(나중에 스핀이 포함된다)와 함께 슈뢰딩거 솔루션을 나타내는 숫자와 문자로 이름이 붙어 있다. 최초의 숫자는 보어 에너지 준위인 n을 나타낸다. 그 뒤의 문자는 양자수 ℓ에 해당하는 스펙트럼 선과 각angular 운동량(나중에 정의한다)의 특성을 나타낸다. 그리고 m에 따르는 마지막 숫자는 자기적 특성a magnetic characteristic(이것도 나중에 정의한다)을 나타낸다. 각 상태의 세 개 양자수 특성은 모두 실험적으로나 직간접적으로 관찰됐다.

그림 하단 좌측에 있는 두 개의 m = 0 구름은 3차원에선 솜털 공a fuzzy ball과 솜털 공 안에 솜털 공이 있는 듯한 모습일 것이다. m = +1 또는 -1로 표시된 세 개의 구름 단면은 확률이 여러 방향으로 퍼져 있는 잎 모양이다. 단면이 가장 작은, 하단 좌측의 '솜털 공'은 1s 최저 에너지인 '바닥상태ground state'에 해당한다. 수소의 전자를 포함해 자연 상태의 모든 것은 최저에너지 상태를 향하는 경향이 있다. 그러므로 그림 3.8의 하단 좌측에 보이는 그림이 대개의 경우 수소 원자의 확률 구름의 크기와 모양일 것이다(물론 1억 배로 확대됐다). 나머지 원소의 원자도 최소 크기인 바닥상태가 있다.

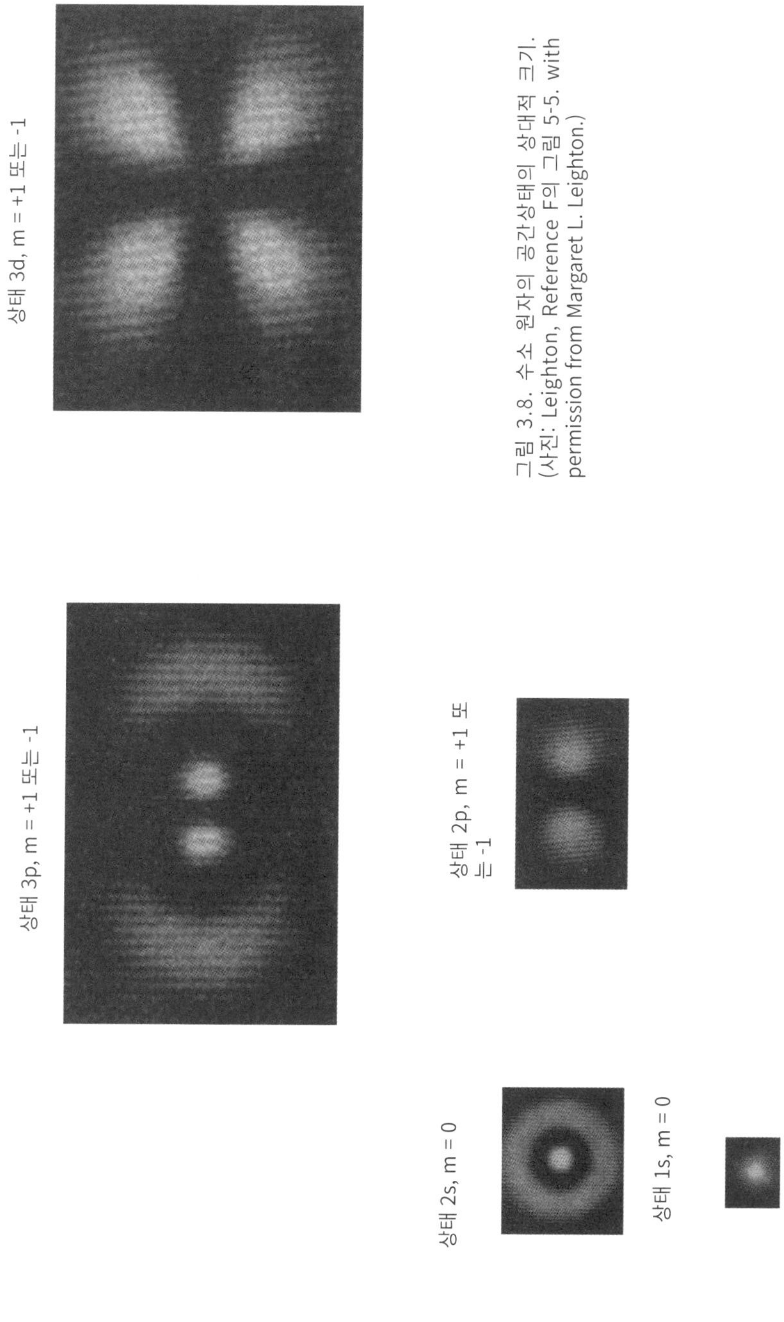

상태 3d, m = +1 또는 -1

상태 3p, m = +1 또는 -1

상태 2p, m = +1 또는 -1

상태 2s, m = 0

상태 1s, m = 0

그림 3.8. 수소 원자의 공간상태의 상대적 크기. (사진: Leighton, Reference F의 그림 5-5. with permission from Margaret L. Leighton.)

반대로 고전물리학에선 기대할 만한 원자의 최소 크기가 없다. 전에 언급했 듯 고전물리 측면에서는 궤도에서 가속하는 전자는 에너지를 방사해 원자를 붕괴시키므로 원자는 관측되는 크기보다 10만분의 1만큼 작은, 핵의 크기로 축소될 것이다. 양자역학은 왜 이러한 붕괴가 실제로 일어나지 않는지를 설명 한다. (전에 설명했듯) 슈뢰딩거 방정식에는 바닥상태보다 작은 상태를 허용하 는 솔루션 자체가 없다. 그리고 4부와 부록 D에서 보게 될 것처럼 여타 원소의 원자 속 전자가 가질 수 있는 다양한 상태의 최소크기와 최대크기는 수소 원자 에 대한 슈뢰딩거의 솔루션을 확장하면 대략적으로 예측 가능하다. 이러한 예 측이 (원자로 구성된) 우리를 둘러싼 모든 것이 지금의 크기이며 10만분의 1이 되지 않은 이유를 설명한다. 단순하게 말하면 전자보다 작은 상태나 원자의 크 기는 없다. 존재하지 않는다.

마지막으로, 슈뢰딩거의 솔루션을 '오비탈스orbitals' 로 부르게 됐음을 알아 두자. 보어–조머펠트 원자 모델의 궤도orbits와 관련돼 있기 때문이다. 하지만 위 에서 언급했듯 전자에 대한 이 정상파 솔루션 중 어느 것도 궤도와는 상관없다. 확률 구름이 회전하고 있지도 않다. 이들 중 궤도적인 것은 아무것도 없다. 그 러므로 혼란을 주지 않고자 이 책에서는 슈뢰딩거의 솔루션을 단순하게 '공간 상태spatial states'로 부른다. 확률 구름은 이러한 공간상태를 '표현'한 것이다.

확률 구름은 '불확실하고fuzzy' 퍼져 있으며 산만하다. 어떤 상태 든 전자는 밝은 지역(확률이 높은 지역)에서 대개 발견되겠지만 어두 운 지역에서조차 발견될 확률이 있으며 무한한 어떤 지점에서 결국 은 0의 확률로 사라지게 될 것이다. 그러므로 전자의 위치는 불확정 적uncertain이다. 전자는 확률 구름이 가장 밝은 곳에서 대개 발견되겠지만 사실상 거의 아무 곳에서나 발견 가능하다. 확률이 매우 적어지게 되는 거리는 비교적 큰 물체들에게는 매우 매우 짧다. 우리는 이들의 위치를 상대적 확실성으로 파악한다. 그러나 원자 속 전자의 경우, 확률이 거의 없어지는 거리와 전자 위치의 불확정성은 원자 자체만큼 크다(나중에 불확정성을 좀 더 다루겠다).

북에서 일어나는 진동과의 유사성

슈뢰딩거의 원자에 일어나는 일은 어떤 면에서 악기, 특히 북을 칠 때 일어나는 일과 유사하다. 수소 원자의 바닥상태와 무한한 상위 에너지 준위는 수학적으로 북을 두드릴 때 나는 기본 진동과 무한한 상위 배음 진동 관계와 유사하다.

북에서 나는 진동들처럼, 원자 물리학에 내재된 자연적 조율tuning을 계산하는 슈뢰딩거의 방정식은 전자의 기초 정상파 솔루션과 추가 정상파 솔루션을 도출한다. 그러나 이 정상파는 슈뢰딩거의 공간 상태 솔루션이다. 즉, 정상파는 3차원적이며 물리학적 진동과는 아무 관계가 없다. 그 대신 그 정상파는 원자 핵 주변에 전자가 위치할 확률 정보와 이 전자의 다른 특성 정보를 제공한다.

핵 주변 정상파가 중첩되므로, 전자 상태는 북판의 진동이 겹쳐지는 상태와 유사성이 있다. 그러나 북에서 모든 상태는 어느 정도 동시에 진동할 수 있는 반면 전자는 나중에 설명되는 두 가지 예외가 있기는 하나, 주어진 시간에서 오직 한 상태만의 특성을 '차지하고' 가진다. 북의 진동 패턴이 안쪽에만 존재하고 테에서 진폭 0이 되는 반면, 원자 속 전자의 확률 패턴은 어느 방향으로든 무한에서 0의 값을 가진다. 북의 배음 진동처럼 슈뢰딩거 파동함수의 각 솔루션도 요동한다. 그러나 집합적으로 요동하며, 이 요동의 진폭은 전자가 그 위치에서 발견될 확률을 말해준다. 달리 말하면 가능한 전자 상태의 확률 구름에서 밝기는 언제나 양의 강도a positive measure이며, 각 경우는 Ψ에 의한 파동함수 솔루션의 절댓값과 같다.

수소 원자에 대한 슈뢰딩거의 공간상태 솔루션은 수소의 물리적, 화학적 특성을 예측하는 데 필요한 대부분의 정보를 종합적으로 제공한다. 각 공간상태 솔루션은 각각의 특성 집합을 가진다. 이러한 상태와 관련 에너지는 수소 원자를 설명하는 데만 그치지 않는다. 그것은 다른 원소 속 원자의 구성과 특성을 시각화하고 이해하는 핵심이 되며, 원자는 우리 몸과 우리를 둘러싼 우주 모든 물질의 구성 요소다.

4부와 부록D에 설명돼 있는 것처럼 여타 원소의 원자는 핵 속에 더 많은 양성자와 그에 비례해 많은 수의 전자를 핵 주위에 가지고 있으며 다르게 '조율돼tuned' 있다. 양성자가 더 많으면 각 전자에 더 많은 인력을 가하며 각 전자 상태의 에너지를 끌어내리며 크기를 줄인다. 확률 구름의 에너지 준위와 패턴 또한 수소의 것과 다르다. 전자가 서로 밀어내고 상호작용하는 방식이 다르기 때문이다. 결국 각 에너지 준위에서 상태의 수와 그 상태에 전자가 존재하는 방식이 원소의 특성과 모든 화학적 성질을 결정한다.

현시점에서 양자역학을 단지 '이론만'으로 소개하는 것이 아니라 현실에서 보여주고 싶다. 그래서 다음 4장에서는 역사적인 이야기를 잠시 미루고 가장 광범위하게 사용되는 양자 장치 중 하나인 레이저를 설명한다. 레이저는 우리 세계의 양자성 때문에, 즉 원자 속 전자 각각의 고유하고 양자화된 에너지 준위 덕분에 활용할 수 있었다. 단지 레이저뿐 아니라 과학자와 공학자의 연구를 통해 우리는 이러한 양자를 더 많은 기술과 발명에 활용할 수 있다. 이것은 5부에서 살펴본다.

4장

적용
- 6억 와트!

일률power**은 얼마나 빠르게** 에너지를 생성 또는 사용하거나, 한 물체에서 다른 물체 또는 한 장소에서 다른 장소로 전달될 수 있는지 나타내는 물리량이다.

거의 즉각적으로(1억분의 1초 이내에), 200억 곱하기 10억 개 원자(이것은 각설탕 하나 크기의 공간에 가득 채운 원자의 약 0.3퍼센트에 해당한다)의 전자를 한 상태에서 다른 상태로 동시에 전이시킬 수 있다고 상상해 보자. 그리고 만약 이러한 전이에서 풀려난 광자가 각각 수소 원자 속의 전자가 붉은색 스펙트럼 선 전이에서 방출하는 만큼의 에너지를 가진다면 어떤 일이 일어날까? 2장과 3장에서 그림 2.7과 3.8을 참조해 설명했듯이 에너지 준위 n = 3인 상태에서 에너지 준위 n = 2인 상태로 전이한 경우를 말한다. 그러면 풀려난 그 일률은 6억 와트watts가 될 것이다! 이 일률을 일반적인 빛을 만드는 섬광등flash lamps의 밝기인 약 1만 와트와 비교해보자(섬광등은 사진을 찍으려고 갑작스러운 밝은 빛을 만드는 데 쓰인다. 여기엔 일반적으로 밝게 타는 분말이나 금속이 필요하며 가끔 '섬광 전구flash bulbs' 형태로 만들어진다).

더 나아가 이러한 광자들이 모두 같은 방향으로 이동하고, 300억 곱하기 10억 개인 광자가 모두 정확히 동조해, 그 마루와 골이 모두 맞춰진 빛줄기beam가 된다면 어떨까? 그렇다면 고전력 레이저 빔과 같은 결맞음된coherent 빛이 생긴 것이다.

잠시 뒤 레이저의 원리를 설명하고 응용품 몇 가지를 언급한다. 그러나 우선 '일률'과 '결맞음'이 의미하는 바를 설명하고자 한다.

고백할 것이 있다. 이 장의 제목 일부에 '6억 와트'라는 말을 사용했다. 큰 일률인 것처럼 들리고, 실제로 그러하기 때문이다. 그러나 위에 언급한 것처럼 일률은 단지 에너지가 얼마나 빠르게 전달되느냐의 단위다. 초기 소형 레이저에서도 이런 매우 높은 와트 수를 볼 수 있는데 주로 레이저의 에너지가 방출되는 시간(위에 언급한 것처럼 약 1억분의 1초 이내)을 매우 짧게 설정해서 그렇다. 그래서 에너지 전달률이 높아 보인다. 같은 레이저 에너지를 만약 훨씬 더 긴 시간 간격으로 방출한다면, 예를 들어 1초라면 단지 6와트가 전달될 것이다.

강력한, 고에너지 레이저가 없다는 말은 아니다. 레이저는 에너지가 재보충된다면 본질적으로 1인치 두께의 강철판을 자를 만한 지속적인 일률을 보인다. 심지어 더욱 강력한 다른 레이저를 방어용, 상업용 전력 응용품으로 사용하려고 개발 중이다.

레이저의 문맥에서 결맞음은 열병regimentation과 유사하다. 군악대 천 명이 모두 정렬돼 있고, 열도 맞춰 있다고 하자. 전체가 일제히 복잡한 동작을 수행할 수 있다. 또는 일부가 나뉘어 뒤로 가서 교차하거나 아니면 동작을 맞춰 걸으면서 맞물리는 동작을 하기도 한다. 또는 군인 천 명이 모두 발을 맞춰 행진한다고 하자. 모든 왼발 또는 오른발이 일제히 바닥을 때린다. 천 개의 발로 인해 바닥의 충격이 증가한다(이러한 이유로 군인들이 다리를 건널 때는 박자를 깨라고 말을한다). 이것이 사람에게 적용된 '결맞음'이다.

이제 부록 A의 그림 A1ⓒ를 살펴보자. 결맞음된 빛 줄기|light beam의 모든 광자는 같은 파장 w를 가질 것이다. 같은 속도인 v로 움직이며,* 그 마루와 골이 정렬돼 모든 광자가 정확히 동조해 겹칠 것이다. 이것이 레이저에서 방출된 빛의 결맞음 성질이다. 그리고 이 결맞음 때문에 레이저의 빛은 복잡한 조작을 거쳐 그 초점을 유지함으로써 군인들의 발걸음과 같은 엄청난 충격을 가할 수 있다. (*기억해 두자. 속도velocity는 〔화살표가 가리키는 쪽으로의〕 방향direction과 속력speed 〔해당 거리로 그 빠르기를 나타냄. 보통 빛의 경우는 c = 3 x 10⁸미터/초에 가까우며, 진공상태에서 빛의 속력이다〕 둘 모두를 나타내는 벡터〔화살표〕다.)

레이저는 Light Amplification through Stimulated Emission of Radiation(자극된 방사선 방출을 통한 빛 증폭)의 약어다. 2장에서 기술한 바와 같이 양자역학이 수립되기 이전, 양자론이 처음 만들어지기 시작하던 때인 1916년에 아인슈타인은 전자가 전이하는 도중 방출하는 만큼의 에너지를 갖고 있는 광자가 있다면 원자 속 전자를 한 상태에서 다른 상태로 전이하도록 자극할 수 있다고 했다. 충분한 원자의 충분한 전자가 동일한 들뜬상태excited states에 위치해 있다면, 광자 하나가 에너지가 동일한 광자를 생산하는 전이를 촉발할 수도 있다고 예상할 수 있다(즉, 광자가 전자를 자극해 전이가 일어나면 그 과정에서 광자가 나온다 - 편집자 주). 이 두 광자는 각자 전이하도록 자극해 네 개의 광자를 생성하고, 이들은 네 번의 전이로 총 여덟 개를 생성하고… 이렇게 계속되는 전이의 연쇄로 엄청난 수의 광자를 빠르게 만들어낼 수 있다(또는 광자 하나가 많은 전이를 자극할 수 있고, 이러면 전이는 훨씬 더 빠르게 일어난다).

전이를 자극하는 과정이 개발되는 데에만 30년이 넘게 걸렸다. 처음엔 마이크로파 광자(메이저, Microwave Amplification by Stimulated Emission of Radiation)로 시작해 5년 뒤부터 가시광(레이저)도 이루어졌다. 첫 번째 레이저는 1960년에 알루미늄 산화물 조각(인조 루비)을 사용해 생산됐다. 제논플래시방전관에서 나오는 빛으로 2인치 길이의 루비결정(제논. 방사된 파장 중 하나가 전자를 고에너지 상태로 들뜨게 하는 데 정확히 일치하는 에너지를 가졌기 때문이다)안에 있는 많은 전자를 들뜨게 할 수 있다는 것을 알았다. 그런 뒤 전자들이 하위 에너지 상태로 전이하는 동안 광자가 방출됐다. 광자들은 전에 언급한 수소 원자의 전이에서 방출되는 광자들과 별 차이가 없다. 결정의 양 끝을 다듬으면 광자들은 앞뒤로 정수배로 반사된다. 이것이 전이를 더 더욱 자극해 더더욱 많은 광자가 생성되며, 그들의 마루와 골이 모두 동조돼 임의적인 파동보다 수 천배 강력한 파동이 생긴다.

광자들이 빛의 속도로(가시범위 안의 파장, 그들은 빛이다) 이동하기 때문에 각 광자는 레이저의 진동인 천억분의 1초 동안 12번까지 반사될 수 있고, 추가적인 전이를 자극할 많은 기회를 얻는다. 루비의 한쪽 끝은 단지 부분적으로만 반사하도록 만들어져 있어 광자들 대부분은 추가적인 전이를 자극하는 반면, 중첩된 광자들 일부는 그 끝에서 탈출한다(빛나게 된다. 즉 레이저 빔을 만들어 냈다).

상업, 의료, 과학적 적용

1960년 이후로, 기체, 액체, 반도체 그리고 여러 고체를 이용해 레이저를 개발했다. 전자가 계속 전이해 중첩된 광선을 계속 방출할 수 있도록 전자를 계속해서 다시 들뜨게 하는 방법도 찾아냈다. 기계가공에서의 정밀 얼라인먼트와 자동화된 제조공정을 포함해 수많은 응용품이 레이저로 개발됐다. 재료의 청결하고 빠른 절삭, 백내장 수술, 라섹수술, 망막박리 교정을 위한 레이저 수술, 녹내장 모니터링을 위한 눈의 형태 측정, 슈퍼마켓 계산대에서 쓰는 바코드 리더기, 극미한 샘플을 기체화하거나 재료를 층층으로 벗겨내 분석하는 현대적인 분광기, 레이저 유도 무기, 홀로그래피, 유체 흐름을 측정하는 도플러 측정기를 포함한 많은 정밀 측정기구, 판구조론에 입각한 지구판 이동 측정, 액체 속 분자형태가 빠르게 변화하는 파동 촬영, CD와 DVD에 기록된 정보를 읽는 광학스캐너 등등이다.

영화 <스타워즈>에서, 살아 움직이는 것 같은 3차원 이미지로 도움을 요청하는 레아 공주의 모습을 투영하는 R2-D2를 통해 많은 관객이 홀로그램을 보았다. 적절한 설비만 갖춘다면 여러분의 거실에서도 유사한 이미지를 투영할 수 있다. 홀로그래피 촬영에서 레이저 빛은 촬영되는 물체를 반사하는 동시에, 반사된 빛과 결맞음 되도록 직접 비춘다. 필름에는 이 간섭 모양이 기록된다. 이 필름을 현상해 같은 종류의 결맞음 된 레이저 빛을 뒤에서 비추면 동조된 빛은 강화되거나 소멸돼 3차원 영상을 만들어낸다.

양자역학의 결과인 레이저 응용품과 여타 응용품을 제대로 알아보기 전에 이론을 좀 더 이해해서, 양자세계에 이 이론을 적용할 수 있도록 안목을 좀 더 키울 필요가 있다. 그래서 이 책의 2부에서는 역사적인 구성으로 되돌아가 양자역학의 출현이 불러일으킨 흥분과 논쟁 속으로 들어가 본다.

2부

해석, 그리고
상상을 초월하는 영향

1916 ~ 2016

5장

양자역학의 본질적 특징

우리가 논의한 대로 양자역학에는 몇 가지 결과물과 공식이 있고, 그 모든 것은 같은 결과를 보여준다. 예를 들어 모든 결과가 수소 원자의 전자가 어떤 상태에 있을 수 있는지 말해준다. 이러한 모든 접근법은 양자세계에서 관찰되는 특성을 정확하게 설명한다. 이들 간의 차이는 관점이 물리적인가, 철학적인가와 얼마나 사용하기 편리한가다. 모든 접근법이 오늘날까지 여러 논란을 일으키는 다양한 해석과 그와 관련된 물리학적 의미를 지닌다. 이러한 내용을 시간 순서로 진행하면서 밝혀보도록 한다.

여러 공식과 해석이 있지만 거기에는 양자역학을 구성하는 필수적인 특징이 있다. 이 이론의 도입 과정에서 발생한 논쟁에도 살아남은 작동 원리다. 연대순으로 진행할 때 이 필수적인 특징을 염두에 두고 있는 것이 도움이 되기 때문에 다음과 같이 간략히 요약해 본다. 보른의 확률해석과 함께 슈뢰딩거의 파동역학은 양자역학에서 가장 보편적인 접근법(나중에 파인먼Feynman이 제시한 개념적 전략 및 규칙과 함께)으로 부각됐기 때문에 슈뢰딩거의 체계formalism를 이용해 요약한다. 다음 장에서는 이러한 접근법이 받아들여지게 되는 과정과 이 기본 뼈대로부터의 결과물을 알아본다.

우선 슈뢰딩거의 맥락에서 양자역학의 필수적인 특징을 열거한다. 그런 뒤에 수소 원자에서 알아낸 것을 가끔 참고하며 각 특징의 의미를 설명한다. 시작하며 물체의 '상태'를 말할 때 의미하는 바를 간략하게 되짚어본다. 이번 장에서 소개하는 것은 약간 학술적이지만 내용이 많지는 않으며, 이러한 특징을 알아 두면 다음에 나오는 역사적인 사건에서 나온 개념을 추적하는 데 도움이 될 것이다.

고전적으로 말하자면 물체의 상태를 위치, 질량, 속력, 방향의 조합combination으로 정의한다. 물체가 어디에 있는가, 얼마나 무거운가, 얼마나 빠르게 움직이고 있는가에 따라 특정한 에너지를 가진다고 말한다. 물체의 속력을 약간씩, 또는 많이 증가시키거나, 아니면 한 장소에서 근처의 모든 위치를 거쳐 멀리 떨어진 위치 또는 그 사이의 다른 장소로 이동시켜 물체의 상태를 자연스럽게 변화시킬 수 있다. 그 속력을 약간씩 또는 빠르게 증가시켜 에너지를 연속적으로 변화시킬 수 있다.

양자세계에서 물체의 상태도 거의 같은 방법으로 정의된다. 슈뢰딩거의 방정식과 여기서 발전된 파동함수 솔루션은 물체의 특성을 정확히 표현하며 우리 우주에 있는 독립된 하나의 입자, 또는 상호작용하는 입자 쌍이나 그룹, 또는 상호작용하는 일련의 조각과 그 몸체 전체를 막론하고 적용된다. 그러나 한 물체가 다른 물체의 부근에 어떤 식으로 인근한다 할지라도, 상태와 에너지의 연속체는 없다. 분리돼 있고, 개별적인 (계속적으로 연결된 것이 아님을 뜻함) 상태와 에너지만 가능하다. 예를 들면, 수소 원자 속 전자의 상태에서 알아낸 것과 같다. 이러한 특정 상태와 에너지 외에 그 중간값을 말해주는 어떤 상태나 에너지도 불가능하다. 상태와 에너지는 양자화돼 있다. 이것은 고전물리학에 근거한, 상태와 에너지가 끊김 없는seamless 연속체라고 기대하는 직관에 배치된다(태양을 도는 행성조차 양자화된 개별 에너지를 갖는다. 그러나 에너지 준위가 서로 워낙 근접해 있어서 한 에너지에서 다음 에너지로의 변화가 연속되는 것처럼 보인다.).

양자역학은 원자를 구성하는 아원자 입자subatomic particles부터 우리 은하계의 매우 거대한 구성 요소들에 이르기까지 양자세계를 예외 없이 정확하게 설명한다. 그 필수적인 특징은 다음과 같다.[1]

① 허용되는 상태Allowed States: 물체의 각 가능한 상태는 복잡한 수학적 함수로 표현된다. 파동함수라 부르며, 그 물체에 대한 슈뢰딩거 방정식의 솔루션이다. 물체는 이 상태 중 하나에서 관찰된다(즉, 상태를 점유한다).

② 특성Properties: 이 파동함수로 묘사된 상태 안에 있을 경우, 각 파동함수는 물리적으로 관찰이 가능한 특성(위치, 속도, 스핀 등) 정보를 담고 있다.

③ 전체 파동함수Overall Wavefunction: 우주의 모든 물체나 계system는

그 상태를 묘사하는 파동함수의 집합으로 표현되며, 전체 파동함수에 포함돼 있다.

④ 확률Probability: 물체가 어떤 특성을 보일 확률은 상태에 대한 파동함수로 계산이 가능하다. 그리고 물체가 그 특정 상태에 존재할 확률은 전체 파동함수로부터 계산이 가능하다.

⑤ 측정Measurement: 한 물체의 상태나 특성을 측정하거나 관찰하는 바로 그 순간 그 물체의 상태나 특성이 절대적으로 결정된다(측정 또는 관찰 시 파동함수와 확률의 새로운 집합이 만들어지며, 이것은 시간이 계속 흐르면서 변화하고 진화할 수 있다).

①에 관해, 한 물체는 그 물체에 대한 슈뢰딩거 방정식의 파동함수 솔루션들로 표현되는, 허용되는 상태 중에 있을 수 있으나 그 외에는 있을 수 없다. (슈뢰딩거의 솔루션이 수소 원자의 전자에 대해 허용되는 상태만 제공한다는 것을 기억해 보자. 고위 에너지 상태에서 저위 에너지 상태로의 전자의 전이transition에서 전자는 정확한 에너지[와 해당 색깔]를 가진 에너지 양자[광자]를 방출한다. 전자의 전이에서 관찰되는 고유한 빛의 색깔은 관련된 상태 각각의 에너지 차이에 정확히 일치한다.)

②에 관해, 파동함수의 연산은 물체의 특성을 계산하는 데 사용될 수 있다. 특성은 확률로 나타난다(예를 들어, 전자의 위치는 아래 ④에 설명된 대로 확률로 주어진다).

③에 관해, 모든 것은 슈뢰딩거 방정식으로 표현될 수 있으며 모든 것은 슈뢰딩거 방정식의 파동함수 솔루션으로 설명된다. 포함하는 범위는 고려하고 있는 독립된 계의 크기에 따른다. 독립된 계란 사회, 복합 기계장치, 입자계, 야

구공 하나, 모래 한 알, 원자 하나… 등과 같다. 어떤 파동함수는 시간이 지나면서 진화하며, 이들로 표현되는 물체가 공간에서 이동하고 퍼질 수 있는 방법을 설명한다. 어떤 전체 파동함수는 수소 원자의 전자에서 본 것처럼 고정된 공간 상태의 집합을 나타낸다.

④에 관해, 한 물체가 어느 상태를 차지하며 무슨 특성을 가질 수 있는지는 확률로 통제된다. 움직임과 사건의 진화는 상태의 진화를 설명하는 파동함수의 진화와 변화로 결정할 수 있다. 예를 들면 야구공이 움직이는 궤적은 야구에 대한 파동함수의 진화로 알 수 있다. 공과 같은 큰 물체는 고전 뉴턴물리학에서 추정하는 경로를 따를 가능성이 매우, 매우, 매우 높다. 하지만 초현미경적인 작은 물체에서의 확률은 고전물리학에서 예상하는 것과는 꽤 다르다(수소 원자 속 전자의 가능한 위치는 이상한 대칭형 확률 구름 같은 방식으로 묘사된다. 그림 3.8에 전자의 다섯 에너지 상태가 가장 낮은 것부터 나타나 있다. 어느 특정한 위치에 전자가 존재할 확률은 그 위치의 파동함수의 강도에 따르며, 이 강도는 구름의 밝기로 볼 수 있다).

⑤에 관해, 고전물리학 시각에서 관찰자는 수동적이다. 물체는 특정 위치에 있고 특정한 특성이 있다. 우린 단지 이들을 관찰할 뿐이며 영향을 미치지 않는다. 양자세계(우리의 실제 세계)는 다르다. 측정하거나 관찰하는 행위는 영향을 주지만 가능한 결과들 외의 결과를 내거나, 가능한 상태 및 특성 외의 것을 결정하지는 않는다. 만일 같은 물체를 같은 조건 하에 같은 측정을 반복한다 해도 상태와 특성은 매번 다르겠지만, 파동함수에 내재하는 확률에 근접해서 발생할 가능성이 높다.

세계는 확률로 돌아간다. 양자역학은 이 세계를 설명하며, 위에 나열된 특징에 따라 운용된다. 양자역학은 이해를 돕는 뼈대인 동시에 발명에 필요한 실제적 도구다. 과학자와 공학자는 이 양자적 견해를 받아들인다. 큰 물체에 대해서는 활용하기 더 단순한 고전물리학을 사용해 양자적 결과에 매우 근사한 값을 얻기도 한다. 그러나 양자역학이 의미하는 것과 그것이 자연과 물리학 자체에 대해 말하는 바는 심오하다. 이어지는 이야기는 이러한 아이디어가 어떻게 형성됐는지와 우리의 이해에 대한 역사다. 이 모든 것은 1916년 아인슈타인과 함께 시작된다.

6장

거인들의 격돌
- 무엇이 진짜일까?
불확정성, 얽힘, 존 벨, 그리고 다세계

인과관계, 결정론의 죽음인가?

앨버트 아인슈타인과 닐스 보어는 1920년 베를린 거리를 걸으며 아인슈타인이 1916년 여름에 실험한 보어 원자 분석에 대한 이야기를 나누었다. 보어와 아인슈타인은 양자론의 타당성과 시사점에 관해 반대편에 섰지만 존경과 우정의 분위기는 이어갔다.

아인슈타인은 보어의 정상 상태로부터 다른 하위 에너지로 전이하는 전자의 타이밍이나 그 결과로 방출되는 광양자의 방향 중 어느 것도 예측할 수 없다는 것을 계산해냈다. 그는 수학적으로 전이는 어느 때고, 임의적으로, 외견상 이유 없이 일어날 수 있다는 결론에 도달했다. 그러나 자신의 분석을 신뢰한다면 인과관계라는 고전적 개념을 포기해야 한다는 것을 의미했다. 이 때문에 그는 고심했다(앞으로 나올 실험과 연구가 그의 걱정을 더하게 한다).

　고전적이고 보편적으로 인정되는 세계관에서 모든 것에는 원인과 결과가 있다. 만일 우리가 (가설적으로) 어떤 시각에 세계의 모든 원자의 상태를 모두 알 수 있다면, 원칙적으론 이전에 일어난 모든 일을 계산할 수 있으며, 나중에 일어날 모든 일을 예측할 수 있을 것이다. 이것이 결정론적인 세계다.

　물리학계의 대부분처럼 아인슈타인은 이것이 옳은 시각이라고 믿었다. 그러나 그는 최근 원자의 현 상태와 전자가 어느 궤도에 있는지를 안다고 하더라도 전자가 다른 궤도로 전이할 것인지, 언제 할 것인지 알지 못한다는 것과 광양자가 발사될 방향을 모른다면 그것이 무슨 일을 일으킬지 예측할 수 없다는 것을 알았다 이러한 불확정성을 확장하면 결정론은 원칙조차 사라질 것이다. 우주가 작용하는 방법에 대한 그의 개념(그리고 다른 이들의 개념)은 근본적으로 바뀔 것이다.

　아인슈타인은 이 불확정성과 인과관계의 상실이 그저 잃는 데 그치는 것이 아니라고 생각했다. 양자역학은 무언가 다르며 여전히 인과관계가 있는, 더 나은 무언가로 향하는 발걸음이 틀림없다고 느꼈다. 반대로 보어는 아인슈타인의 계산 결과를 받아들였다. 그는 어떤 예측도 불가능하고, 불가능할 것이라 결론 내렸다. 적어도 현 미경적 스케일에서는 확실히 예측 가능한 '원인과 결과'는 없다는 것이다.

불확정성 - 비결정성에 대한 형식적이고 기본적인 설명

1926년 4월 말, 베르너 하이젠베르크는 베를린대학교에서 자신의 행렬역학을 강의했다. 아인슈타인은 이 젊은 물리학자를 자신의 집으로 초대해 이 주제를 놓고 격식 없는 토론을 나눴다. 하이젠베르크는 이 방문이 자신의 다음 성과에 중요한 역할을 했다고 언급했다. "무엇을 관찰할 수 있는지 알려주는 것은 이론이다"는 아인슈타인의 평이 특히 그러했다. 다른 대화도 일조했다. 10월의 편지에서 볼프강 파울리는 두 전자의 충돌에 대한 (막스 보른의 확률 아이디어를 사용한) 자신의 분석으로는 위치가 아닌 오직 운동량만 결정할 수 있다고 설명했다.

1927년 2월에 하이젠베르크는 쌍을 이루는 물리학적 특성의 관계를 도출하고자 행렬역학을 사용했다. 그것은 '하이젠베르크의 불확정성 원리uncertainty principle'라고 알려진다. 우리의 논의로 한정해 보면, 그는 위치의 불확정성에 운동량의 불확정성을 곱하면 언제나 플랑크 상수를 4π로 나눈 값보다 크거나 같다는 것을 발견하였다(플랑크 상수가 여기 또 다시 등장한다). 기호적 약칭으로는 이것을 $(\Delta x)(\Delta p) \geq h/4\pi$로 표현한다. 질량을 가진 입자가 빛의 속도와 비교해 느린 속력으로 움직이는 경우, 운동량의 변화 Δp는 대략 m에 속력 변화 Δv를 곱한 값이라는 점을 적용하면, $(\Delta x)(m)(\Delta v) \geq h/4\pi$를 얻을 수 있다. 방정식의 양쪽 동등하게 m으로 나누면 $(\Delta x)(\Delta v) \geq h/4\pi m$을 얻는다. 질량이 클수록, 플랑크의 상수에서 나누는 숫자도 커지고, 두 불확정성의 곱은 작아진다(우리가 모래 알갱이, 야구공, 로켓, 행성 같은 거대한 물체의 속도나 위치를 알아볼 때 현실에서 어떤 불확정성도 목격하지 못하는 이유를 설명하는 데 자주 사용된다. 거의 보이지 않는 아주 작은 모래 한 알갱이조차 전자보다 백만 × 십억 × 십억 배 더 거대하므로 그 속도와 위치를 곱한 불확정성은 매우, 매우, 매우 작다. 역으로 전자의 질량은 매우 작아서 전자 위치를 보여주는 확률 구름에 내재한 위치의 불확정성은 비교적 크다).

위치의 불확정성을 보는 또 다른 방법이 있다. 모래 알갱이같이 물체는 원자들로 이루어져 있다. 원자 크기에서의 불확정성은 원자의 낮은 에너지 준위를 점유한 전자 상태의 (확률 구름으로 표현되는) 파동함수 범위 안이다. 구름의 범위가 원자로 이루어진 물체의 가장자리에 존재하는 '불확실함fuzziness'과 불확정성의 척도다. 이러한 불확실함은 수십억 개의 원자들로 이루어진 물체들의 전체 규모와 비교했을 때 매우, 매우, 매우 작다. 그러므로 현실적 측면에서 모래 알갱이, 야구공 같은 큰 물체의 위치의 불확정성은 다루지 않는다.

하이젠베르크는 행렬역학으로 구축한 불확정성 원리가 이전에 공식화해 놓은 원리를 뒷받침해줄 것이라고 생각했다. 하지만 그는 곧 실망하고 만다.

논문에 실린 불확정성에 관한 하이젠베르크의 새로운 아이디어는 몇 가지 물리학적 주장을 포함해 보어에게 비평받았고, 해석에 관한 토론이 뒤이어 오래 계속되었다. 하이젠베르크는 관찰 자체가 물체의 상태를 동요시키므로 그 상태를 실제로 알 수 없다고 주장했다. 반면 불확정성은 어떤 관찰이나 측정 장치의 작동 때문에 초래된다는 것은 보어의 견해였다(사실 불확정성은 물리학에 내재돼 있으며, 측정 관련 여부를 떠나 존재한다).

보어는 파동과 입자는 같은 개체의 상보적 양상일 뿐이라고 주장했고, 하이젠베르크 입장에서는 실망스럽게도 보어는 에르빈 슈뢰딩거의 파동역학을 사용해 불확실성을 설명했다. 논쟁은 두 남자 간의 관계를 껄끄럽게 만들었다. 불확정성을 행렬역학의 산물로 설명하는 하이젠베르크의 논문은 1927년 5월 말일에 출간되었다. 논문 후기에서 그는 보어의 불확정성은 파동-입자 이중성의 일부라고 보어의 아이디어를 인용했다.

코펜하겐 해석

다음 몇 달간 보어는 입자의 이중성에 대한 자신의 생각을 원리로 다듬었고, 이를 상보성complementarity이라 칭했다. 관찰자가 추구하는 정보, 측정 방법 또는 관찰 기구의 본질이 정보를 선택하게 되고 이에 따라 파동 혹은 입자의 특성이 나타나는 것을 말한다(둘 다 나타나지는 않는다).[1] 이것과 함께 하이젠베르크의 불확정성, 행렬역학 그리고 슈뢰딩거의 파동역학에 대한 보른의 확률해석을 합쳐서 그는 나중에 양자역학의 '코펜하겐 해석'이라고 불리는 개념을 고안한다. 중심 원리는 관찰이나 측정 행위를 하면 오직 확률만을 근거로, 가능한 많은 결과 중 하나만 선택된다는 것이다.

보어는 1927년 9월에 이탈리아의 코모에서 열린 국제물리학회에서 이 코펜하겐 시각을 발표했다. 참석자 중에는 플랑크, 파울리, 드 브로이, 하이젠베르크, 조머펠트, 보른, 엔리코 페르미도 있었다. 눈에 띄는 두 과학자가 불참했는데, 보어의 이론에 강력히 반대 주장을 내놓을 것 같은 인물이었다. 아인슈타인은 파시스트의 땅인 이탈리아에 결코 발을 들여놓지 않으려 했고, 슈뢰딩거는 베를린에서 플랑크의 자리를 이어서 맡아달라는 제안을 받아들여 이주하는 중이었다 (플랑크는 명예교수직을 퇴임한다).

그림 6.1. "아이들Youngsters", 1927년 코모 국제회의에서의 엔리코 페르미(왼쪽), 베르너 하이젠베르크, 볼프강 파울리(오른쪽) (사진: Franco Rasetti, courtesy of AIP Emilio Segre Visual Archives, Segre Collection, Fermi Film Collection.)

시험대에 오른 코펜하겐 –
거인들의 격돌: 1927년, 1930년 솔베이 국제회의

코모 국제회의는 같은 해 말에 브뤼셀에서 개최된 제5회 솔베이 국제회의의 전주에 불과했다. 당시 외교적 관계를 개선 중이던 상황을 고려해 벨기에 국왕은 독일에 대한 참여 금지령을 풀어 회의 참가를 허가해 주었다. 이때 아인슈타인과 슈뢰딩거가 참석하고 양자역학의 타당성과 의미, 해석 논쟁이 시작된다. 고전물리학에 대한 믿음을 점점 더 한계에 이르게 하는 아이디어를 가지고 다음 80년간의 방향성을 제시한다.

일주일간의 회의는 1927년 10월 24일 월요일에 시작됐고, 헨드릭 로렌츠Hendrik Lorentz가 회의의 의장직을 수행했다.

로렌츠는 그림 1.1에서 첫 번째 줄 중앙, 아인슈타인과 마리 퀴리의 사이에 앉아 있다. 그는 '자기magnetism가 복사radiation에 미치는 영향에 대한 연구'로 1902년에 노벨물리학상을 공동 수상했지만 아마도 그는 로렌츠 변환Lorentz transformation으로 더 유명할 것이다.

아인슈타인이 특수상대성이론에 이를 활용했으며, 여기에는 '시간지연time dilation'과 '로렌츠 수축Lorentz contraction'으로 알려져 있는 '길이수축length contraction' 현상이 포함되어 있다. 상대적으로 빠르게 움직이는 시계와 물체에서 보이는 현상이다. 아인슈타인은 로렌츠를 이렇게 평했다. "개인적으로, 그는 내 인생에서 마주친 그 누구보다도 큰 의미로 다가왔다."

회의 주제는 '전자와 광자'였지만, 새로운 양자역학 및 이와 관련된 질문에 관심이 몰렸다.[3] 처음 3일은 주제와 관련된 분야의 실험적, 이론적 진전을 요약하고 논의하면서 보냈다. 아인슈타인과 보어에게 참석을 요청했으나 그들은 거절했다. 다른 학자의 연구를 격려하고 도움을 주었으나 스스로 충분히 기여한 바가 없다고 느꼈기 때문이었다.

보어, 하이젠베르크, 보른, 파울리(이들을 '코펜하겐 그룹'이라 칭하겠다)는 5장에 요약한 양자역학의 필수 특징을 핵심으로 삼아 코펜하겐 시각을 알리려 한다. 슈뢰딩거, 드 브로이, 아인슈타인은 해석 그 이상에 대해선 코펜하겐에 반대했다. 그들은 다른 물리학을 찾고 있었다.

드 브로이는 다음 날 오후에 연설했다. 슈뢰딩거의 생각을 확장한, 영향력이 큰 자신의 입자 파동을 설명하고 난 뒤, 보른의 파동역학에 대한 '확률 해석'의 대체 안으로 '파일럿 파동pilot wave'을 제시했다. 전자가 입자나 파동 중 하나로 행동한다는 코펜하겐 그룹과는 달리 드 브로이는 전자가 어떤 진로로 이끌거나 '선행하는pilot' 실제 물리적 파동 위를 '서핑하는surfing' 입자라고 예상했다(예를 들어 두 개의 틈을 이용한 실험에서 파일럿 파동은 두 개의 틈을 통하며 회절하며 동시에 입자가 두 틈 중 하나를 통과하도록 지시한다).

이 개념은 좌우로 공격을 받았다. 한편에선 보어와 동료들이 코펜하겐 시각을 주장하길 원했고, 다른 한편에서는 슈뢰딩거가 자신의 파동역학과 전자의 파동성을 역설했다. 슈뢰딩거는 양자역학을 고전적 개념 안에서 해결하고자 했다. 드 브로이를 격려해 온 아인슈타인은 침묵을 지켰다(드 브로이의 파일럿 파동 이론은 1952년 데이비드 봄

David Bohm에 의해 확장되나 그때도 대부분 받아들이지 않았다. 나중에 좀 더 살펴보기로 한다).

수요일 아침에 보른과 하이젠베르크는 행렬역학, 디랙-요르단 변환이론, 보른의 파동역학에 대한 해석, 불확정성 이론을 공유했다. 그들의 관점에서 플랑크 상수는 물질의 기초 성질인 파동-입자 이중성에서 나온 결과였다. 양자역학은 자체적으로 완성된, 더 이상 변경의 여지가 없는 '완결된 이론closed theory'이라고 언급하며 결론을 내렸다. 아인슈타인은 양자역학이 이룩한 모든 것에 인상을 받기는 했으나 그것은 무언가 다른 길로 한 발짝 내디딘 정도일 뿐이며 완료된 이론이 아니라는 의견을 가지고 있었다. 그는 여전히 아무 말도 하지 않았다.

슈뢰딩거는 오후에 발표했다. 그는 양자역학이라는 이름 아래 두 가지 이론이 있다는 점을 언급했다. ① 익숙한 3차원 공간에서 물체를 표현하는 그의 파동역학, ② 매우 추상적인 다차원 공간과 연관시킨 하이젠베르크와 디랙의 행렬역학. 후자는 전자가 하나인 수소는 3차원에서 표현할 수 있으나, (2개의 전자를 가진) 헬륨은 6차원 공간, (3개의 전자를 가진) 리튬은 9차원 공간이 필요하고… 등과 같은 문제가 있었다. 그는 행렬 접근법은 단지 수학적 도구이며, 어떠한 물리적 환경도 결국은 실제인 3차원 공간에 표현되어야 한다고 생각했다. 그는 또한 행렬이론으로 한 상태에서 다른 상태로 갑작스럽게 전이하는 양자도약 메커니즘을 어떻게 설명할 수 있는지 궁금해했다.

슈뢰딩거는 두 이론이 결국 하나로 통합된다는 데 긍정적인 입장이었다. 그러나 그는 자신의 파동함수에 대한 보른의 해석(주어진 어떤 위치에서 입자를 찾는 확률을 나타내는 수학일 뿐이라는)을 받아들이지 않았다. 그 대신 전자는 파동이며, 그 전자는 어떤 연유에서인지 전하를 띠는 것이라고 제안했다. 주요 물리학자 누구도 이 견해를 받아들이지 않았으나 학계는 전반적으로 물리적 세계가 어떻게 움직이는지 조사하는 데는 파동역학이 행렬역학보다 훨씬 더 쉬운 체계라고 느꼈다.

보어는 코펜하겐 시각을 발표했다. 파동-입자 이중성은 상보성의 맥락으로 자연적으로 내재한다고 주장했다. 물체의 파동과 입자적 측면이 어느 특정한 관찰이 이루어지느냐에 따라 상호 배타적이라는 것이 기본적 원리다. 그는 세계를 두 부분으로 나누었다. 양자역학으로 설명되는 세계인 마이크로 월드the micro world와 고전 물리학의 언어로 설명되는 세계인 매크로 월드the macro world다. 관찰과 측정 도구는 매크로 월드에 존재한다. 마이크로 월드의 현실은 관찰이 부재하면 존재하지 않는다. 전자는 측정해서 위치를 정하지 않으면 존재하지 않는다(하이젠베르크는 더 나아가 측정이 이뤄질 때까지는 전자는 전혀 어디에도 존재하지 않는다고 말한다). 이것을 더욱 확장해, 전자는 어떤 인식 하고 있는 존재가 측정하기 전까지는 존재하지 않는다고 말했다. 어떠한 실증적 현실이 없어진 것이다.

실재하는 현실은 아인슈타인의 세계관에서 필수였다. 그는 달을 가리키며 그가 그것을 보고 있든 아니든 달이 존재한다고 주장할 것이다. 그에게 과학은 실증적으로 존재하는 세계를 발견하고 이해하는 것이다. 그리고 당시에 그는 불확정성 혹은 물체의 상태나 특성이 확률에 의해 통제된다는 것을 받아들이려 하지 않았다. "신은 (우주를 두고) 주사위 놀이를 하지 않는다". 그는 상보성을 받아들이려 하지 않았다. 상보성은 물체의 파동성과 입자성이 언제나 따로 관찰된다고 규정하기 때문이었다. 아인슈타인은 실제 우주와 그것을 발견하는 과학의 역할에 대한 그의 근본적 관점을 희생하지 않고서도, 양자역학의 결과물을 설명할, 더 깊이 있는 이론이 있을 것이라 믿었다.

아인슈타인은 어떤 식으로든 양자역학에 결점이 있다고 보여준다면, 그것은 더 이상 완결된 이론이 아니며, 더 깊이 있고, 더 이해할 수 있는 문이 열릴 것이라 생각했다. 그는 주로 분석과 입증이 필요할 때 사고 실험을 이용한다. 연구실에서 실제로 아무것도 하지 않고서도 여러 가지 제기된 실험에서 무슨 일이 일어날지를 종이 위에 적거나 마음속으로 추론해 이론을 시험해 보는 방법이다. 그는 로렌츠에게 발표하고 싶다고 신호를 보냈다. 다음의 들여쓰기 된 단락에서 그가 코펜하겐 그룹의 주장을 반박하려고 사고 실험을 어떻게 사용했는지 볼 수 있다.

하나의 틈을 이용한 사고실험Single-Slit Thought Experiment

아인슈타인은 칠판으로 다가가 빛 입자가 스크린에 난 하나의 틈slit 사이를 지나 감광판에 부딪히는 모습을 그렸다. 광자가 어떤 점을 때리게 될지 그 가능성을 계산하는 파동함수에 따라, [그림2.2의 방파제에 난 각 틈에서 나오는 물의 파동처럼] 틈에서 나온 광자는 퍼져서 무늬를 만든다. 양자역학의 코펜하겐 해석에 따르면, 하나의 광자가 스크린을 때리는 순간(측정)에 그 입자의 파동함수는 전자가 충격지점에 100퍼센트 존재한다는 확률을 나타내면서 하나의 뾰족한 봉우리 모양의 함수로 '붕괴된다'. 아인슈타인은 충격 정보가 어떻게 광속보다 빠르게, 즉시 감광판의 먼 구역에까지 전달돼 충격받은 한 점을 제외하고 위치 파동함수가 0으로 붕괴되는지 물었다. 그는 이 붕괴가 '국소성 locality'을 어기거나, 확률 파동함수가 붕괴한다는 주장(코펜하겐 해석)에 결점이 있다는 것을 보여준다고 판단했다.

국소성은 실험적, 고전적으로 완전히 검증된 듯했고, 아인슈타인의 특수상대성이론을 포함해, 고전물리학의 핵심 요소였다. 이것은 물체가 다른 물체(예를 들면 광자)에 맞거나, 전기장, 자기장, 중력장에 의해 움직이거나 하는 직접적인 추진력에 의해서만 영향을 받을 수 있다는 의미다. 이러한 영향력은 어느 것도, 아무것도 광속보다 빠를 수 없다.

또 다른 설명 하나

아인슈타인은 관찰되는 간섭 패턴이 수많은 광자가 이동하는 고전적 통계분포의 결과일 수 있다고 설명을 이어 나갔다. 양자역학이 잘못되었을 뿐 아니라, 간섭 결과는 사실 고전이론으로도 설명할 수 있다고 말하고 있었다. 그에 의하면 양자역학은 필요하지도 않았다. 원투 스트레이트다!

보어는 바로 응답하지 않았으나 그날 저녁 그는 코펜하겐 그룹을 대표해 답변한다. 파동함수는 추상적 수학 개체로 어떠한 물리적 실재도 없으며 그러므로 국소성에 구애받지 않는다. 그리고 아인슈타인의 통계적 주장이 틀렸다는 것을 보였다.

아인슈타인은 다음으로, 두 개의 틈을 이용한 사고실험으로 한 입자의 위치와 운동량을 불확정성 이론이 허용하는 것보다 훨씬 더 정확하게 측정할 수 있는 경우를 만들어 냈다.

보어는 기구를 그렸고, 그 실험의 세부 사항을 분석한 뒤 또 다시 아인슈타인의 주장에 결점이 있다는 것을 발견했다. 그리고 상보성을 설명하려고 이 시험을 더욱 다듬었다.

결국 보어와 그의 동료는 슈뢰딩거와 아인슈타인이 제기한 모든 문제점을 논박할 수 있었다. 여전히 질문이 남았으나 이론상의 결점은 아무것도 발견되지 않았다. 아인슈타인은 여전히 납득하지 못했다. 그러나 선입견이 없고, 아인슈타인과 보어 모두의 좋은 친구이며, 중재자에 가까운 파울 에렌페스트Paul Ehrenfest는 보어가 훨씬 우세하다는 평을 했다.

이후 몇 년간 아인슈타인은 건강상의 문제로 휴식 시간을 가지며 회복한 뒤, 중력과 전자기력 이론을 통합하려는 연구를 시작해 '통일장이론unified field theory'을 만들어냈다. 그는 이 이론이 양자역학에 존재하는 심각한 문제라고 아직 믿고 있는 부분에 대한 해답을 제공해 양자역학을 완성하길 바랐다. 여전히 불확정성을 염두에 두고 있던 것이다.

쿠마르는 하이젠베르크를 언급하며 아인슈타인과 코펜하겐 그룹 사이의 논쟁은 사실 회의장 바깥에서 대부분 벌어졌다고 말한다.[4] 모든 참가자들이 머물던 호텔에서 아침식사를 하며 아인슈타인은 불확정성 이론에 대한 새로운 의문점을 코펜하겐 그룹에 제기한다. 이러한 의문의 세부사항은 회의가 열리는 물리학연구소로 걸어가며 정해진다. 코펜하겐 그룹은 점심을 먹으며 이 의문점을 분석한다. 이른 저녁에 코펜하겐 그룹은 모여서 답변 내용을 정리하고 보어가 저녁식사 자리에서 아인슈타인에게 그들이 발견한 점을 전달한다. 아인슈타인과 코펜하겐 그룹 간의 이러한 모든 과정

은 유쾌한 분위기 속에서 진행됐다. (그림 6.2는 아인슈타인과 보어가 1927년에 함께 걸었을 브뤼셀의 거리를 7년 뒤에 걷고 있는 모습이다.)

그림 6.2 아인슈타인(좌측)과 보어, 1934년 브뤼셀에서. (사진: Paul Ehrenfest, courtesy of AIP Emilio Segre Visual Archives, Ehrenfest Collection.)

1930년 제6회 솔베이 국제회의가 열렸을 때 아인슈타인은 코펜하겐 해석에 치명적일 수도 있는 의견을 제시했다. 회의 주제는 물질의 자기적 특성이었다. 회의 방식과 장소는 3년 전과 동일했다. 34명의 참가자 중 12명은 노벨상 수상자이거나 뒤에 받게 될 사람들이었다. 이번에도 아인슈타인과 코펜하겐 그룹 간의 대화가 정규 세션에서 진행됐다. 아인슈타인은 이번에는 불확정성의 다른 측면을 공격

했다. (만일 불확정성을 포함해, 양자역학의 어느 한 부분이 무효하다고 발견되면 코펜하겐 그룹은 양자역학이 닫힌closed〔완결된〕이론이 아니라고 인정해야 함을 기억하자. 아인슈타인은 양자역학 이론이 열려야 수정과 개선이 이루어진다고 생각했다.)

하이젠베르크의 불확정성은 여러 물리적 특성과 변수의 '짝상들conjugate pairs'에 적용된다. 이러한 짝 중 하나가 전에 설명한 물체의 위치와 운동량이다. 이미 본 것처럼 하이젠베르크는 위치의 불확정성에 운동량의 불확정성을 곱하면 플랑크 상수 h를 4π로 나눈 값 이상이 된다고 했다. 물리학 약칭으로는 $(\Delta x)(\Delta p) \geq h/4\pi$같이 표현된다. 다른 짝상은 에너지와 시간이다. 이 경우 에너지의 불확정성에 에너지를 측정하는 시간의 불확정성은 플랑크 상수 h와 관련해 공식으로는 $(\Delta E)(\Delta t) \geq h/4\pi$다.

아인슈타인은 다음의 사고실험을 보어에게 제시했다.

많은 광양자, 즉 광자가 박스 안쪽에서 튕기고 있다고 생각해 보자고 아인슈타인은 말했다(그림 6.3에 한쪽 끝이 고정된 보에 스프링으로 매달려 있는 상자가 보인다).

상자의 창에는 셔터가 달려 있어 단 하나의 광자만을 옆으로 빠르게 나가게 한 뒤 닫힌다. 셔터는 시계로 작동돼 매우 정확하게 광자가 떠나는 시간을 기록한다. 시계는 박스에서 멀리 떨어져 있는 또 다른 시계와 동기화돼 있으며 시간을 관찰하는 행동이(밖에 있는 시계에서 이루어짐) 박스와 그 내용물에 전혀 영향을 미치지 못한다. (보어는 여기까지는 동요하지 않았다. 그는 실험에 의한 광자의 파장 w의 불확정성은 [1장에 설명된 것처럼 플랑크의 공식 E = hc/w에 의해] 에너지의 불확정성으로 변환된다는 것을 알고 있었다.) 그러나 이어서 아인슈타인은 광자가 방출되기 전에 상자의 중량을 측정하고 이후의 중량을 다시 측정한다고 말했다(측정은 보를 지탱하는 기둥에 붙은 바늘로 박스의 높이를 확인해 이뤄진다. 박스가 무거울수록 스프링의 장력tension에 영향을 주므로 박스가 더욱 내려온다).

보어는 불확정성에 문제가 생겼다고 직감했다. 이유는 다음과 같다.

아인슈타인의 공식 E = Mc²(특수상대성이론)를 통해 보면, 광자가 빠져나가면서 상자에서 에너지가 빠져나간 것이기 때문에 상자의 질량이 변한다고 추정할 수 있다. 광자가 빠져나가기 전과 후에 상자의 질량 변화를 측정해 광자의 에너지를 계산할 수 있다. 이 방법으로 광자의 에너지를 정확하고 꼭 맞게 측정할 수 있으며, 광자 자체를 직접 측정하려는 데서 부과되는 불확정성이 제거된다. 에너지의 불확정성은 0이 되며, 그러므로 이 불확정성에 시간의 불확정성을 곱해도 결과는 0이 된다(0에 무엇을 곱해도 0이다). 불확정성 이론에서는 불확정성의 결과는 언제나 h/4π보다 커야 하기 때문에 이론을 위반하게 된다. 코펜하겐 그룹이 구상한 양자역학은 불확정성에 결점이 있는 것처럼 보였으며 그러므로 불완전한 것으로 간주된다.

보어는 동료들과 의논했으나 아무도 아인슈타인의 주장에서 잘못된 점을 찾지 못했다. 그들은 그다지 괘념치 않았고 해결 방법을 찾을 수 있을 거라 확신했다. 하지만 보어는 무척 근심했다. 보어스러운

그림 6.3 1962년 그가 사망한 직후 닐스 보어의 칠판 사진. 그는 여전히 아인슈타인의 상자를 이용한 광자 사고 실험을 생각하고 있었던 듯하다. 아래쪽 중앙에 그려져 있다. (사진: AIP Emilio Segre Visual Archives.)

방식으로 측정의 세부 사항을 검토했다. 시계와 셔터가 있고, 스프링으로 매달린 저울처럼 중량을 나타내는 방식으로 매달린 상자를 단순화해서 그려보았다.

보어는 고심했다. 결국 이른 아침이 돼서야 그는 찾고자 하는 것을 발견했다. 아인슈타인은 상대성을 발견한 사람이다. 그는 아인슈타인으로 아인슈타인을 상대한다. 아주 미묘한 부분이었다.

보어는 위치를 측정하려면 상자와 바늘에 광자로 빛을 비춰야 한다는 점에 주목했다. 운동량이 있는 광자는 상자를 적게나마 흔든다. 그 위치, 그러므로 상자의 질량과 에너지는 불확실하게 된다.

그리고 시간 측정도 불확실해진다. 바늘의 위치를 더 정확히 읽으려고 할수록, 즉 방출된 광자의 에너지 변화를 더 정확히 읽으려고 할수록, 더 많은 광자가 필요하고 이들이 상자를 임의적으로 흔들게 될 것이다. 빛이 태양을 지날 때 휘어진다고 성공적으로 예측한 이론인 아인슈타인의 일반상대성이론에 의하면, 중력장 안에 있다면 시간이 느려지고 시계가 느리게 가야 한다. 그래서 만약 아인슈타인이 주장한 대로 질량 변화를 중력의 영향력 하에서 측정한다면(상자의 임의적 흔들림으로 가속이 생겼기 때문에) 상자 속 시계는 관찰자가 보는 처음에 동기화한 시계보다 (임의적으로) 더 느리게 가게 된다.

시간은 불확실하게 되며 질량과 에너지 측정을 더 정확하게 하려 할수록 시간은 더 불확실하게 된다. 이것은 정확히 하이젠베르크의 불확정성 이론이 시간과 에너지 짝에 관해 말한 부분이었다.

아인슈타인은 이에 대해 반박하지 않았다. 하지만 양자이론은 불완전하다는 생각은 그대로였고, 이때부터 불확정성을 공격하는 간접적인 방식보다 불완전한 면을 직접 보이려고 노력한다.

유럽의 여러 대학에서 재직하고 있던 대부분의 주요 물리학자들은 직간접적으로 보어 연구소의 영향을 받았다. 그는 끊임없이 초청, 공유, 협력함으로써 신봉하는 사람들을 구축했고, 그들의 학생은 당시 코펜하겐 해석을 계승했다. 아인슈타인은 베를린에 있는 자신의 연구소에서 홀로 연구하기를 선호했다. 그는 (슈뢰딩거와 함께) 반동자이면서, 거의 자신뿐인 저항자의 위치를 고수하며, 객관적 실재an objective reality를 입증하려 했다.

아인슈타인이 우위를 점하게 될까?
얽힘과 EPR 역설

1935년에 아인슈타인은 또 다른 공격을 감행했다. 이때는 그가 미국의 프린스턴대학교에서 연구하던 시기다. 동료인 보리스 포돌스키와 네이선 로젠과 함께 그는 다른 사고실험을 고안했고 그 결과를 미국의 <피지컬 리뷰Physical Review>지 5월판에 '물리적 실재에 대한 양자역학적 설명이 완벽하다고 할 수 있을까?'란 제목으로 발표한다. 그들의 대답은 "아니다!"였다. 양자역학의 한 측면과 연관된 이 실험을 나중에 슈뢰딩거는 '얽힘entanglement'으로 명명한다. EPR(아인슈타인, 포돌스키, 로젠의 머리글자) 논문에서는 운동량과 위치가 얽혀 있는 특성을 다루었으나, 우린 이후에 설명할 실험과 이들과의 관련성 때문에 여기서 얽힘을 설명한다. 우리는 광자에 얽힌 편광polarization성이 있다고 간주하자.

이후에 논의할 얽힘은 매우 강력한 양자컴퓨터, 양자암호, 그리고 일종의 순간이동까지 가능성을 확장한다. 물체들은 이들이 같은 파동함수 내에 있다면 얽히게 된다. 얽혀 있는 입자의 좋은 예가 칼슘 원자에서 서로 나노초〔10억분의 1초〕안에 유도 방출된 한 쌍의 광자다.

모든 광자는 본질적으로 전자기적이며, 고전적 관점으로 파동을 이해한다면 부록 A에 설명할 것처럼 편광된다. 이들의 아주 작은 전기장은 시간과 공간 위에서 마주보는 각도로 교차된다. 어떠한 각도든 간에 전기장의 파동은 한 면에만 놓이게 된다. 예를 들면, 부록 그림 A.1 ⓒ에 묘사돼 있는 것과 같다.

칼슘 원자로부터의 방출된 두 광자는 물리적 제한을 받아 동일한 편광을 가지며 반대 방향으로 이동을 한다. 이들의 편광은 어느 각도든 가능하다. 만일 어느 한 쪽의 광자를, 가령 편광 필터를 통과하게 한다면 통과하거나 못하거나 할 것이다. 만일 수직으로 편광된 광자만 통과하도록 필터를 설정된다면 수직면으로 편광된 광자는 통과한다. 수평면으로 편광된 광자는 통과하지 못한다. 만일 광자가 어떤 특이한 각도로 편광됐더라도 수직필터를 완전히 통과하거나 전혀 통과하지 못할 것이다. 이때 각 결과는 초기 편광의 각도에 따라 확률적이 된다. 광자는 일부만 통과하지는 못한다. 필터를 통과하는 편광이거나 또는 거기서 90도 방향이 되어 통과하지 못하게 된다. 이것은 양자역학과 광자들의 입자성과 양자성으로 돌아가게 된다. 광자는 나누어지지 않는다.

얽혀 있는 광자에 대한 핵심 사항은 다음과 같다. 첫 번째 광자에서 측정된 편광이 무엇이든 간에 같은 편광이 두 번째 광자에서도 측정된다. 첫 번째 광자에 대한 결과가 양자역학에서 예측되는 확률에 전적으로 근거한다거나, 두 개의 광자가 서로 아주 멀리 떨어져 있다고 할지라도 그러하다. 광자와 그것에 얽혀 있는 파트너는 이러한 하나의 (두 개의 광자 중 첫 번째에 대한) 편광 측정을 통해 다음과 같은 가능한 두 개의 결과 중 같은 하나를 얻는다. 필터의 편광 각도에는 관계없이, 동일한 방향의 필터를 '통과'하거나 '통과하지 못함'. 일단 통과하는/통과 못하는 측정이 첫 번째 광자에 이루어지면 (일단 첫 번째 필터의 편광 또는 반대쪽 편광을 갖는다는 것이 보여지면), 두 번째 광자의 편광에 관해선 어떤 확률도 관련이 없다. 그것은 첫 번째 광자에서 측정되는 편광과 동일하다.

EPR은 서로 아주 멀리 떨어진 얽혀 있는 입자를 측정하는 상황을 사고실험했다. 우린 EPR의 주장을 두 개의 광자로 살펴보도록 한다.

보어가 주장한 양자역학에 따르면 얽힌 편광은 편광 필터를 통과시키는 측정이 이뤄지고 나서야 결정된다고 할 수 있다. 통과하거나 못 하는 측정 결과가 나온다. 즉 '통과' 상태이거나 그렇지 못한 상태다. 이후에 즉시 멀리 있는 다른 광자를 측정하면 언제나 첫 번째 광자와 같은 편광 상태를 보일 것이다. 말하자면 첫 번째 광자와 정확히 같은 방향의 필터를 통과하거나 그렇지 못할 것이다. 편광은 첫 번째 광자에 대한 측정으로 결정된다.

EPR은 이것이 어떻게 가능한지 묻는다. 어떻게 두 번째 광자가 임의로 결정되는 첫 번째 편광을 알아서 그것과 동일한 편광 상태를 취할 수 있을까?

이는 ① 이 실험이 정보를 아인슈타인이 '유령 같은 원격작용spooky action at a distance'이라고 표현한 방식으로 두 번째 광자에 즉시(고전적 실험 또는 신뢰를 받는 특수상대성이론에 의하면, 광속보다 빠른 힘이나 정보 전송이 허용되지 않는다) 전송함으로써 국소성(접촉 또는 전달에 의해 발생하는 사건은 빛보다 빠를 수 없다)을 어기는 경우거나, 또는 ② 광자는 항상 동일한 편광을 지니고 있으며, 이렇다면 양자역학이 이론으로서 부족하고, 불완전한 경우였다. 왜냐하면 절대적 편광이 광자쌍에게 있다고 설명되며, 확률은 아무런 관계가 없게 되기 때문이다.

보어는 자신과 다른 동료들이 주관적 측정이 확률에 근거라는 것을 유도하고, 측정하는 순간에 입자의 특성이 발견될 뿐 아니라 실제로 결정된다는 주장인 코펜하겐 관점으로 객관적 실재가 있다는 아인슈타인의 고전적 관념을 논파했다고 생각했었다. EPR은 이러한 주장에 달리 접근했다. 양자역학이 왜 옳다고 생각하느냐고 질문했다. 두 번째 입자에게 어떤 상태에 있어야 하는지를 (광속보다 빠르게) 알려줄 수 있는 것은 아무것도 없고, 그 상태는 첫 번째 입자의 상태와 명백하게 연결돼 있기 때문에, 두 입자는 항상 측정할 수 있는 상태에 있다. 이런 상태를 예측할 수 없으므로, 양자역학은 뭔가가 잘못되었거나 불완전한 것이다. 아마도 입자의 상태를 설명할 '국소적 숨은 변수local hidden variables'가 아직 발견되지 않은 것일 수도 있었다. 코펜하겐 해석 또는 완전한 이론으로서의 양자역학은 위협을 받았다.

이것은 철학적으로 보여지지만 철학에서의 무의미한 논쟁이나 주장 같은 것이 아니었다. 이미 진행됐거나 앞으로 진행할 실험에 근거해 물리학적인 세계의 본질을 규정하려고 애쓰는 최고의 과학적 사고가 이루어지고 있는 것이다.

보어는 모든 일을 내려놓고, EPR 논문을 분석하고 그에 대한 답변을 내놓고자 6주 동안 밤낮으로 씨름했다. 분석을 마친 그는 EPR이 사용한 것과 똑같은 제목의 논문을 내놓았다. '물리적 실재에 대한 양자역학적 설명이 완벽하다고 할 수 있을까?' 그러나 그의 대답은 "그렇다"였다. 잘 쓰인 논문은 아니었다. 보어는 EPR 사고실험에서 어떤 결점도 발견하지 못했고, 이 주장이 충분히 강력한 것이 아니라고만 밝혔을 뿐이었다. 폴 디랙은 처음에는 아인슈타인이 양자역학을 논박했다고 생각했다. 이후로 논쟁은 본질적으론 교착상태가 됐다. 어떤 관점을 택하든 그것은 과학보다는 믿음의 문제가 됐다. 하지만 양자역학은 현미경적인 세계를 잘 설명했다. 이러한 이유로 폴 디랙을 포함해 대부분 물리학자는 여전히 보어를 지지하는 경향을 보였다.

훨씬 뒤인 1949년 보어는 얽힘은 입자를 개별적인 물체라고 간주할 수 없다는 의미라고 제안했다. 이들은 하나의 파동함수 내에 있으면 본질적으로 한 물체라고 판단했다. 하나의 입자에 대한 측정은 둘 모두의 얽힌 특성을 동시에 알아내는 것이므로 두 입자에 대한 측정이 이루어진다는 것이다. 이 주장에 의하면 인과관계 측면에서 광속보다 빠른 전달이 필요 없다.

그로부터 15년 뒤 양자역학이 완결된 이론인지에 대한 논쟁을 구체적인 실험으로 해결하자는 제안이 나온다. 이 실험은 확률에 근거한 세계와 객관적 실재에 근거한 세계 사이의 해결책을 제시한다. '벨의 정리Bell's theorem' 또는 '벨의 부등식Bell's inequality'이라 불리는 실험이다. 자세한 내용은 뒤에 다룰 것이다.

슈뢰딩거의 고양이와 '다세계'

EPR 논문으로 아인슈타인과 슈뢰딩거 사이에 편지가 오갔다. 슈뢰딩거는 (아마도 보어가 볼 것이라 생각하며) 측정 행위는 즉시 얽힘을 끊으며 두 번째 입자의 특성을 첫 번째 입자의 특성과 독립되게 한다고 편지에 적었다. 다른 편지에서는 코펜하겐의 마이크로와 매크로 현상 간의 임기응변적 분리를 언급했다. 아인슈타인은 그것이 큰 물체에 코펜하겐 해석이 적용될 때의 부조리함을 보여주는 것이라 생각했다. 이 생각을 바탕으로 슈뢰딩거의 논문이 나오는데, 그는 한 발짝 더 나아가 '슈뢰딩거의 고양이 역설'(대중에게는 슈뢰딩거란 인물 자체나 파동역학에 대한 그의 핵심 이론보다 이것이 더 친숙할 것이다)이라 불리는 단락을 기술했다.

슈뢰딩거는 미래에 일어날 사건에 대한 확률 정보가 시간에 따라 진화하는 물체 또는 계의 파동함수 집합 속에 있다는 코펜하겐 해석에는 동의했다. 그러나 그는 물체의 상태가 관찰이나 실험에 의해 결정된다는 점에는 동의하지 않았다. 슈뢰딩거는 자신의 어투로 다음과 같이 적었다.

한 고양이가 다음과 같은 (고양이가 직접 접촉할 수 없는) 끔찍한 기구와 함께 강철통 안에 갇혀 있다. 가이거 계수기에 아주 소량의 방사능 물질이 있다. 한 시간이 걸려 원자 중 하나가 붕괴하거나, 또한 같은 확률로 하나도 붕괴하지 않을 수도 있다. 만일 붕괴하면 계수기의 관으로 방출되고 계전기가 망치로 청산가리가 든 작은 플라스크를 깨뜨린다. 이 전체 시스템을 한 시간 동안 놔두었다고 할 때, 만일 그동안 어떤 원자도 붕괴하지 않는다면 고양이가 여전히 살아 있다고 말할 것이다. 첫 번째 원자가 붕괴했다면 중독시켰을 수도 있다. 전체 파동함수는 이 통 안에 살아 있거나 죽은(표현을 이해해주시길) 고양이가 있어 죽음과 삶이 혼합돼 있거나 동등하게 분포돼 있다고 할 것이다.[5]

쿠마르가 이어서 말한다.

상식적으로 방사능 붕괴가 있었는지 없었는지에 따라 고양이는 죽었거나 살았거나 둘 중 하나다. 하지만 보어와 그의 동료에 의하면 아원자의 영역은 이상한 나라의 앨리스와 같은 장소다. 관찰 행위가 붕괴가 있었는지 없었는지를 결정하기 때문이다. 이러한 관찰만이 고양이가 죽거나 사는 것을 결정한다. 관찰하기 전까지 고양이는 죽지도 않고 살아 있지도 않은 중첩된 상태인 양자 연옥purgatory에 들어앉은 셈이다.

20년 뒤에 슈뢰딩거의 고양이 역설 문제에 대한 해결책이 제시된다. 나중에 여러분께 소개할 '다세계many worlds'의 동시적 존재라는 개념이다. 한편, 이러한 많은 세계 중 우리 세계는 다시 한번 전쟁 속으로 빠지게 된다.

나치 독일, 핵물리학, 핵폭탄

1928년과 1930년 사이에 히틀러의 국가사회당은 의석수가 12석에서 107석으로 늘어나며 독일의 제2다수당이 된다. 변화를 촉발한 것은 월스트리트의 금융시장 붕괴였다.

곤경에 처한 미국 은행들은 단기 대출금 상환을 요구했고 독일 경제를 자극했다. 독일의 실업자는 1929년에 130만 명에 달했고 1930년에 300만 명으로 뛰었다. 1년 뒤 독일은 깊은 침체에 빠졌고 정치적 격변을 겪었다. 히틀러는 독일의 문제를 유태인 탓으로 돌리며 들끓던 반유태주의를 잘 활용했다. 그는 1933년 1월, 수상으로 임명됐다. 국가의 지원을 받은 나치의 폭력은 한 달 뒤 의회 의사당에 불을 놓으면서 시작된다. 3월 의사당에서의 선거에서 약 6,500만 명의 독일인 중 4분의 1이상이 나치당에 투표했다.

의사당 화재 사건이 터지고 5일이 지났을 때 미국 캘리포니아 공과대학에서 강의하던 (그리고 새로이 문을 연 프린스턴 고등연구소에서 매년 몇 개월을 보내기로 계획한) 아인슈타인은 독일로 돌아가지 않기로 결심한다. 그는 기본적인 자유가 제한된 국가에서 살지 않겠다고 공개적으로 선언했다. 그는 독일 언론으로부터 비난을 받았다. 5월에 '반독일', '유대-공산주의' 서적과 문헌들이 도서관과 서점에서 약탈당해 독일의 모든 대학가에서 태워졌다. 그중엔 브레히트, 프로이드, 카프카, 마르크스, 프루스트, 졸라, 아인슈타인 등의 작품도 있었다.

공무원직 회복을 위한 법이 4월에 통과되었다. 아리아인 혈통이 아닌 공무원은 은퇴해야 했다. 대학은 국가 기관이었다. 1936년까지 1,600명이 넘는 학자가 자신의 직을 떠났다. 그중 3분의 1은 과학자였다(이들 중 20명이 노벨상 수상자이거나 수상을 한다). 물리학계 모든 멤버의 4분의 1, 이론물리학자 절반이 여기 포함됐다.

슈뢰딩거는 베를린을 떠나지 않아도 됐지만 저항의 표시로 떠났다. 나머지 독일 물리학계의 저항은 미미했으나 다른 국가의 과학자들이 이들을 돕는 기관을 만들었다. 어니스트 러더퍼드는 일자리를 찾는 정보센터로서 역할을 수행한 영국학술지원협의회의 의장직을 맡았다. 보어의 연구소는 정기 기항지가 됐고 보어 형제는 덴마크에 망명 중인 지적 노동자를 지원하는 위원회를 설립하는 데 도움을 주었다. 잘 알려진 물리학자들은 독일 밖에서 자리를 얻을 수 있었다. 나머지 물리학자들은 훨씬 더 힘들었다.

보른은 '조부grandfather' 법 덕분에 떠나지 않아도 됐으나 비협조적인 동료들 사이에서 불편함을 느꼈다. 그는 독일을 떠나 3년간 캠브리지에서 강의한 뒤 스코틀랜드의 에든버러대학교에서 자연철학장직을 맡았다. 괴팅겐 소재 '양자역학의 요람'이던 그의 연구소는 사실상 없어졌다.

1920년대 말 물리학계는 원자핵 주변 전자의 양자역학에 주목했다. 1930년대에는 실험적인 연구로 핵 자체를 이해하려는 시도를 한다. 보어는 프린스턴의 아인슈타인을 몇 번 방문했다. 그가 1939년 1월에 돌아왔을 때 유럽의 연구실이 핵분열을 발견했다는 소식을 가져왔다. 무거운 원소는 작은 원소로 나뉠 수 있으며 그 과정에서 많은 양의 에너지와 중성자가 방출된다는 것이다. 이것은 연쇄 반응으로 추가적인 원소 분열을 촉발시키며 원자폭탄을 만드는 데 사용될 수 있었다. 보어는 또한 독일이 당시 관리하던 체코슬로바키아의 광산에서 우라늄 광석 판매를 중단했다고 알렸다(우라늄 광석의 약 0.7퍼센트가 핵분열 동위원소 우라늄 235이다).

이러한 상황에서 아인슈타인은 자신의 평화주의적 관점을 유예하고, 1939년 8월 루즈벨트대통령에게 원자폭탄 개발의 가능성을 찾아보겠다고 제안하는 편지를 썼다. 9월에 독일은 폴란드를 침공했다. 1940년 3월 아인슈타인은 독일이 우라늄에 큰 관심이 있으며 비밀리에 많은 연구가 이뤄지고 있다는 내용의 두 번째 편지를 루즈벨트에게 보냈다(그는 베르너 하이젠베르크가 독일에서 원자폭탄을 개발하는 프로젝트를 담당하고 있다는 사실은 몰랐다).

1940년 4월 독일은 덴마크를 점령했다. 보어는 자신의 평판으로 남아 있는 사람들이 어느 정도 보호를 받을 수 있기를 바라며 코펜하겐에 머물렀다. 1943년 9월 히틀러는 덴마크의 유태인 8,000명을 수송하라는 명령을 내렸다. 집, 병원, 교회에 이들을 숨겨 준 덴마크 사람들 덕택에 300명만 체포됐다. 어머님이 유태인인 보어는 자신의 가족과 함께 스웨덴으로 탈출해 영국 폭격기를 타고 스코틀랜드로 날아갔다. 그곳에서 그는 미국으로 이동한다. 프린스턴에서 잠깐 머물며 아인슈타인과 (당시 고등학문 연구소에 있던) 파울리를 만난 뒤 보어는 계속해서 로스 알라모스, 뉴멕시코로 이동해 원자폭탄을 연구 중인 사람들 사이에 자리를 잡았다. 그는 '니콜라스 베이커'란 가명으로 참여했다. 미국은 1941년이 돼서야 폭탄에 심혈을 기울이기 시작했다. 연구에 착수했을 때 '맨하탄 프로젝트'란 암호명이 붙었다.

벨의 부등식, 실험, 실재의 본질 해결

전쟁 이후 보어는 프린스턴 고등연구소의 비상주 상임위원이 되었다. 아인슈타인과 그곳에서 1946년에 만났고, 1954년에 또 한차례, 그리고 그사이에 몇 차례 만났다. 그 모든 만남에서 양자역학과 그 의미에 대한 의견을 나누었다. 하이젠베르크도 강의 투어 도중 들러, 1954년 아인슈타인과 만났다. 이들 중 누구도 양자역학이 불완전하며, '실재의' '국소적' 세계를 설명할 포괄적인 이론으로의 디딤돌일 뿐이라는 아인슈타인의 믿음을 흔들진 못했다.

아인슈타인은 동맥류 파열로 이듬해에 사망한다. 그는 양자역학의 문제점을 해결하는 통일장이론을 개발할 수 있다고 여전히 믿었다. 보어는 심장마비로 1962년에 사망했다. 전날 밤 아인슈타인의 상자 사고실험 내용을 자신의 칠판에 그려놓은 채였다(그림 6.3 참조). 자신의 오랜 친구이자 호적수와 여전히 마음속으로 논쟁을 벌이고 있었던 듯하다. 1964년에 한 젊은 아일랜드인이 그들의 논쟁을 해결할 방법이 될 이론적 근거를 구축한다.

존 스튜어트 벨은 1928년 벨파스트(북아일랜드의 수도)의 한 가난한 가정에서 태어났다. '목수, 대장장이, 농부, 노동자, 말장수의 후손'[8]이었다. 그의 가족은 공업고등학교에 그를 겨우 보낼 수 있었다. 가정 형편상 네 아이 중 그 혼자만 중등교육을 받았다. 운이 따랐는지 퀸스대학교에 기술자로 취직했다. 그는 열정과 재능을 인정받아 소액의 학자금을 받았고, 성실히 학업에 정진해 1948년과 1949년에 각각 실험물리학, 수학물리학 학위를 취득한다. 그는 영국원자력연구소에 일자리를 얻어 영국으로 갔고, 동료 물리학자인 메리 로스와 결혼했다. 그 후 버밍햄대학교에서 박사학위를 취득했다. 1960년에 그와 매리는 제네바로 이주했고, 그곳의 핵물리학연구 시설인 CERN에서 일하면서 입자 가속기 설계를 돕는다.

그림 6.4 존 스튜어트 벨. 1962 년 CERN에서. (사진: courtesy of CERN, the European Organization for Nuclear Research.)

직업이 과학적 장치를 설계하고 만드는 것이었지만 벨은 양자역학에 관한 이론을 1945년부터 지켜보았다. 우리는 지금 양자역학의 모든 불확정성, 확률, 비국소적 특성과 함께 관찰 가능한 우주까지 양자역학으로 문제없이 설명할 수 있다. 하지만 당시에는 코펜하겐 해석이 널리 받아들여졌거나 양자역학이 완벽한 이론으로 취급되지는 않았다. 다음의 들여쓰기 된 단락들에서 벨이 어떻게 이러한 당시의 해석을 탐구하기 시작했는지 알아본다.

1932년 젊고 뛰어난 수학자인 존 폰 노이만John Von Neumann은 양자역학의 수학적 기초가 되는 책을 썼고, 이 책은 이 이론의 결정적인 참고자료가 된다. 이 책에서 폰 노이만은 아인슈타인이 그것만 있다면 객관적 실재를 증명할 수 있다고 믿은, '숨은 변수'를 포함하는 양자역학은 새로 만들어질 수 없다고 주장했다. 그럼에도 불구하고 20년쯤 지난 뒤 버클리의 로버트 오펜하이머의 학생이던 데이비드 봄은 파일럿 파동을 '서핑하는' 입자로서 전자를 설명한 드 브로이의 초기 연구와 연관시켜 신뢰할 만한 숨은 변수이론을 완성했다. 폰 노이만의 의견과 다른 요소 때문에, 그리고 코펜하겐 해석에 기초한 양자역학이 워낙 견고하게 자리 잡고 있었기 때문에 봄의 연구는 거의 무시돼왔다. 하지만 벨은 달랐다. 결국 벨은 폰 노이만의 연구를 검토했고 숨은 변수에 대한 그의 주장에 결점이 있다는 것을 알아냈다.

봄의 연구에 자극받은 벨은 CERN에서의 안식년인 1964년에, 인정받고 있는 코펜하겐 시각과 그것(코펜하겐 시각)이 국소성에 위배되거나 불완전하다는 아인슈타인의 주장 사이의 논쟁을 해결하기로 결심했다. 아인슈타인은 불완전하다고 결론지었다. 벨은 아인슈타인의 입장에 동감하는 쪽으로 기울었고, 양자역학을 대체할 '국소적 숨은 변수'(LHV) 이론의 가능성을 증명하려고 착수했다.[9] 그가 도출한 정리에 근거해, 벨은 다른 방향의 필터들(즉, 통과/통과 또는 비통과/비통과)을 가지고, 얽힌 스핀을 가지고 입자의 궤적 간 상관관계를 측정하는 방식으로 LHV와 양자역학 중 무엇이 맞는지 실험하자고 했다. 입자 집합 각각에 다른 각도로 설정된 필터를 통과시키려는 시도를 한다.

다시 말하면 한 입자를 특정 각도로 설정된 필터로 통과시키는 반면(또는 통과시키지 못하는 반면), 그것에 얽힌 파트너를 다른 각도로 설정된 필터에 통과시킨다(또는 통과시키지 못한다). 만약 상관관계가 특정 범위 안에 들면 보어가 옳고 아인슈타인은 틀리게 된다. 이것은 어려운 테스트였고 거의 15년이 지날 때까지 제대로 성공하지 못했으며, 그 뒤 스핀보다 얽혀 있는 편광된 광자로 진행됐다. 다음과 같이 이 테스트를 설명한다.

앞서 얽힘에 대한 고심처럼, 결국엔 결정적으로 드러나는 실험으로 넘어가

서, 우린 벨의 실험을 스핀 방향이 정해진 한 쌍의 입자 대신 한 쌍의 편광된 광자를 사용해 설명한다(편광의 정의는 부록 A의 그림 A.1 ⓒ와 그 설명을 참조하길 바란다). 얽힌 광자 한 쌍은 칼슘 원자에서 들뜬 상태로부터 전자가 두 단계 전이하며 방출된다. 두 개의 광자는 반대 방향으로 이동한다. 측정 시 둘 다 같은 편광이겠지만 그 편광이 무엇일지는 모른다. 두 개의 광자는 각각 편광 필터를 거치며, 각 필터는 상대 광자의 각도와 다르게 수직 각도로 설정될 수도 있다.

만일 두 광자가 각자의 필터를 통과하거나 둘 모두 각자의 필터를 통과하지 못한다면 상관관계적인 결과가 얻어진다. 만약 한 광자가 필터를 통과하고 다른 광자는 통과하지 못하면 상관관계가 없다. LHV의 경우, 두 광자가 방출될 때 이미 특정하게 맞춰진 편광이 있다고 추정된다면 두 필터의 측정 시 상관관계의 확률은 절대로 3분의 1보다 작지 않아야 한다. 검출 필터가 얼마나 다르게 설정되었는지와는 관계없다. (이것이 '벨의 부등식'이다. LHV가 가능하려면 상관관계의 확률은 3분의 1 즉, 약 33퍼센트와 같거나 커야 한다.) 양자 얽힘 입자의 경우, 모든 두 입자의 편광이 두 입자 중 어느 입자에 대해 첫 번째 측정이 이뤄질 때까지 결정되지 않는다면 측정 상관관계의 확률은 4분의 1만큼 낮게 계산된다.

벨은 두 필터에 대해 각각 다른 방향으로 많은 측정을 수행해서 최소 확률을 보여주는 확률 곡선을 만들어야 한다고 주장했다. 만약 LHV가 허용하지 않는 범위 안에 있다면, 양자역학의 수정을 포함해 어떤 LHV 이론의 도출도 불가능하다. 편광된 광자로 측정하는 우리 실험에서는, 상관관계가 33퍼센트보다 훨씬 아래인 필터 방향의 조합이 있어야 한다.

벨의 부등식을 테스트하는 훨씬 더 주의 깊고 정확한 측정 프로젝트가 수행됐다. 1969년 버클리의 존 클로저John Clauser와 그의 그룹은 위에 들여쓰기 된 단락에서 설명한 대로 광자를 사용했다. 클로저의 연구에서 보어의 비국소적 양자역학에 우호적인 결과가 나왔으나 결정적이진 못했다. 오르세 파리 11대학의 알랭 아스페이Alain Aspect와 그의 그룹은 1981년과 1982년 사이에 광자의 편광을 가지고 세 번의 실험을 했는데 양자역학에서 기대되는 25퍼센트에 근접한 상관관계를 지니며, LHV에서 요구되는 33퍼센트보다 명백히 낮은 상관관계를 지닌다는 결과를 높은 정확도로 도출했다.[10] 결론으로 아인슈타인이 틀렸다는 것을 매우, 매우, 매우 높게 확신할 수 있었다.

오젤Orzel은 다음과 같이 표현했다. "물리학자 대다수는 아스페이와 동료들이 수행한 벨의 정리 실험이 양자역학은 비국소적nonlocal이라고 확실히 보여주었다는 데에 동의한다. 우리의 우주는 입자가 언제든 정해진 특성을 지닌다는 이론과 한 장소에서 이뤄진 측정은 다른 장소에서 이뤄진 측정에 영향을 받지 않는다는 이론으로는 설명될 수 없다."[11]

쿠마르는 다른 방식으로 말했다. "벨의 부등식을 테스트한 아스페이의 팀은 국소성이나 객관적 실재를 탈락시키고ruled out, 비국소적 실재를 받아들이게 했다."[12] 아인슈타인은 객관적 실재를 포기해야 하거나 '유령 같은 원격작용'을 받아들이든가 해야 했을 것이다(아마도 후자를 택했을 것 같다).

양자역학의 해석들

벨의 정리가 확인되면서 국소적 숨은 변수 해석은 배제됐고, 아인슈타인과 보어의 논쟁은 사후에 정리가 됐다. 하지만 2016년을 기준으로 양자역학이 작용하는 방법을 설명하는 13개의 해석이 있다.[13] 여기에 주요 해석 세 가지를 소개한다.[14] 한 형태는 드 브로이/봄 숨은 변수 해석이다(앞에서 언급했다). 파일럿 파장을 서핑하는 입자를 설명하는 추가적인 수학이 필요하다. 국소적이 아닌 숨겨진 변수가 포함되며 그래서 벨의 실험으로 배제되지 않는다. 이 해석에선 결정론적인 사건의 흐름이 있으나 흐름 속의 결정론은 관측이 불가능하다.

다른 형태는 '붕괴이론collapse theories'이라고 불린다. 코펜하겐 해석을 포함하며, 유사하다. 한 물체의 파동함수는 가능한 상태로 중첩돼 있다가 관찰이나 측정이 전체 파동함수의 붕괴를 가져와 단 하나의 상태와 특성 집합이 된다는 해석이다. 앞에서 언급했듯 큰 물체에 적용하기에는 불합리한 이 이론을 슈뢰딩거의 고양이 역설로 살펴보았다. 이 해석대로라면 고양이는 관찰될 때까지 살아 있고도 죽어 있는 상태로 여겨진다.

1957년에 붕괴 문제에 대한 간단한 해결책이 제시됐다. 프린스턴의 대학원생이었던 휴 에버렛Hugh Everett III은 대체되는 결과를 허용하는 매 사건마다 우리 세계가 분리된다고 주장했다. 가능한 모든 결과는 각각 분리돼 진행 중인 세계로 현실화된다. 이러한 세계 각자는 다음 사건 때 또다시 분리돼 계속해서 가지를 늘려나가는 나무와 같이 분리된 현실이 존재한다. 이 후자는 '다세계many worlds'로 불리며, 세 번째 '주류' 해석이다(많은 이들에겐 여전히 설득력이 떨어지는 듯하다).

에버렛은 자신의 접근법으로 코펜하겐 해석이 제공한 모든 실제적인 양자 계산과 결과를 보여주었다. 실용적인 물리학으로서는 두 해석은 같았다. 하지만 그가 견해를 밝혔을 때는 코펜하겐 해석이 확고히 자리를 잡고 있었다. 에버렛의 주장은 사실상 거의 10년간 무시됐다. 그때 우주론자들이 파동함수가 가능한 결과 중 하나로 붕괴되려면 객관적인 관찰자가 필요하다는 코펜하겐 해석에 문제를 제기하기 시작했다. 어느 누가 어디에서 관찰했기에 우주를 설명하는 파동함수 집합이 붕괴돼 우리 우주가 있는 것일까? 어떤 관찰과 어떤 붕괴도 필요 없는, 다수의 가지를 뻗어나가는 우주의 존재를 믿는 편이 나을 것이다.

여론조사

쿠마르는 1999년 캠브리지에서 개최된 물리학 국제회의에서 시행한 여론조사를 인용한다.[15] 90명의 물리학자들에게 해석에 대해 물었다. 네 명은 코펜하겐 관점을 지지했다. 30명이 '다세계' 개념을 선호했다. 50명은 '해당없음' 또는 '결정보류'라고 답했다. 막스 테그마크가 1997년 8월에 열린 '양자론의 기초적 문제들' 회의에서 여론 조사한 내용도 있는데 2011년 7월에 열린 '양자물리학과 실재의 본질' 회의의 18퍼센트와 유사하게 17퍼센트가 다세계에 투표했고, 42퍼센트가 코펜하겐 해석에 투표했다.[16] 그래서 오늘날까지도 여러 해석 중 어느 것이 진실에 가까운지, 우리의 물리학적 세계와 관련된 관점 중 어느 것이 옳은지에 대한 평결은 아직 나오지 않고 있다(언젠가는 특별한 이론을 실험적으로 검토해 옳은 해석이 결정되길 바란다). 다행히도 양자역학은 이와 무관하게 작용한다.

결어긋남 - 우리의 거시적 세계가
고전적인 것처럼 보이는 이유

'결어긋남decoherence'이라는 물리학적 과정은 특히 다세계 해석과 관련되나 다른 모든 해석에도 연관이 있다. '관찰 또는 측정했을 때 무슨 일이 일어나는지'라는 질문에 답하는 현상이며 양자컴퓨터, 암호, 순간이동(8장에서 설명)과 특히 관련이 있다. 결어긋남을 이해하려면 우선 '결맞음cohere'의 의미를 이해해야 한다.

5장에서 말한 양자역학의 필수 특징들을 되돌아 보면, 독립된 물리계의 모든 상태는 계에 대한 슈뢰딩거 방정식의 파동함수 솔루션으로 설명되고, 이러한 파동함수는 전체 파동함수에 포함될 수 있다는 것이었다. 어쨌든 이러한 파동함수는 연결돼 있으며 계의 모든 요소가 연결돼 있음을 설명한다. 계의 파동함수가 진화하며 이러한 연결이 유지되는 것을 '결맞음'이라 부른다.

'지속적인 결맞음'은 입자들이 먼 거리를 이동하면서도 얽혀 있을 때 발생한다. 장벽에 난 두 개의 틈을 통과하도록 한 입자를 발사했을 때 스스로 간섭되는 이유다. 그림 3.4에 전자에 대한 관련 설명이 있다. 간략히 말하면 이것이 양자현상을 고전물리학과 구분하는 것이다. 결맞음은 양자세계의 중심적 특징이다.

결어긋남은 파동함수의 변형이다. 결어긋남에서는 계 내의 개체와 관측 결과로 가능한 상태 간의 연결이 약하다. 파동함수끼리 혹은 그 안에서 위상관계the phase relationships가 바뀐다. 결어긋남은 다른 경우라면 독립돼 있을 계가 폭넓은 세계와 상호작용하면서 일어난다. 예를 들면 공기 중의 분자가 대기를 가로지르는 광자 사이의 연결을 깨뜨리는 경우이다(양자암호 시범으로 8장에 소개된다). 그리고 측정기구 내에 있는 수십억 개의 원자가 입자나 계를 관측하거나 측정하는 동안 파동함수를 동요시킬perturb 때 결어긋남이 발생한다. "어떤 (양자역학의) 해석과도 호환되는 진정한 물리적 과정이다. 그러나 다세계의 현대적 관점(가끔 결과적으로 '결어긋남적 역사들'이라 불리는)에 특히 중요하다"라고 오젤은 지적한다.[17]

다세계 해석에서는 내 우주의 내가 또 다른 우주에서 벌어지는 사건을 관찰하는 그 우주의 나를 볼 수 없고, 알지 못한다. 그러나 이 두 우주가 같은 파동함수의 집합에서 진화했기 때문에 연결돼 있고, 서로 간섭한다. 그림 3.4처럼 두 개의 틈을 이용한 실험에서 전자의 파동함수가 어찌 된 일인지 다른 틈을 감지하고 전자가 스스로 간섭하는 것과 아주 흡사하다. 요지는 이렇다. 이 연결linkage이 발생하지 않는다는 것이다. 이들 각 우주 안의 많은 입자는 계속해서 자신의 파동함수를 동요시키고, 자신의 위상관계를 이동해 더 이상 결맞춤 되거나 간섭하지cohere or interfere 않는다. 두 개의 우주는 마치 별개의 독립된 계인 것처럼 행동한다.

결어긋남은 미시계와 거시계의 상호작용이 왜 차이 나는지와 거시적 물체가 양자적으로 움직이지 않는 이유를 설명하면서, 코펜하겐 해석에 더욱 호의적인 빛을 비춰준다. 거시적 물체에는 수십억 개의 원자가 있어 동요하며 결어긋남을 일으키고 별개의 결과 중 가장 가능성 있는 것만 보여준다. 이것은 전자가 어느 틈으로 지나갔는지를 관찰하는 시도가 결맞음을 무너뜨려 전자가 하나의 틈으로 지나간 결과만 나오게 하는 것과 같다. 이 주제를 더욱 깊이 알아보려면 채드 오젤Chad Orzel[18] 이나 브라이언 그린Brian Greene[19]의 서적을 읽어보길 권한다.

수소 원자와 편광된 광자를 논의하며 배경지식을 쌓았기 때문에 8장에서는 양자역학과 관련된 현재와 미래의 응용품 몇 가지를 살펴볼 예정이다(이 책의 5부 18장에 더 많은 미래의 응용품이 나온다). 여기서 우선 새로운 사고로 과학의 의미를 살펴보도록 하자.

7장

✦

이 모든 것들의 의미는?
– 양자역학, 수학, 그리고 과학의 본질

철학, 자연 그리고 수학의 역할

고대 이후로 수학이 개발되고 적용되는 수준에 따라 우리의 이해 수준도 발전해 왔다. 500년 전 갈릴레오는 이렇게 썼다.

철학[즉, 물리학 또는 자연철학]이 이 거대한 책(세상)에 쓰여 있다. 우리의 눈앞에 언제나 펼쳐져 있으나 먼저 그 언어와 그 문자를 해독하지 않으면 이해할 수 없다. 수학이란 언어로 쓰여 있고, 문자는 삼각형, 원, 그리고 다른 기하학적 형태로서 이것들 없이는 인간의 능력으로 한 마디도 이해하지 못할 것이다. 이것들이 없다면 어두운 미궁 속을 헤매고 있는 것이다. [1]

뉴턴은 1687년 미분학을 개발해 행성의 움직임을 설명하는 데 사용했다.[2] 그리고 현대에 와서도 슈뢰딩거는 아직도 수학이 더 필요하다고 지적했다. 파동역학을 개발한 전날인 1925년 12월 27일 노트에 이렇게 적었다.

지금 난 새로운 원자이론에 골머리를 썩이고 있다. 아, 내가 수학을 좀 더 알았더라면! 이 이론을 최적화하고 풀 수 있다면… 매우 아름다울 것이라 기대된다.[3]

수학(양자역학)을 통해 우린 초현미경적인 크기인 양자세계가 어떻게 작동하는지 들여다볼 수 있다. 낯설어 보이는 것도 원자와 우리가 지각하는 세계의 구성 요소를 정확하게 설명하는, 불확정성과 확률 같은 수학적 패턴과 함께라면 아름답다. 앞으로 보게 되겠지만 양자역학으로 블랙홀의 특성과 우리 은하계의 중심까지도 설명된다. 하지만 이러한 양자세계는 우리의 마음속에만 있는 것일까? (왜냐하면 양자역학이 제공하는 관점은 수학적이고, 그래서 인간 정신의 결과물뿐이기 때문이다.)

생각해 보자. 수학은 기호의 도움을 받아 논리를 사용하는 방식이다. 만일 우리가 관찰한 것처럼 양성자와 전자가 정말 전하를 가지고 있고 서로 끌어당긴다면, 그리고 그 전자를 슈뢰딩거가 그런 것처럼 수학적으로 정확히 모델링할 수 있다면, 수학 방정식의 해답solutions은 논리적인 결과다.

슈뢰딩거, 하이젠베르크, 디랙이 도출한 양자적 솔루션은 이 세계를 워낙 잘 설명해서 전자와 원자를 기능적으로 정확히 말해주는 모델이라고 믿는 경향이 있다. 그러나 은하계를 포함해 양자세계는 우리가 수학적 모델을 만들지 않더라도 여전히 존재할 것이다. 그래서 자연 그 자체는 선천적으로 논리적임에 틀림없다. 만약 대전 된 전자와 양성자가 있다면 우리가 관찰한 양자적 습성이 매우 자연스럽고 논리적인 방식으로 나타날 것이다. 수학은 바로 이 점을 설명해 준다.

가설, 이론, 법칙, 대응

이 책에서는 일부 양자론과 원자를 가장 명확하게 설명하는 양자역학 같은 수학적 결과물을 설명하고 있다. '이론Theory'의 정의는 신중하게 테스트를 거치고 증명돼 물리적 세계를 정확히 설명하는 사고의 집합이다. 이러한 정의에 의해 이론은 '법칙law'이라고 가끔 불리기도 했다. 이론은 증명이 잘돼 있으나 테스트되지 않은 가정과 사고는 과학적으로 '가설hypotheses'이라 부른다.

성공적인 이론은 전에는 알지 못한 상황, 사건의 발생 또는 관찰을 예측할 수 있어야 한다. 이 책에서 명시했듯, 양자역학을 포함해 폭넓은 측면에서 양자론은 과학 역사상 가장 잘 증명되고, 예측 가능하며, 성공적인 이론이다.[4] 양자론은 거시적인 것(큰 물체)에서부터 미시적, 극미시적, 아원자적, 그리고 심지어 아핵 범위에 걸쳐 유효하고 개괄적인 이론이다. 그리고 그 의미는 곳곳에 미친다. 관찰이 가능한 것을 바라보는 이전의 고전적(결정론적)[5] 관점을 무효로 만들어 버렸다.

과학자들이 고전시대 이후로 생각을 변덕스럽게 바꿔버린 게 아니다. 양자론이 사고의 새로운 집합체로 갑자기 널리 받아들여진 것도 아니다. 그보다는 고전 이론과 맞지 않는 실험적인 증거가 점점 더 많아져 결국 과학자들이 고전론을 포기하고, 이러한 증거들을 설명할 뭔가 새로운 것을 찾아야만 했다. 그리고 많은 선구적인 과학자가 이 새로운 양자론을 받아들였을 때조차 고전적 사고를 떠나는 것이 너무 급진적이라고 느낀 학자가 많았다. 그래서 양자론(1925년 수학적으로 형식화한 양자역학을 포함해)의 개발은 쿤의 표현을 빌리자면, 진정한 과학적 혁명이었다.[6]

이 책의 서문과 앞 장에서 소개한 것처럼 물리적 세계를 너무도 잘 설명하는 듯한 뉴턴, 맥스웰, 그리고 (양자론 이전의) 다른 고전물리학은 1900년경부터 시작된 새로운 발견에는 맞지 않았다. 특히 고전물리학은 대부분 초현미경적인 세계를 전혀 설명하지 못했다. 그리고 큰 물체, 예를 들어 모래 한 알 또는 행성과 같은 크기의 물체에 적용할 때조차 고전물리학이 개념적으로 틀렸다는 것을 우린 이제 안다.

하지만 초현미경적인 영역은 잘 설명할 수 없지만 고전물리학은 모래 한 알이나 행성 같은 큰 물체를 설명할 때는 양자역학의 결과와 매우 근접한 값을 제공한다.[7] 우리는 큰 물체에 이렇게 대응할 수 있다. 그리고 고전물리학이 양자역학보다 사용하기 쉽기 때문에 근사치만 있어도 충분히 활용 가능한 과학과 공학 분야에서 고전물리학 이론을 계속 이용한다. 이와 유사하게 더욱 새롭고 광범위하게 적용할 수 있는 이론이 개발된다 하더라도 양자역학과 상대성론이 쉽게 버려지지 않을 것이며, 또 다른 더욱 새로운 대응의 영역에 여전히 적용될 것이다.

다음은 매우 작은 기초입자에서부터 은하계까지 이르는 양자와 상대성의 세계를 (3부에서) 보기 전에, 양자를 응용한, 흥미롭고 커다란 잠재력을 지닌 예시 하나를 살펴보기로 한다.

✦

응용품

– 양자컴퓨터, 코드 크랙, 순간이동, 암호화

6장에서 벨의 부등식과 관련해 얽힘을 논의했다. 이제 이 이상한 현상을 이용한 몇 가지 응용품을 알아보자.

8장 소개

양자컴퓨터는 정보를 비밀리에 전송해야 하는 상업적, 국가적, 군사적 필요성과 이에 따른 미국무부의 필요성, 그리고 코드화된 정보를 해독해야 할 군대의 필요성에 의해 개발이 추진됐다. 양자컴퓨터는 단순히 기존 컴퓨터보다 빠르게 작동하는 것이 아니라 같은 회로소자를 사용해 여러 가지 경로를 동시에 계산함으로써 문제를 동시에 바로 처리하는, 완전히 다른 방식으로 작동한다. 양자컴퓨터는 우리 세계와 동일한 양자적 특성이 있기 때문에 물리적 상황을 정확하게 시뮬레이션하는 것은 물론 더욱 빠르게 계산이 가능하다. 양자컴퓨터는 고전적 암호를 깨는 반면 양자적 특성은 새로운 암호화 기법을 제공한다. 절대로 풀 수 없을 듯한 코드다. 그리고 양자적인 방법으로 코드화된 메시지는 보낸 사람과 받는 사람의 약속이 없이는 절대로 조작할 수 없다. 이와 동일한 특성 때문에 복제 또는 클론화가 불가능하며, 기존 방식으로는 이론적으로 불가능하던 순간이동이 (원칙적으로는) 가능하다.

이 장에선 관련 주제 중 일부만 다루고 있다는 점을 이해해 주기 바란다. 우리 앞에 놓여 있는 흥미로운 기회를 기본적으로 이해하고 맛보기에 충분할 정도만 제공한다. 양자컴퓨터, 암호화 및 관련 물리가 개발되는 과정을 좀 더 포괄적으로 알아보고 싶다면, 존 그리빈 John Gribbin의 『양자 고양이와의 컴퓨팅Computing with Quantum Cats』(레퍼런스 Z)을 읽어보기를 권한다. 고전적 그리고 양자적인 정보 이론, 컴퓨터, 암호, 클론화, 순간이동의 핵심 요소를 더욱 깊이 알아보고 싶다면 케년대학Kenyon College의 벤자민 슈마허Benjamin Schumacher가 강의한 '양자역학: 미시적 세계의 물리학Quantum Mechanics: The Physics of the Microscopic World' 강의(레퍼런스 Y) 중 19~22강을 권한다. 그리고 최근 상황을 개괄적으로 알아보려면, 양자컴퓨터 개발 내용이 폭넓게 업데이트될 뿐만 아니라 제 기능을 하는 양자컴퓨터를 생산하는 하드웨어, 소프트웨어적인 단계을 잘 설명한, 마이크로소프트의 크리스타 스보어Krysta Svore가 2014년 10월 23일 자에 공유한 유튜브 비디오[1] 시청을 권한다. 전후 사정을 설명하고, 기초 용어를 정의하고자 지금부터 고전적 정보로 무엇을 할 수 있는지부터 검토하려 한다.

이진수 형태의 고전 정보

편의상 슈마허의 강의 중 22강을 인용하겠다. 그는 스무고개를 떠올리라며 강의를 시작한다. 모든 질문에 '예' 또는 '아니오'란 답변이 하나의 '비트'라는 정보를 나타내며, 모두 20개의 비트가 있다. (답변들은 이진수binary다. 말하자면, 예 또는 아니오라는 단지 두 개의 가능성만 있을 뿐이다. 이러한 답변은 1이란 숫자와 0이란 숫자로 나타낼 수 있으며 이런 이유로 '이진수'를 뜻하는 '비트bit'란 용어를 사용한다.) 슈마허는 이 스무 개의 비트를 조합해 특정 단어에 대응한다면[2], 영어사전에 있는 수백만 단어를 검토하기에 충분하다는 점을 강조한다. 달리 말하면 수백만 단어를 스무 개의 비트로 표현할 수 있다는 얘기다.

스무 개의 정보로는 감당하기 힘들지만, 몇 개의 비트로 시작해 따져보면 어떻게 이런 일이 일어나는지 알 수 있다. 처음의 비트는 첫 질문에 예 또는 아니오 두 개의 답변이 가능하며, 1 또는 0으로 나타낸다. 이들 각자에 대해 두 번째 비트는 1 또는 0이 가능하고, 모두 합쳐 네 개의 조합이 된다. 세 번째 질문에 이 네 개의 조합 각각에 대해 두 개의 가능한 답변이 있고, 모두 합쳐 여덟 개의 조합이 된다. 네 번째 비트는 열여섯 개의 조합이 있고, 더 많은 비트가 추가되면서 32, 64, 128…으로 계속된다. 조합의 수는 꽤 빠르게 늘어난다. 조합의 수를 수학적 약칭으로 2^n으로 쓴다. 지수 n은 n번째 비트를 나타내며, 2자신을 n번 곱한다는 의미다. 이렇게 해서 가능한 조합이 기하급수적으로 증가한다. 그래서 스무 고개에서 우린 2^{20}, 정확히 1,048,576개이고 대략 백만이라는 조합을 갖게 된다. 예를 들어 20비트의 각 조합은 백만 개의 단어 중 어느 하나를 나타내거나 코드가 될 수 있다. 또는 각 조합이 1과 1,048,576 사이의 하나의 수를 나타낼 수 있다. (21비트라면 2^{21}개의 단어 중 하나, 또는 1과 2^{20}의 두 배인 2,097,152의 수 사이의 하나를 나타낼 수 있다). 이러한 단어나 수를 20- 또는 21-비트 2진 레지스터라고 표현한다.

모든 단어를 (위에 언급한 대로 21-비트 레지스터를 사용해) 표현하는 대신, 7-비트 레지스터인 2^7=128개 조합을 이용해서 다음과 같은 정보를 나타낼 수도 있다. 영어 알파벳의 26개 소문자, 26개 대문자, 0부터 9까지의 숫자, 마침표, 괄호, 그리고 키보드에 있는 다른 보통 부호가 그것이다. 다른 조합으로는 지시를 나타내는 데 사용될 수 있다. 가령 단락이나 제목, 소제목을 시작하거나 끝내라는 지시를 내릴 수도 있다. 이러한 코딩 방법이 2진법 송신형태인 정보교환용 미국표준코드ASCII에서 문장을 표현하는 방법이다. 이런 시스템을 컴퓨터에서 문장을 기록, 저장, 표시하는 데 사용해 왔고, (2008년까지[3]) 월드와이드웹(인터넷)으로 문장을 보내는 데 사용했다.

고전적 정보의 저장과 복사

모든 정보 저장은 물리적이다. 즉, 정보는 물체 또는 도구에 유형적이고 물리적인 방식으로 표시하거나 보관된다. 보관해 두어야 할 중요성이 있는 문서이거나 두 사람 이상에게 보내야 할 경우에는 필사해야 하던 때가 있었다. 그러다가 인쇄기가 나와 쉽게 여러 장을 복사할 수 있게 됐다. 어떤 이들은 인쇄기 발명이 인류사에서 가장 중요한 발명이었다고 한다. 현대에 와서는 정보의 저장이나 복사는 복사, 음성녹음, 비디오녹화, 사진, 이북, 디지털 파일의 형태로 한다. 정보를 특히 디지털 형태로 저장하면 정확하게 복사하고 전송할 수 있다. 복사 덕분에 우리 삶은 여러모로 간편해지기도 했지만, 저작권을 침해해 복사가 이뤄질 때는 문제가 되기도 했다.

고전적 암호화 방식과 제2차 세계대전의 해독기

비밀 유지와 타인의 비밀을 알아내야 할 필요성 때문에 코드화 기법과 관련 코드해독(암호해독)법을 발명하려는 '군비경쟁'이 역사 속에서 일어나기도 했다. 한 문자를 다른 것으로 대체하는 방식처럼 단순한 암호는 고대부터 사용됐다. 그러나 언어는 보통 특정 문자의 조합(가령 'th')이 반복되거나 어떤 단어(가령 'the'와 'and')가 종종 사용되기 때문에 비교적 적은 노력으로도 암호를 풀 수 있다. 이런 암호 풀이 문제는 신문 퍼즐로도 자주 등장한다.

여기선 그렇게 쉽게 풀리지 않으며 훨씬 더 효과적인 형태의 코드와 역사 속의 1회용 암호표OTP 일화를 소개한다.

앨리스는 증권중개인인 밥에게 비밀리에 메시지를 보내고 싶다. IBM 주식을 팔라고 그에게 말하고 싶다. 다음과 같은 안전한 방식으로 메시지를 보낼 수 있다(우리는 간단히 '매도sell'라는 뜻으로 사용될 'S'라는 글자만 보내는 코드로 예를 들어 보자).

Ⓐ. 앨리스는 1과 0의 배열로 된 ASCII 형태로 글자 S(원문)로 표현한다(알만한 사람은 이를 ASCII로 알아볼 것이며 메시지를 읽을 수 있을 것이다).

Ⓑ. 앨리스는 ASCII 메시지에 오직 보내는 사람인 그녀와 받는 사람인 밥만 알고 있는 임의의, 무작위적으로 생성된 한 줄의 1들과 0들을 추가한다.

Ⓒ. 1 두 개 또는 0 두 개는 0이 되나, 1 하나와 0 하나는 1이 된다는 단순한 규칙을 사용해 디지털화된 암호문을 얻는다. 만일 누군가 이 암호문으로 ASCII 변환을 한다면, 'S'가 아닌 다른 부호 또는 문자나 숫자를 얻게 될 것이다(우리가 고른 무작위의 키 숫자열은 ASCII 변환을 하면 실상 '%' 부호로 나온다. 암호문을 가로채 ASCII 변환을 해서 읽더라도 어쨌든 이해가 되지 않을 것이다).

Ⓓ. 하지만 밥은 암호문에 키를 추가해, 짜잔!

Ⓔ. 그는 앨리스가 보내고자 한 원문 메시지를 얻고 ASCII 차트를 사용해 변환해 'S'라는 글자를 얻는다.

Ⓐ.	1	0	1	0	0	1	1	원문
+Ⓑ.	1	1	1	0	1	1	0	키
=Ⓒ.	0	1	0	0	1	0	1	암호문
+Ⓓ.	1	1	1	0	1	1	0	키
=Ⓔ.	1	0	1	0	0	1	1	원문

위의 예에서 앨리스는 밥 이외에는 코드를 풀 수 없는 암호화된 이진수 열로 밥에게 정보를 보냈다. 밥은 앨리스가 따로 제공한 키를 가지고 있기 때문에 쉽게 암호화된 정보를 해독해 원문을 얻을 수 있으며, ASCII 변환차트를 사용해 앨리스가 의도한 메시지를 읽었다.

같은 키를 사용해 다른 메시지를 보내는 것은 곧 다른 누군가가 키가 무엇인지를 추론할 수 있기 때문에 이러한 암호 해독 방법은 키당 한두 번밖에 사용할 수 없다. 그리고 물론 이 방식은 앨리스가 다른 누구도 키에 접근하지 못하게 밥에게 제공할 수 있어야 한다. 그렇게 못하면 다른 이들도 비밀 메시지를 판독할 수 있게 될 것이다. 그렇다면 문제는 키 제공에 달려 있다. 키 제공의 유명한 예로 독일이 제2차 세계대전 바로 전과 전쟁 동안 사용한 이니그마Enigma 머신(암호해독기)의 로터rotor 세팅(키)을 암호화해 전송한 일을 들 수 있다.

많은 이들이 코드화와 해독을 위한 키를 제공하는 로터로 구성된 시스템인 이니그마 머신을 알고 있다. 영화 <이미테이션 게임The Imitation Game(2014)>을 본 사람도 있을 것이다. 영국이 그 코드를 해독하려고 한 일화를 영화화한 것이다. 각 로터가 다른 방식으로 동시에 작동해 세팅되면 키가 바뀐다. 그리고 로터 세팅에 대한 설명은 따로, 코드화된 메시지와 함께 발송해 예정된 수신자만 키를 설정할 수 있었다. 머신에 있는 로터 세팅을 알지 못하면 키는 알 수 없다.

독일은 제2차 세계대전 이전과 전쟁 동안에 코드화된 메시지를 성공적으로 보내려고 더욱 난해한 버전의 머신을 사용했다. 폴란드는 이 코드를 해독에 1932년부터 가장 많은 노력을 기울였다. 폴란드는 자국이 가진 정보를 프랑스, 영국과 공유했고, 이를 위해 최초의 계산기(봄바스Bombas라고 명명)를 제작했다. 이 머신은 이니그마에 사용 가능한 해답solution을 분류하려고 계전기relay라고 부르는 전기기계식 스위치를 사용했다.

1939년 독일의 폴란드 침공 이후, 영국은 천재 수학자 알란 튜링Alan Turing 덕분에 훨씬 더 진보한 강력한 머신(봄베스Bombes라고 명명)을 개발할 수 있었다. 높이 7피트(약 213센티미터), 폭 7피트였으며, 이니그마 머신 30개를 모두 연결한 분량의 작업을 시뮬레이션할 수 있었다. 하지만 연합군이 이 코드를 좀 더 잘 풀 수 있게 된 건, 이니그마의 결함을 찾아내서가 아니라 독일이 부주의하게 사용했기 때문이다. 예를 들면 반복된 메시지를 발견해 패턴을 분석할 수 있었다.

그리빈은 독일의 부주의함을 이용하려고 튜링이 봄베스를 고안했고 그의 노력 덕분에 전쟁 기간이 2년 이상 단축되었거나 영국이 전쟁을 통제할 수 있게 되었다고 말한다. 그는 특히 한 가지 일화를 인용하고 있다. 1941년 여름, 영국은 기아로 위기 상태였다. 영국 브레츨리 파크에 있는 암호 해독자들과 봄베스가 제공한 정보 덕분에 미국의 수송함은 독일 U-보트를 피해 23일간 한 척도 침몰하지 않고 영국까지 항해할 수 있었다.

그러나 독일군은 이니그마의 뒤를 이어 더욱 강력한 머신인 튜니Tunney를 개발했다. 튜니를 깨뜨리려면 고도의 노동이 필요했다. 그리빈은 튜링의 말을 다음과 같이 인용하고 있다. 부주의한 부분을 샅샅이 찾으려면 "영국인 100명이 계산기를 가지고 하루 8시간씩 일한다고 했을 때 100년이 걸릴 것이다."[4] 이 코드를 해독하려면 분명 더욱 새로운 종류의 머신이 필요했다. 이번에도 계전기를 사용한 첫 프로토타입이 1943년 6월 영국에서 가동되기 시작했다. 이 머신을 계승한 다음 프로토타입은 2,000개에 달하는 전자관 스위치(잠시 뒤에 설명할 반도체 트랜지스터 스위치의 전신인 진공관과 유사함)를 사용했다. 이 머신은 1944년 브레츨리 파크에서 가동을 시작했다. 명칭은 콜로서스Colossus였고, 크기는 한 방을 가득 채울 정도였다. 이것이 첫 번째 컴퓨터였으나 아주 제한적인 부분만 프로그램이 가능했다.

현대의 고전 컴퓨터 (사람들 대부분에게 익숙한 컴퓨터)

현대의 컴퓨터는 진공관보다 반도체 전자스위치, 트랜지스터를 사용한다. 이것은 낮은 전류가 흐르거나 흐르지 않도록 하고, 각각 1이나 0중 하나를 나타낸다. 65년 전에는 이런 스위치가 10센트 동전만 한 크기였다. 이후로 생산기술이 진보를 거듭해 그 크기를 줄였고 다수의 스위치와 관련 전기회로를 실리콘 기판 위에 집적해 하나의 칩으로 만들 수 있게 됐다.

1965년, 인텔과 페어차일드 반도체의 공동창업자인 고든 무어 Gordon Moore는 집적회로에 쓰이는 부품 수가 (칩 안의 트랜지스터 및 다른 회로 구성품의 크기를 줄여) 18개월마다 배가 된다고 언급했다. 이러한 2배율은 무어의 법칙Moor's law으로 알려졌다. 이것은 지금까지의 진전을 설명하고 있다(하지만 부품의 크기는 작아질 수 있는 원론적 한계라고 보이는, 원자 크기의 100배 정도까지 현재 작아졌다. 그러므로 10~20년 이내에 무어의 법칙은 아마도 통하지 않을 것이다. 부품 크기를 줄여 컴퓨터의 용량을 확장하는 방법은 아마도 종료되고, 그 이상의 진전은 양자영역에서 수행해야 할 것이다. 곧 양자컴퓨터에 대한 논의로 넘어갈 테지만, 우선 기존 컴퓨터 계산에 어떤 일이 일어나는지 살펴보자).

기존의 전기회로에 저장된 정보는 바이트bytes로 측정되며, 각 바이트는 8비트bits를 나타낸다. 현재 모든 데스크탑이나 랩탑 컴퓨터 각각은 수천억 바이트 즉, 수백 '기가바이트gigabytes'의 정보를 저장할 수 있다.

1,000만 바이트(즉, 10메가바이트=1만 킬로바이트=10,000KB) 정도면 보통 책 한 권이나 사진 한 장, 녹음된 소리 하나에 해당하는 정보를 저장한다. 그러므로 현대의 컴퓨터는 이러한 아이템 수만 개를 저장할 수 있다.

하지만 컴퓨터는 정보만 저장하는 게 아니다. 주어진 지시에 따라 정보를 처리한다. 컴퓨터 프로세서는 게이트에 '연결된' 트랜지스터 스위치를 사용해 논리 연산을 수행한다. 예를 들어 XOR게이트(=Exclusive OR게이트)는 만약 입력된 정보 두 개가 모두 1이거나 0이면, 0을 생성한다. 그렇지 않다면, 1을 생성한다(이것은 앞에서 '1회용 암호표'를 설명할 때 밥이 암호문에 키를 조합하는 데 사용한 바로 그 과정이다).

트랜지스터를 조합해 간단한 회로로 10개의 기초 논리 게이트(어떤 논리 연산 또는 계산을 수행하려면 필요한 것)를 구성할 수 있다. 예를 들어 XOR게이트는 적절히 함께 연결된 여덟 개의 트랜지스터를 사용해 두 개의 입력신호를 받아 위에서 언급한 것처럼 입력이 동일한가 아닌가에 따라 출력신호를 생산한다. 입력신호는 다른 트랜지스터에서 올 수도 있다. "1"이란 입력은 "on"

(전류를 한 방향으로 운반)인 트랜지스터로부터 오고, "0"이란 입력은 "off" 즉, 전류가 없거나 아주 약하게 운반하는 트랜지스터로부터 온다. 트랜지스터 전류는 밖에서 오거나 다른 트랜지스터에서 들어 온 전기입력에 따라 켜지거나 on 꺼진다off.

컴퓨터의 또 다른 면은 탐색하고 결정할 수 있다는 것이다. "만일 x라면", "하지만 y는 아니라면", "z이다." 여기서 x는 "약속이 있다"가 될 수 있고, y는 "차를 가지고 있다"가 될 수 있으며, z는 "버스를 탄다"가 될 수 있다.

프로세서의 속력은 '클럭clock'으로 결정된다. 클럭은 트랜지스터들을 포함해 디지털 회로의 작동을 조율하는 규칙적인 전기신호다. 클럭 신호를 자주 보낼수록 컴퓨터가 더 빠르다는 의미이다. 그러나 클럭 신호는 트랜지스터가 신호 사이에 스위치를 변환(1과 0)할 수 있도록 시간적으로 충분한 간격을 유지해야 한다(적당한 진동수).

첫 번째 일반용 전자컴퓨터였던 에니악the ENIAC은 미육군용 탄도계산표를 만들려고 고안했다. 그러나 수학자 존 폰 노이만(당시 로스앨러모스에서 맨하탄 프로젝트를 수행하고 있었다)의 영향으로 수소폭탄 생산이 실현 가능한지 계산하는 용도로 전환됐다. 에니악의 존재는 1946년 대중에게 공개되었다. 크기는 8 x 3 x 100피트(1피트=30.48cm)였고, 진공전기스위치(비트) 17,468개가 들어 있었으며, 초당 10만 사이클 (=100킬로헤르츠=100kHz)의 클럭으로 운행되었다. 각 명령을 처리하는데 20클럭 신호가 필요했기 때문에, 명령처리율은 5kHz였다.

기존 방식으로 풀리지 않는 코드

현대의 컴퓨터 성능은 뛰어나지만 여전히 할 수 없는 일이 많은데 그중에 특정 코드 해독도 포함된다. 코드화에 대한 현대적 접근 중 하나로 공개키암호화public key encryption가 있다. 메시지를 코드화하는 데 사용되는 '공개키'는 코드를 해독하는 데는 사용될 수 없다는 개념이다. 코드화된 메시지를 읽으려면 연관된 '개인키private key'가 필요하다. 그러므로 예를 들어 밥한테서 메시지를 받아야 하는 앨리스는 밥에게 공개키로 큰 소수prime number 두 개를 곱해 만든 큰 수를 보낼 수 있다.

소수는 오직 두 가지 약수만 지니는 수다. 1과 소수 자신. 다시 말하자면 소수는 1과 소수 자신으로만 (분수를 만들어내지 않으면서) 나누어진다. 소수엔 2, 3, 5, 7, 11…등이 포함된다.

이 경우 암호화 과정은 좀 전에 예로 들은 암호의 ⓒ에 명시된 간단한 더하기 방식이 아니며, 공개키는 코드화하는 데만 사용하고 판독하는 데는 사용하지 않는다. 그래서 앨리스는 이 공개키가 탈취됐는지는 신경 쓰지 않는다. 이 숫자를 가지고 있더라도 밥이 어떤 메시지를 코드화했는지 판독할 수 없기 때문이다. 밥은 공개키를 사용해 앨리스에게 코드화된 메시지를 보낸다. 앨리스는 자신의 개인키를 사용해 밥이 보낸 메시지를 판독한다(그녀의 개인키는 처음부터 공개키를 만드는 데 사용된 소수 중 하나다). 앨리스는 자신의 개인키가 무엇인지 누구에게도 절대 말하지 않는다. 그리고 그녀는 자신의 개인키를 아무 데도 보내지 않아도 되므로 그걸 아무도 가로채거나 볼 수 없다.

매우 큰 소수의 곱으로 구성된 공개키를 사용하는 암호화는 은행과 군대에서 송신을 보호하는 데 사용된다. 이러한 암호화는 여러분이 온라인으로 물품을 구매하려고 신용카드 정보를 기입할 때 정보를 보호하는 데도 사용된다.

개인키를 사용해 보호된 메시지나 정보를 판독하려면 소수 두 개 중 하나를 알거나 알아내야 한다(소수 하나를 가지고 있고 공개키를 알면 두 번째 소수는 쉽게 계산할 수 있다. 공개키를 첫 번째 소수로 나누면 정확히 구해진다). 그러므로 코드를 크랙하려면 소수가 뭔지 알아야 한다. 예를 들어 곱해서 15가 되는 소수 3과 5를 찾는 것은 약간의 시행착오를 거치면 되겠지만, (신용카드 정보를 보호하는 데 사용하는) 400자리 수의 소수를 찾는 것은 현대의 최고급(고전 방식의) 컴퓨터를 사용하더라도 수십억 년이 걸린다. 그리고 앞으로 새로운 컴퓨터가 나오더라도 기존 방식을 사용한다면 적당한 시간 내에 이러한 인수를 찾을 수 없다는 사실을 크게 바꾸진 못할 것이다.

양자컴퓨터

이와는 대조적으로 고작 양자비트 50개로 된 프로세서를 가진 양자컴퓨터는 개인키를 찾아내는 코드 판독 알고리즘을 돌리는 데 채 몇 분이 걸리지 않는다.

알고리즘은 "만일 a이면, b이다" 또는 "x와 y를 추가하라"와 같은 논리적 또는 수학적 연산을 자체적으로 포함하는 조합이다. 이러한 연산 조합을 수행함으로써 컴퓨터는 입력 정보에 근거해 판단을 내리거나 계산할 수 있다.

그러니 양자컴퓨터를 만들려는 노력에 정부, 대기업, 군이 자금을 지원하는 경주를 펼치고 있는 것도 당연하다. (이에 대해 한 가지만 예를 들자면 에드워드 스노든이 제공한 문서에 의하면 미국가안전보장국은 프로그램에 8천만 달러에 달하는 자금을 대서 '취약한 암호를 판독할 수 있는' 양자컴퓨터를 개발하고 있다.[5])

양자장치이기 때문에 양자컴퓨터의 계산은 결국 확률이 관련되며 계산 한 번으로는 완전히 정확하지 않을 수도 있다. 앞에서 논의한 인수 찾기는 컴퓨터가 얻어내는 인수를 곱해서 그 값이 공개키 입력값과 일치하는지를 확인해 그 답을 쉽게 검사하기 때문에 문제가 되지 않는다. 하지만 일반적으로는 정확한 답을 중점적으로 파고들어 답을 정할 만큼 조합하려면 여러 번 계산해야 한다. 컴퓨터가 고도의 정확도를 지닌 답을 얻어내도록 필요한 만큼 계산을 수행시켜야 한다. 이 때문에 복잡한 문제를 푸는 데 드는 계산 시간이 몇 초에서 두 시간 정도로 늘어날 수도 있지만, 기존 방식의 컴퓨터를 사용해 어떤 문제를 풀거나 코드를 크랙하는 데 필요할지도 모를 수십억 년과 비교했을 때는 여전히 아주 짧은 시간이다.

양자컴퓨터를 사용해 다룰 수 있는 까다로운 문제와 종류가 있다. 더욱 빠른 검색엔진(예로 구글), 빠른 얼굴 및 음성 인식(예를 들면 군중 속의 사진이나 동영상에서 테러리스트와 같은 수배자 얼굴을 찾아내기), 모든 형태의 물리적, 화학적 공정 시뮬레이션, 새로운 약품과 특이 소재의 설계, 그리고 사람의 이동 경로나 상품의 배송을 효율적으로 처리하기(한 판매원이 14개 지역을 효율적으로 이동하는 경로를 만들어 불필요한 여정이 생기지 않도록 하려면 기존 방식의 컴퓨터로 100초 정도 걸리겠지만, 22개 목적지로 이동하는 최적 경로를 제시하려면 최상급의 현대적 컴퓨터라고 해도 1,600년이 필요하다)가 포함된다. 특정한 종류의 분류 문제에는 양자컴퓨터가 어울린다. 특정 전화번호의 소유자를 찾으려고 전화번호부를 뒤지는 일 같은 것이 그렇다. 기존 방식의 컴퓨터라도 (200만 명 거주 도시를 기준으로) 평균적으로 백만 회 정도 계산을 수행하면 이런 일을 할 수 있다. 하지만 양자컴퓨터는 천 회(백만의 제곱근) 정도로 처리할 수 있다.

양자컴퓨터의 핵심인 양자비트quantum bits는 기존 비트와는 매우 다르게 행동한다.

양자비트는 보통 큐비트qubits라고 표현한다. 이 용어는 1992년, 당시 윌리엄스칼리지의 교수였던 벤자민 슈마허와 윌리엄 우터스의 토론 중에 만들어졌다. 처음에는 성경에 나오는 길이의 척도인 큐빗cubit과 관련된 말장난이었다(예를 들면, 노아의 방주도 큐빗 단위로 크기를 표현한다).

큐비트를 특별하게 하는 것은 확률을 바탕으로 동시에 두 가지 상태 모두가 중첩되거나 두 가지 상태 중 하나에 있을 수 있다는 것이다. 이것은 단순한 내용이 아니다. 큐비트는 우리 세계가 근본적으로 양자적으로 구성돼 있기 때문에 이러한 방식으로 형태를 이루어 작동한다.

큐비트가 물리적으로 어떻게 만들어지는지 설명하려면 수소원자의 전자 이야기로 다시 돌아가야 한다.

전자에 대한 전체 파동함수는 가능한 모든 전자 상태의 중첩이다. 이 상태의 파동함수는 (그림 3.8에서 보이는 것과 같은) 원자 핵 주위에 중첩되고 모여 있는 확률구름으로 나타낼 수 있다. 본질적으로 사물은 가장 낮은 에너지로 향하는 경향이 있으므로, 가장 낮은 에너지인 '바닥' 상태에서 전자를 찾을 확률이 높은 에너지 상태에서 찾을 확률보다 더욱 높다. 이러한 확률 정보가 전체 파동함수에 내재한다. 파동함수는 시간이 지남에 따라 진화하고 변한다. 그러나 관찰(측정) 전까지 전자는 전체 파동함수의 확률에 따른 상태와 구름의 중첩 속에 존재한다.

관찰(측정) 행위는 허용된 상태 중 하나를 선택한다. 그러나 관찰이 끝나자마자 확률이 다시 지배하며, 이전과는 다른 전체 파동함수가 전자와 시간에 따른 전자의 변화를 설명한다.

가설적으로 단지 특정 두 상태 간만 점유를 전환하도록 전자를 통제함으로써 수소원자에서 큐비트 하나를 만들어 낼 수 있다고 하자. 두 가지 상태는 '0'을 나타내는 하나와 '1'을 나타내는 하나다(원자에 정확한 진동수의 레이저광을 비춰 전환을 유도할 수 있다. 전자가 높은 곳에서 낮은 에너지 상태로 전이가 일어나도록 하거나, 광자 하나를 흡수시켜 낮은 에너지 상태의 전자를 높은 에너지 상태로 올리는 방식이다). 이때 전체 상태는 두 상태의 조합이라고 설명할 수 있으며, 전체 파동함수는 이들 상태들 중 하나에서 전자를 발견할 확률 정보를 담고 있다.

곧 보게 될 텐데, 많은 종류의 입자와 특성을 가지고 이같은 방식으로 움직이는 2진 조합 큐비트 상태를 만들어내려 하고 있다. 이러한 2진 물리적 계에서는 두 가지 상태(혹은 두 상태 파동함수)의 조합이 각 큐비트를 설명한다.

근접한 두 개의 큐비트는 만약 이들의 파동함수가 상당히 겹친다면 서로 영향을 미칠 수 있다. 적절한 상황에서 각 큐비트는 실제로 다른 큐비트와 '얽힘'으로 연결될 수 있어서 이들은 함께 새롭게 진화돼 전체 파동함수가 하나의 개체로서 다룬다.

그리고 이러한 얽힘은 일단 설정되면 적절한 조건으로 두 개의 물리적 큐비트가 서로 멀리 움직이더라도 지속된다. 그래서 큐비트 중 하나에 대한 관찰 또는 측정이 이뤄지면 즉시 얽혀 있는 짝이 아무리 멀리 떨어져 있더라도 결정된다(기억을 더듬어 보면 입자가 이렇게 멀리 분리되어 있어도 얽혀 있는 능력을 아인슈타인은 '유령 같은 원격작용'이라고 불렀다).

큐비트쌍은 이들 상태의 $2^2=4$ 조합 중 어디에도, 또는 동시에 모든 네 가지 조합의 중첩으로 있을 수 있다(큐비트 두 개의 네 가지 조합은 다음과 같은 2진수 조합 네 개로 표현할 수 있다. '0, 0', '0, 1', '1, 0', '1, 1'). 큐비트 n개가 더 연결이 되는 만큼, 2^n가지의 가능한 값(또는 수)을 가질 수 있으며, 각 n개의 문자열에 0과 1로 '동시'에 디지털화해 표현되며 저장된다(이 점이 한 번에 2^n 값 중 하나만 나타내고 저장할 수 있는 기존 방식의 비트와 다르다). 그리고 기억하는가? 만일 n=20이라면, $2^{20}=1,048,576$이다. 단지 20개 치고는 많은 수가 동시에 저장된다!

그러면 왜 기존 방식의 비트는 동시에 실행되도록 중첩해 연결하고 얽히게 할 수 없을까? 주된 이유로는 기존 방식의 비트는 반드시 멀리 떨어져 있어야 하기 때문이다. 이들의 파동함수는 충분히 겹쳐지지 않는다. 의도적으로 떨어져 있어야 하나의 비트가 이웃 된 비트와 연관돼 문제를 일으키지 않는다. 이는 하나의 비트에서 다른 비트로 연결된 회로로 전류가 흐르지 않도록 단락하는 것과 같다.

최근(2015년)까지, 한 회로에 인쇄돼 있는 트랜지스터와 트랜지스터 간의 통신은 (아주 작은 전선 역할을 하는) 구리선으로 통제해 왔는데 이 거리가 원자 직경의 수천 배인 만큼 상당한 간격이 있었다. 한 원자의 직경diameter은 가장 낮은 에너지 상태 파동함수가 본질적으로 0(확률구름이 검은색으로 사라짐)까지 내려가는 거리로 간주할 수 있다. 그러므로 만약 트랜지스터가 수천 개의 원자 직경으로 분리되고 그들이 만든 파동함수가 근본적으로 몇 개의 원자 직경의 거리에 걸쳐 사라지면, 파동함수는 거의 겹치지 않고 협력적 행위도 없게 된다.

그러나 전에 강조했듯 현재 트랜지스터와 회로소자가 원자의 수백 배 정도의 크기로 만들어지고 있고 무어의 법칙에 따라 소형화가 계속된다면 곧 (10~12년 사이에) 소자의 크기가 원자 크기에 근접하는, 양자적 한계에 도달하고 이들의 파동함수는 상당히 겹치게 될 것이다. 그러면 좋든 싫든 간에 계속되는 소형화는 양자적 연결과 관계될 것이다. 이미 시작된 연구(큐비트)는 소형화에 필수적일 수도 있고, 그게 아니라면 데이터 저장 용량과 컴퓨터 소자의 처리 능력을 향상시키는 데에 필수적일 수도 있다.

양자비트는 훨씬 빠르고 새로운 형태의 논리 게이트와 더욱 간단한 알고리즘 형성을 가능하게 한다. 이것을 이해하려면 양자에 근거한 수 n의 인수 찾기 알고리즘의 수학적 표현식 $n^2\log n$을 참조한다. 이 식은 기존 방식에 기초한 $\exp[n^{1/3}\{\log n\}^{2/3}]$을 사용하는 인수찾기 알고리즘보다 덜 복잡하며 훨씬 적게 수행해도 된다.[6]

특정 논리게이트인 CNOT 게이트(기존 방식의 비트로는 불가)는 예를 들어 제어 큐비트가 1 상태에 있는 경우에만 목적 큐비트의 상태를 뒤집는 연산을 한다. 이 프로세스가 특별한 이유는 두 개의 큐비트가 CNOT 연산에서 '얽힐' 수 있다는 것이다. 함께 연결돼 이들은 네 개의 소위 벨Bell 상태(최대로 얽힌 상태 - 편집자 주) 중 어느 하나를 나타낸다.[7] 이때 큐비트가 나중에 서로 물리적으로 얼마나 멀리 떨어지게 되는가는 관계없다.

앞서 말했듯이 양자 정보 저장과 처리의 능력(예를 들면, 같은 큐비트를 사용해 동시에 다수의 프로그램을 운행하는 것)은 한 큐비트 내 상태의 중첩과 둘 또는 더 많은 큐비트의 얽힘에서 나온다. 하지만 얽힌 입자 또는 큐비트에 어떤 외부 접촉, 관찰, 또는 측정을 하면 6장에서 설명한 것처럼 결어긋남이 일어나 얽힌 상태가 깨진다. 그러므로 양자컴퓨터는 다수의 임무를 관찰이나 측정없이 중첩으로 수행하며 단숨에 끝내고 나서 읽도록(관찰하도록) 해야 한다.

물리적 큐비트 소자를 만드는 일, 이들을 얽힘으로 연결시키는 일, 그리고 얽힌 상태를 유지하는 일은 쉬운 문제는 아니다. 큐비트는 (고체 물질에 흔히 존재하는 원자의 열진동 같은) 외부 영향이 양자 상태를 결어긋나게 만들지 않도록 주변 환경으로부터 격리돼 있어야 한다. 그러나 서로 충분히 떨어져 있지 않기도 해 얽힘으로 연결되지 않을 수 있다. 그럼에도 이들의 초기 상태는 조종할 수 있고 최종 상태는 관찰할 수 있도록, 충분히 접근 가능해야 한다. 그리빈은 다음 요약된 대로 큐비트에 필요한 요구사항 다섯 가지를 나열하고 있다.[8]

1. 특징이 명확해야 하고 대량으로 생산 가능해야 한다.
2. 계산할 수 있도록 그 상태를 초기화할 수 있어야 한다.
3. '결어긋남까지 시간', 즉 이들의 얽힘 지속 시간은 백만 게이트 연산을 수용할 정도로 충분히 길어야 한다.
4. 가역 게이트가 있어야 하며 에러를 수정할 수 있어야 한다.
5. 믿을 만하게 해독할 수 있도록 계산을 많이 반복할 수 있어야 한다.

그리빈은 2014년까지 큐비트 개발의 진전과 컴퓨터에서의 사용을 추적해, 이러한 기준에 맞는 큐비트를 만들려는 접근법 여섯 가지를 소개했다.[9] 참고: 여기에서는 이 책의 4부에서 화학과 재료과학의 기초, 5부에서 여러 가지 초전도체와 반도체 장비의 본질에 대해 읽은 뒤에야 좀 더 이해가 될 만한 용어와 개념을 사용하고 있다. 하지만 이것은 다가올 기술에 대한 맛보기라서 살짝 뛰어넘어 본다.

양자컴퓨터로 향하고자 다음의 접근법을 이용한 탐색이 이뤄지고 있으며, 부록 C에서 설명할 것처럼 각각 특이점과 이점, 단점이 있다. 알게 될 사실이지만 양자컴퓨터는 아직 개발 초기 단계다. 하지만 크게 기대해 볼 만하다.

1. 이온 트랩ion traps, 이 모든 것의 시초다.

2. 핵자기공명NMR, 지금까지는 수 143를 인수분해해 지배 소수를 구하는 데 사용하고 있음.

3. 양자점, 상온에서 작동이 기대되는 장치이며, 20개의 큐비트 회로를 5~10년 내에 추진할 계획

4. 결맞음 시간이 긴 동위원소핵스핀

5. 양자광학, 빛입자의 편광된 상태를 사용, 지금까지는 15의 인수를 구하는 데 사용되지만 양자암호화와 양자순간이동, 그리고 가장 진보한 접근과 관련돼 있기도 함

6. 초전도체 양자 간섭장치SQUIDS, 지금까지는 1000큐비트 프로세서를 개발(2015년 6월 발표)했다(그러나 실제 이 프로세서의 양자컴퓨터 능력은 여전히 입증이 요구된다).

양자 순간이동 (여러분이 생각하는 그건 아니다)

아주 기본적 형태의 양자 순간이동은 이미 입증됐고, 그걸 곧 설명하겠다. 하지만 <스타트렉>("나를 이동시켜 줘, 스콧")에서 그려지는 순간이동은 이론상으로는 가능할지라도 현실적으론 매우, 매우, 매우 불가능한 일이다. 조금이라도 가능한 부분이 있다면 그것은 양자 과정에서 일어날 것이다. 우리 몸의 구성요소는 본질적으론 모두 양자이며, 아래에서 짧게 설명하듯이 원자와 분자로 구성돼 있기 때문이다.

양자 원자에 대한 환기

수소 원자에 대한 슈뢰딩거 방정식으로 이미 깨달았을 테지만, 한 원자에서 전자의 상태는 분산돼 있는 개체이며, 그림 3.8의 수소 원자에서 볼 수 있듯 원자에서의 전자 위치는 확률 구름으로 묘사할 수 있다. 전자가 어느 상태를 점유하느냐도 확률에 근거한다. 자연 대부분처럼 모든 원자는 가장 낮은 에너지 상태인 바닥상태를 추구한다. 모든 전자는 허용된 가장 낮은 에너지 준위를 점유하나, 더 높은 에너지 상태에 있을 확률은 항상 있다. 상태와 확률에 대한 설명은 원자의 화학적 결합인 분자에도 적용된다.

<스타트렉>에서와 같은 순간이동은 인체의 모든 원자와 분자구성물이 순간이동해야 가능하지만, 단지 원자 하나의 순간이동은 원칙상 실제로 일어날 가능성이 충분히 있다. 가장 단순한 원자인 수소의 순간이동을 다루어 볼 예정이다. 하지만 우선 고전적 방식을 사용해 순간이동의 가능성을 검토해 보자.

고전적 개념으로 순간이동은 가능한가?

이에 대한 대답은 아니요다. 알려진 어떤 고전적 기법으로도 물리적인 실체를 순간이동시킬 수는 없다. 그러나 고전적 의미에서 정보는 순간이동시킬 수 있다. 팩스기기를 사용해 언제나 하고 있다. 그렇다면 한 물체의 특성을 측정 또는 관찰하고 그 정보를 (전화선과 광속의 위성전송을 사용해) 전송한 다음, 보낸 정보에 근거해 물리적인 물체를 먼 곳에서 복제하면 어떨까? 물론 원칙을 증명하려면 원자 하나를 이렇게 하는 것이 가능해야 한다.

하지만 여기에도 문제가 있다. 측정 또는 관찰 행위가 우리가 보내려고 하는 원래 원자의 상태를 바꾼다. 우리는 이 변화된 상태 정보를 보유하고 보내게 된다. 모든 확률을 지닌, 원자의 원래 상태 정보는 보존되지 않으며 우리에게 허용되지 않는다.

요약하면, 원래 존재하던 원자가 아니라 그중 한 가지 상태의 원자를 묘사해 전송한 것이다. 원자와 분자로 구성된 한 인간을 이러한 방식으로 순간이동시키면 (원래 장소에 있던 원자의 수와 같은 수를 가진다 할지라도), 사실상 우리가 순간이동시키고자 하는 같은 사람이 아니게 된다.

이렇게 말할지도 모르겠다. "하지만 몸을 이동시켰잖아요!" 물론이다. 그러나 특정 인물(존이라 하자)을 보내는 대신, 우린 그의 모든 원자를 변경시켰고 그 변경된 사람의 정보를 보냈다. 그는 다른 쪽에서는 변경된 사람으로 구성된다. 우리가 순간이동시킨 사람은 원래의 존이 아닌 것이다.

그러면 양자 순간이동은 어떻게 다를까?

양자 순간이동은 우리가 순간이동시키고자 하는 입자의 특성을 직접적으로 측정 또는 관찰하지 않으며 그래서 어떤 결어긋남 또는 변경이 발생하지 않는다. 적어도 처음에는 그렇다. 그 대신 순간이동되는 그 입자(1번 입자라고 하자)의 양자적 특성은 제3의, 아마도 멀리 떨어진, 입자(3번 입자라고 하자)와 이미 얽혀 있는 다른 입자(2번 입자라고 하자)와 얽히게 함으로써 이동한다. 3번 입자는 2번 입자와 얽혀 있기 때문에 1번 입자의 특성을 취한다(이 과정에서 3번 입자 측에게 1번 입자의 특성을 전통적 방식으로 알려준다[3번 입자 자체는 측정하지 않는다 – 편집자 주]). 1번 입자는 이 과정에서 달라진다(그러나 그 원래의 특성이 3번 입자의 특성과 연결되기 전은 아니다). 1번 입자의 특성은 이렇게 해서 먼 위치로 실질적으로 전송된다(3번 입자로 순간이동된 것은 원래 입자의 특성이라는 점에 주목할 필요가 있다). 1번 입자 자체는 순간이동 되지 않았고, 움직이지 않았으나, 이 과정에서 그 특성이 달라졌다.

이러한 순간이동은 광자 입자를 가지고 입증했다. 이젠 이 간단한 경우를 살펴본다. 사람을 구성하는 물질인 이온, 원자, 그리고 분자의 순간이동을 계속해서 생각해 보기로 하자.

광자의 양자 순간이동은 어떻게 이뤄지는가

모든 광자는 2진 큐비트로 사용될 수 있다는 점에 주목하자. 즉, 각각의 광자는 수직 아니면 수평으로 편광된 상태 또는 이러한 두 상태의 중첩으로 존재하도록 만들 수 있다(편광의 정의 및 물리적 설명을 확인하려면 부록 A와 그림 A.1ⓒ를 참조하기 바란다). 1이 수직상태, 0이 수평상태라고 지정할 수 있다. 그러면 양자컴퓨터와 양자 정보처리의 영역으로 돌아간다. 양자정보론의 일부로 모두 설명이 된다. 순간이동도 마찬가지다.

이 이론을 적용해, 2진 상태의 입자는 잘 정의된 절차로 전송될 수 있다. 광자로 설명해보자. 첫 단계로, 얽혀 있는 광자 한쌍이 만들어진다. 이비트an ebit 라고 한다. 그리고 이비트는 여전히 얽혀 있는 각 광자를 공유한다. 가령 입자 E1을 앨리스에게, 입자 E2를 멀리 떨어진 밥에게 보낸다고 하자.

시간이 훨씬 지난 시점인 수개월 뒤에 앨리스는 밥에게 광자 하나를 보내고 싶다. T라고 하자. 이 광자는 두 개의 수직적인 방향 아니면 수직적인 상태 조합으로 편광된 큐비트이기도 하다.

벨 측정a Bell measurement이라 부르는 행위로 E1은 T와 얽히게 된다. 벨 측정은 T의 상태를 결어긋남으로 만들거나 변경하지 않는다. 편광에 대한 관찰이 없기 때문이다. 두 광자의 편광이 같은가 다른가만 확인하며, 알아내는 과정에서 이들은 얽히게 된다.

앨리스는 T의 편광을 알지 못하나 수행된 벨 측정의 매개 변수parameters는 알고 있다. 그녀는 밥에게 측정에 대한 설명을 보낸다. 고전적 방법을 사용하고, 아마도 광속으로 이뤄질 수 있는 라디오나 인터넷(서버 등의 작동을 포함하며, 약간 시간이 더 걸릴 수도 있다)을 사용한다.

밥은 앨리스가 보낸 정보를 사용해 벨의 측정 효과를 효과적으로 되돌리고, T의 원래 상태를 E2를 남겨 둔다. T는 이 마지막 과정에서 원래 상태와 다른 상태가 되지만, E2가 T의 원래 특성을 갖고 있기 때문에 원래의 T는 앨리스로부터 밥에게 효과적으로 전송된 것이다.

"하지만 앨리스가 밥에게 직접 T를 보낼 수도 있었잖아요? T는 광자이고, 광속으로 이동하며 사실상 빛이니 밥은 중간에 도둑맞을 염려 없이 광속으로 원래의 T를 가지게 될 텐데요"라고 물을 수도 있다.

앨리스는 사실 그럴 수 있다. 그러나 광자 순간이동을 설명하는 세 가지 목적이 있다. 첫째, 광자의 전송 방법은 다음에 소개하겠지만 잘 못될 염려가 전혀 없이 암호화된 메시지를 보내는 데 사용할 수 있다. 둘째 양자컴퓨터는 순간이동을 사용해 먼 곳에 위치한 양자 부품을 연결하거나, 입력하고 출력하는 고전적 단계를 우회해('중간자'로서의 인간이나 고전적 장비를 제거해) 컴퓨터와 컴퓨터가 직접 안전하게 통신하게 할 수 있다. 그리고 마지막으로 광자의 순간이동은 실제로 테스트됐기 때문에, 광속으로 이동할 수 없는 물체의 순간이동을 고려하려고 광자의 예시를 든 것뿐이다.

광자 순간이동 테스트

2004년에 안톤 차일링거Anton Zeilinger의 그룹은 양자를 다뉴브강의 한편에서 건너편으로 광학섬유를 통해 600미터를 성공적으로 전송했다.[10] 그리빈은 그 이후에 이루어진 중대한 두 개의 테스트도 설명한다. 둘 모두 2012년에 이뤄졌다.[11] 첫 번째 테스트에서 대규모 중국연구원그룹이 '양자상태'를 대기를 통해 97킬로미터 전송하는 데 성공했다. 두 번째 테스트에서 유럽 4개국 출신의 한 팀이 거의 8천 피트 상공에서 카나리아 제도인 라스팔마스와 테네리페의 스테이션 사이 85마일 정도를 '광자의 특징'을 전송했다. 만약 높은 곳에서 전송이 쉽게 이뤄진다면 연결 도구로서 위성을 사용한 다음에 다시 내려보내면 어떨까? 중국연구원들은 이러한 방식으로 구축된 안전한 양자네트워크를 상상한다. 여기에는 얽힌 광자가 많이 필요하다. 2012년을 기준으로 이 목표를 향해 중국연구원은 양자 네 개가 얽힌 그룹을 초당 몇천 개의 비율로 생산해낼 수 있게 되었다.

얽힘이 순간이동의 열쇠다. 그러나 신체가 순간이동하려면 광자가 아니라 물질 입자가 얽혀야 한다. 그리고 상태의 2진쌍만이 아닌, 각 원자 또는 분자의 모든 상태를 설명하는 파동함수의 전체 집합이 얽혀야 한다. 여기 약간의 진보는 있었다.

이온의 얽힘과 전자의 순간이동

『양자 고양이와의 컴퓨팅』에서 그리빈은 미시간대학교에서의 연구를 설명한다. 이 연구에서 약 90센티미터 정도 떨어진 두 개의 이온이 자신이 방출한 광자의 얽힘을 통해 서로 얽혔다.[12] 그리고 2014년의 한 논문은 약 10미터 떨어져 있으며 과냉각시킨 다이아몬드에 갇힌 전자 간의 얽힘에 관한 네덜란드의 델프트 기술연구소에서의 성과를 보고하고 있다.[13]

　이것들은 큰 성과지만 지금으로서는 하나의 원자조차 먼 거리를 보낼 수 없다. 한 인간을 완전히 순간이동시키려면 엄청난 수의 원자를 보내야 한다. 어림잡아 100억 × 10억 × 10억개라면 적당할 것이다. <스타트렉>과 같은 식으로 인간을 순간이동시킨다는 것은 이론 상으론 가능할지라도 대단히 일어나기 어렵다는 결론을 내리게 될 것이다.

　<스타트렉>과는 다르게 멀리 떨어진 목적지에 이미 존재하는 원자에 특성만을 순간이동시키는 것임을 기억하자. 원자 자체를 보내는 것이 아니다. 그리고 뒤에 남은 원자의 특성이 변경된다. 먼 곳의 원자는 원자의 원래 특성을 닮는다. (이것이 순간이동과 클론화를 구별하는 것이다. 이전의 원자가 그 특성을 보유하고 있다면 하나가 다른 하나의 클론인, 동일한 두 개의 존재를 갖는 것이다. 그러나 이것은 양자계에서는 발생할 수 없다. 양자 정보론에서 도출된 '클론화 없음no cloning' 이론이 있다. 이 이론은 복사와 클론화가 불가능하다고 보여준다. 원래 상태는 언제나 변화하고, 순간이동과 함께 변화된 것만 남는다. 반면 고전적 의미에서는 복사하고 전송할 수 있으나, 그것이 클론은 아니다. 흥미롭다!)

　그러나 여기 생각해볼 만한 것이 있다. 어떤 과학자들은(예를 들면, 로저 펜로즈는 자신의 책『황제의 새로운 마음The Emperor's New Mind』에서) 의식이 본질적으로는 양자 현상이라고 주장한다고 오첼은 적고 있다.[14] 만약 그렇다면 순간이동으로 우리 마음속의 내용을 보낼 수도

있다고 오첼은 강조한다(여기에 난 이렇게 추가하고 싶다. 만약 그렇다면 몸이 정말 필요할까? 그렇다면 생명의 유한성은 어찌 될까?).

절대적으로 안전한 양자 암호화

복사라는 뛰어난 기능이 고전적인 방식의 정보 전송을 도청과 감시에 취약하게 만들며, 송신자와 수신자가 알아채지 못하는 경우도 자주 있다. 앞에서 설명한 공개키 암호화기법조차 보낸 메시지 복사가 가능하기 때문에 원칙적으로 코드해독이 가능하다. 예를 들면 메시지를 복사해 여러 컴퓨터로 나눠 코드를 판독할 수 있다. 기존 컴퓨터는 공개키 암호를 풀 능력이 부족할 수도 있으나 앞에서 설명한 것처럼 양자컴퓨터는 곧 해낼 것이다.

이와 비교해서 양자정보는 고전적으로나 양자적 방법으로 간단히 복사할 수 없다. 읽거나 복사하면 관찰, 즉 측정이 물리적으로 일어난다. 그리고 이미 알아본 것처럼 양자세계의 필수 특징은 어떤 측정이나 관찰을 하면 물체의 파동함수에서 결어긋남이 유발돼 파동함수에 있던 초기 정보 다수가 파괴된다. 측정된 것은 '원본'의 변형된 부분일 뿐이고 '원본'은 더 이상 존재하지 않는다.

이렇게 양자정보 복사를 불가능하게 하는 것이 정보 암호화의 핵심으로, 의도한 수신자 외에는 어떤 사람이나 어떤 기기로도 판독할 수 없으며, 더 나아가 송신자와 수신자가 그 사실을 모르게 조작조차 할 수 없다. 이러한 기능을 다음에 소개하는 양자키배포QKD에서 주로 사용한다.

양자키배포 - 작동 원리

고전적인 암호화 방식의 예시를 기억해 보자. 앨리스는 1회용 암호표로서 암호화된 메시지를 밥에게 보냈다. 밥은 이전에 따로 앨리스에게서 받은 1과 0이 한 줄로 적혀 있는 키를 사용해 메시지를 읽을 수 있었다. 밥은 키를 가지고 있는 한 아주 길고 복잡한 메시지도 판독할 수 있다. 그러나 키를 보내거나 배포하는 방법은 수신자가 많다면 비용도 많이 들고, 만약 키가 의도치 않은 사람의 손에 들어가게 되면 송신자나 수신자가 그 사실을 전혀 모르게 그 누군가는 메시지를 판독할 수 있게 된다. 키Key를 안전하게 보내는 것이 핵심key이라고 말할 수도 있겠다.

양자키배포QKD는 잘못될 염려없이 키를 보내는 기법이다. BB84(1984년 함께 발명한 IBM의 찰스 베넷과 몬트리올대학교의 질스 브래사드의 이름을 땄다)란 명칭의 QKD 프로토콜은 키를 암호화된 방식으로 전송하는 데 큐비트를 사용한다. 또 다른 QKD 프로토콜인 E91(1991년에 이를 제안한 아르투르 에케르트의 이름을 따랐다)에서는 앞에서 설명한 광자 순간이동과 어느 정도 유사한 방식으로, 편광된 얽힌 광자의 집합이 작동에 관계한다. 어느 프로토콜이든 전송되는 얽힌 정보를 가로채려는 시도가 있다면 얽혀 있는 상태가 해제되며 송신자와 수신자가 이를 알아채고 키 사용이 불가능해지는 방식이다. 이 두 방식 중 어느 하나로 1회용 양자키를 설정하고 이를 사용해 암호화한 대화를 크랙하는 방법은 알려진 바가 없으며, 더욱 강력한 컴퓨터 또는 양자컴퓨터가 나온다 하더라도 이 사실에는 변함이 없을 것이다.

양자키 전송

BB84 키는 초당 100만 비트 전송률에선 12마일〔약 19킬로〕, 초당 1만 비트 전송률에선 60마일〔약 96킬로〕 길이의 광학섬유로 교환된 적이 있다(일반적인 광학섬유 통신은 1,000~10,000배 더 빠르다. 하지만 이렇게 안전한 양자방식으로 전송할 필요가 있는 것은 키뿐이다. 나머지 메시지는 키로 암호화해 기존 속력으로 보낼 수 있다). 가장 멀리 양자키를 전송한 기록은 약 100마일〔약 160킬로〕 거리를 광학섬유를 사용해 이뤄냈다. (카나리아제도의 두 스테이션 간) 고고도에서 80마일 거리를 순간이동 해낸 유럽그룹이 BB84와 E91 프로토콜 모두를 사용해 공중에서 거의 같은 거리를 안전하게 QKD를 전송했다. 위성고도의 공기는 더욱 옅으므로 전달 도구로 위성을 이용하면 더욱 먼거리를 안전하게 전송할 가능성이 있다.

양자키 배포 네트워크

미국방성고등연구계획국DARPA, 비엔나, 스위스, 도쿄에 설치되어 있다.

상업적 양자키 배포

2015년 12월 기준 적어도 네 개 회사가 양자 암호화 시스템을 만든다. 보스턴의 매지큐 테크롤로지MagiQ Technologies, Inc., 제네바의 ID

쿼티크ID Quantique, 캔버라의 퀸테센스랩QuintessenceLabs, 파리의 시큐어넷SeQureNet이다.[15] 큰 소수의 인수를 찾을 수 있는 실제 양자컴퓨터가 사용 가능해지면서(그러므로 기존 방식의 공개키 암호화는 더 이상 안전하지 않다), 이러한 회사는 양자키 서비스에 대한 수요 증가를 경험하고 있을 것이다.

8장의 요약

이 장에서 알아낸 점은, ① 양자컴퓨터가 기존 컴퓨터보다 어떤 응용 면에서 수백만 배 빠르게 계산한다는 것, ② 순간이동은 기존 방법으로는 불가능하다는 것, ③ 순간이동은 원칙적으로 양자적인 기법을 사용해서는 가능하나 실제적으로 많은 입자를 보내기는 몹시 어렵다는 것, 그리고 인간의 순간이동은 아주, 아주, 아주 불가능에 가깝다는 것, ④ 결과적으로 순간이동은 입자가 아닌 특성의 순간이동이라는 것, ⑤ 양자컴퓨터는 우리가 만드는 최고의 코드를 깨뜨릴 수 있는 위협이 되나, ⑥ 양자 암호화는 깨뜨릴 수 없고 (송신자와 수신자가 누군가가 끼어들었다는 사실을 모르게는) 손댈 수조차 없다는 것이다.

이 장은 양자 원자적 규모에서의 광자와 물질을 사용한 암호화와 순간이동에 적용되는 정보론이 연관됐다. 3부의 9장에선 블랙홀의 증발을 살펴보며 잠재적 정보 유실이 양자역학을 어떻게 위협하는지 알아본다. 자연의 양자입자와 빅뱅부터 은하계까지, 우리 우주의 확장에 양자가 어떤 역할을 하는지 생각해볼 9장에 비하면 이 장은 단지 작은 일부였다.

상대성과 양자의
우리 세계,
빅뱅에서 은하계까지

3부를 시작하기 전에

---◆---

이 책의 4부에서는 양자역학이 어떻게 원자의 양자적 본질, 화학, 재료의 물리에 대한 이해를 제공하는지와 놀라운 현대 발명품을 탄생시켰는지 설명한다. 이들 중 많은 부분이 5장에서도 설명된다.

하지만 좀 더 실제적인 면으로 들어가기 전에 우리 세계의 놀라운 면을 맛보기로 소개하고 싶다. 우리는 이것을 태초로부터 현재까지 존재한 가장 작은 것으로 알고 있다. 또 우주 전체를 구성하는 것으로 알고 있는 것이다. 이것은 상대성과 양자의 세계이며, 매력적인 세계다.

이 세계를 설명하면서 통찰과 관찰을 연결하려면 비유를 사용하는 편이 유용할 것 같다. 나는 여러분의 우주 시간 여행을 도와주는 투어가이드 역할을 하고자 한다. 나는 우리가 방문할 놀라운 장소를 이미 많이 경험했다. 대개 현지 가이드(작가와 그들의 책을 통해)의 안내를 받았는데, 대부분 권위자들이었다. 그들은 권위 있는 정보를 좀 더 이해하기 쉬운 방식으로 내게 제공하는 데 익숙한 사람들이었다 (이 작가들을 은하계나 불가사의, 또는 박물관을 안내하는 가이드로 간주할 수도 있겠다).

여러분의 총괄 가이드로서, 특히 흥미롭다고 느껴지는 주제를 선택했고, 현재부터 시초까지 거꾸로 나아갈 전체 여행이 논리적으로 정렬되고 연결되도록 여러분의 투어를 계획했다. 우리가 멈출 몇 군데(우리가 다룰 주제)는 9장 제목에서 알 수 있다. 각 주제에 맞는 가이드를 택했고, 이 가이드들은 주제를 약간 다르게 해석할 수 있기 때문에 다른 것을 강조할 수도 있다.

설명 대부분은 명백한 증거를 토대로 잘 실험되고 증명된 이론인 반면 어떤 경우에는 현지 가이드와 운전사가 제시하는 것이 추측이나 의견뿐일 수도 있다. 이런 곳에서는 그들이 제시한 것을 확인해 본다. 그리고 가이드들과 운전사들을 여러분에게 소개(출처를 언급하는 방법으로)함으로써 여러분이 직접 더 깊이 탐구해 볼 수 있도록 구성했다. 여러 주제의 지역에서 잠깐씩 멈추기 때문에, 그리고 이 지역이 많기도 하고 하나에서 다음으로 자연스럽게 연결한 한 내 디자인 때문에, 분리된 장으로 설명을 나누지 않기로 했다. 오히려 모든 주제가 이 9장 속에 포함되도록 했으며, 3부 전체를 구성한다.

이 장은 특정 주제를 가지고 가는 투어이기 때문에 이해를 돕고자 우리 세계를 설명하는 현대 물리학의 커다란 기둥으로 주제를 묶었다. 하나는 '빅뱅 모델'로 우리 우주의 진화를 추적하며, 다른 하나는

'양자역학'으로서 일반적으로 표준모형the Standard Model이라 부르는 것에 적용되고, 자연의 힘을 전송하거나 우리 주변에 보이는 모든 것, 즉 원자적 블록 내에 있는 기본입자를 설명한다.

이제 대단한 발견과 아름다움이 있는, 아울러 우리를 둘러싸고 있는 세계에 대한 여러분의 관점을 바꾸어 놓을 수도 있는 개념과 관찰이 있는 여행으로 여러분을 초대한다.

9장

$$\bigstar$$

은하계, 블랙홀, 자연의 힘, 힉스보손, 암흑 물질, 암흑 에너지, 끈이론

이 장은 네 개의 섹션으로 나뉜다.

I. 우주 지도 얻기 (기본적으로 우리가 여행을 하게 될 우주의 이해)

II. 구경하기 (빅뱅과 매우 작은 것부터 현재처럼 매우 큰 것까지 진화하는 우주를 빠르게 투어하고, 이 장의 제목에 나온 주제를 포함해 특정 지점을 탐험하고자 멈춤)

III. 빅뱅 모델의 핵심 특징

IV. 빅뱅에 접근 (근본 '구성 요소'인 자연의 입자와 자연의 힘을 전달하는 입자를 탐구하고자 빅뱅 직후에 있었던 뜨거운 '쿼크 수프' 조건을 만들어 냄)

섹션 I
우주 지도 얻기

(기본적으로 우리가 여행할 우주의 이해)

A. 우주, 시간, 상대성

B. 우주의 모델

C. 빅뱅 모델

A. 우주, 시간, 상대성

소개

우린 아마도 여행 중에 가장 어려운 부분을 시작하게 될 것이다. 섹션 I의 하위섹션 A다. 이 하위 섹션에서는 우리 대부분이 우주라 생각하는 곳을 잠깐 떠나 우리의 실제 세계로 들어간다. 상대성과 양자의 현실 속에서 형성된 세계 말이다. 여기서 제시하는 모든 사실을 여러분이 이해할 거라 기대하지 않으며 그저 '자리를 떠나지 않고' 들어주기만을 바란다. 이것이 우리가 살고 있는 우주이고 빅뱅 모델에서 설명하는 것이기 때문이다(이렇게 소개와 함께 시작하는 이유는 그러지 않으면 여행객이 자주 혼란을 겪기 때문이다. 이러한 정보가 먼저 필요하다).

특수상대성

상대성의 몇 가지 측면을 설명하면서 천천히 시작하기로 하자. 서로 상대적으로 움직이는 관찰자가 공간과 시간을 측정하면 다른 결과를 얻는다는 점을 우선 명심하자. 이러한 차이는 아래처럼 실제로 관찰된다.

우리와 상대적인 물체는 움직이는 방향으로 수축하는 것처럼 보이며 그 물체와 함께 움직이는 시계는 더 느리게 째깍거린다. 우린 보통 이런 사실을 잘 알아채지 못한다. 우리가 평소 대하는 느린 속도에서는 물체와 시계의 변화를 감지할 수 없다. 그러나 속력이 광속에 가까운 고에너지 물리 가속기에서는 관련 효과를 볼 수 있다. 그리고 최근에 나온 정밀한 측정 도구라면 비행기보다 훨씬 느린 속력에서도 이러한 효과를 실제로 측정할 수 있다.

아인슈타인이 천재적으로 특수상대성이론에서 설명했듯이, 물리는 모든 관찰자에게 같고 상대성이론을 사용하면 기준 프레임과 다른 프레임에 있는 관찰자가 보게 될 것을 올바르게 예측할 수 있다. 기준 프레임은 시공간space-time이라 부르는데 공간과 시간의 4차원 조합이다(시간은 우리에게 익숙한 위와 아래, 앞과 뒤, 양옆 세 개의 공간 차원과 함께 네 번째 차원이라 할 수 있다). 문제는 시간이라는 네 번째 차원은 차치하고라도, 네 개의 차원을 시각화하는 게 참 어렵다는 점이다(시공간에 대해 좀 더 자세히 알아보고 싶다면 배리 파커Barry Parker의 책『아인슈타인과 상대성Einstein and relativity』[1]을 읽어보길 권한다).

일반상대성

자, (우리에게 익숙한) 뉴턴 고전물리학과 아인슈타인의 특수상대성은 모두 아인슈타인의 일반상대성이론(이후부터는 '일반상대성')의 특별한 경우다. 특수상대성은 중력장이 없다는 설정을 해놓고 대략치로 관계성을 설명한다. 그리고 뉴턴물리학은 상대속도[와 중력장]이 작다는 설정에서만 정확하다. 그러나 일반상대성은 크거나 작은 중력장을 막론하고, 상대속도에 관계없이 모든 경우에 우리의 세계를 설명하는 것이 가능하다. 예를 들면 시계가 움직인다면 관찰자에게 시계가 더 느린 속력으로 째깍거릴 뿐만 아니라, 만약 시계가 관찰자의 중력장보다 작은 중력장 속에 있다면 시계가 더 빠르게 째깍거리리란 것을 예측할 수 있다. 여기 관찰된 예 두 가지만 소개한다.

지구의 표면으로부터 멀어질수록 지구의 중력은 감소한다. 지구 직경의 두 배 지점을 둘러싼 가상적인 구 위치에서 중력은 지표면에서의 중력에 비해 4분의 1이다. 지구 직경의 세 배 지점에서는 지표면의 중력에 비해 9분의 1이 되며, 이런 식으로 반복된다.

우리의 위성항법시스템GPS은 지구 위 12,500마일(약 2만 킬로, 지구 직경의 약 4배의 가상적 구)을 궤도로 하는 31개의 위치위성을 사용해 작동하며, 전화기나 다른 기기로 수신해 신호가 날아가는 시간을 측정한다. 이 측정을 모아 이 시스템은 기기의 위치를 6인치(약 15센티미터) 이내로 파악할 수 있다. 만약 중력의 영향을 조정하지 않는다면 하루 동안의 측정에서 쌓이는 오차가 총 6마일(약 9.6킬로미터)이 될 수도 있다.

가령 3만 피트(약 9킬로미터) 상공에 있는 비행기에 시계가 있다면, 지상의 관찰자가 보는 시계와 비교했을 때 사실 (느려지기보다) 더 빠르게 째깍거릴 것이다. 이것은 시계를 더 빠르게 가게 하려는 낮은 중력의 경향이 시계를 더 느리게 가게 하려는 속도의 경향보다 더 커지기 때문이다.

이러한 것들이 상대성이론이 예측하고 실제 관찰되는 흥미로운 효과다. 단지 예시일 뿐이고 이 안에는 훨씬 더 많은 것들이 있다.

이제 지배적인 개념이 등장한다

양자역학에서와 같이 일반상대성은 그것이 테스트해 본 우리 우주의 거의 모든 측면을 성공적으로 설명했다. 우주론에서 일반상대성의 역할은 심오하다. 시공간은 우리 우주의 일부다. 그것은 그 안에 있는 물질과 에너지에 의해 영향을 받고 또 영향을 준다.

물리학자이자 작가인 보요발트Bojowald는 이렇게 설명한다. "시공간의 형태는 그것이 포함하는 물질에 의해 결정된다. 시공간은 무한대로 끝까지 변화 없이 확장하는 직선이나 납작한, 4차원적 하이퍼큐브가 아니다. 오래된 고무 조각처럼 자신의 내부적 압력 때문에 휘어진다. 시공간의 내부적 구조는 중력이다."[2] (아인슈타인에 따르면 중력은 힘이 아니지만 그렇게 보이는데, 시공간의 휘어짐curvature 때문이라고 한다.[3] 정말 직관에 반하는 개념이며, 처음 소개되었을 당시 물리학자들조차 깜짝 놀랄 만한 것이었다. 이에 대해선 나중에 다루겠다. 아인슈타인의 설명처럼 이제 중력을 휘어짐으로 인식함에도 불구하고, 많은 물리학자와 우주론자들은 여전히 중력을 '힘'으로 간주하는 경향이 있다.)

나중에 보요발트는 아인슈타인의 업적을 이렇게 적었다. "시공간을 물질 변화를 뒷받침하는 역할을 하는 단순한 무대에서 상대성이론에서의 물리적 실체로 격상시킨 것은 혁명이다." 그리고 "이제 물리적 실체로 보이는 시공간의 역할은 등장인물 중 하나가 그 자체로 책이 되는 소설에 자주 비교된다."[4] (꽤 흥분되는 내용이다!)

이것이 우리가 탐험하는 우주의 상대론적인 프레임워크이다. 우주의 진화는 상대성에 의해 (그리고 이제 알게 되겠지만 양자에 의해) 형태를 갖추었다. 왜냐하면 그것이 우주이기 때문이다. '이론'과 '모델화'는 우리가 보는 것을 이해하는 도구일 뿐이다.

아인슈타인은 우리 우주는 모든 곳이 대체적으로 똑같다고 주장했다. 이것을 우주원리cosmological principle라 지칭했다. 그는 또한 우주에는 중심이 없으며 우주 안의 어떤 장소라도 (거대한 규모에서 봤을 때) 다른 곳과 꽤 유사하다고 주장했다. 이것은 코페르니쿠스 원리Copernican principle라고 지칭했다.

> 코페르니쿠스 원리는 1543년 니콜라우스 코페르니쿠스가 지구는 우주의 중심이 아니라는 관찰과 계산을 참고해 명명했다(그는 자신의 임종 자리에서 발표할 수밖에 없었다). 당시 일반적으로 지구 중심적 우주관을 믿었으며, 이러한 관점이 성서의 문구를 뒷받침했기 때문에 가톨릭 교회가 특히 그렇게 가르쳤다. '과학의 아버지'라 불리며, 자신의 망원경으로 하늘을 관찰하던 갈릴레오는 코페르니쿠스의 관점을 지지하는 글을 썼고 주장도 했다. 그러다 1615년, 로마 이단심문소에서 재판을 받았고, 견해를 철회하도록 강요받았으며, 남은 9년의 생애 동안 집에 구금됐다.

이러한 가설을 포함해 아인슈타인은 팽창하거나 축소하지 않는 정적인 우주라는 결과를 얻으려고 '우주 상수'를 일반상대성에 넣었다.[5]

그러나 러시아의 수학자 겸 기상학자인 알렉산더 프리드먼과 벨기에의 예수회 사제인 죠지 르메트르는 나중에 아인슈타인의 방정식을 사용해 우주가 "광대한 시간에 걸쳐 팽창해 관찰 가능한 우주가 된… 엄청난 밀도의 작은 하나의 입자에서"[6] 시작했다는 결론을 내렸다. (컬럼비아대학교의 물리학 및 수학 교수로서 집필 활동을 하고 있는) 베스트셀러 작가인 브라이언 그린에 따르면, 아인슈타인은 르메트르가 "맹목적으로 수학을 따르는 바람에 명백히 이상한 결론을 받아들이는 '끔찍한 물리학'을 수행했다"[7]며 흠잡았다고 한다. 단 2년 만에 관찰에 의해 이 이슈는 해결된다.

> 우린 천문관으로 가는 버스에 오른다. 여기서부터는 의미를 놓치지 않고자 '시공간space-time'보다 시각화하는 것이 쉽고 우리와 친숙한 공간과 시간으로 나눠서 말할 예정이다.

B. 우주의 모델들

천문관에서 - 우리 우주의 팽창

> 천문관에서는 역사적으로 그래왔듯, 먼저 별과 은하계를 본다. 그런 뒤에 나중에 우리의 투어를 인도할 우주 모델을 살펴보기로 한다.

우주 팽창의 증거

천문학자 에드윈 허블은 1929년에 먼 은하계의 별들로부터 도달한 빛이 도플러 적색편이a Doppler redshifting(아래의 들여 쓴 단락을 참조한다)를 한다는 사실을 발견한다. 이것이 강력한 증거였다. 초기의 작은 망원경으로는 희미하고 불명확한 성운으로만 보이던 근처 은하계를 허블이 깨끗하게 관측한 지 약 5년 뒤의 일이었다.[8] (허블은 윌슨 산에 위치한 100인치〔약 2.5미터〕크기의 후커 망원경을 사용했다. 현재는 전파망원경, 허블망원경[허블의 이름을 따라 명명되었으나 그의 사후로도 오랜 시간이 지나서 지구 둘레의 궤도에 배치됨]과 다른 많은 종류의 도구를 사용해 관측할 수 있는 우주에 1000억 개의 은하계가 존재한다는 증거를 찾았다. 이들은 매우 다양하나 이들 은하계 각각엔 평균적으로 1000억 개가 넘는 별들이 포함돼 있다.)

도플러 편이는 움직이는 물체로부터 발산되는 여러 종류의 파동에서 발생한다. 과속 운전자나 야구 팬들은 속도측정기가 도플러 효과를 사용한다는 것을 알지도 모르겠다. 그리고 우리 중 일부는 도플러 레이더를 사용해 비, 눈, 또는 우박의 움직임을 관찰하는 기상통보원과 친한 사람도 있을 것이다.

이러한 기기는 전자기 마이크로파 진동을 발송하고 나서, 반사되며 변화한 파장을 관찰하는 식으로 작동한다. 우리가 보는 별빛은 반사된 것이라기보다는 뿜어져 나오는 것이다. 그러나 소리를 포함해 모든 전자기 파장에 대한 도플러 편이는 같은 방식으로 일어난다.

레이싱카의 엔진 소리나 경찰차의 사이렌이 여러분을 향해 움직이면 음높이pitch(진동수frequency)가 증가하고 지나쳐서 멀어지면 음높이가 갑자기 낮아지는 것을 느꼈을 것이다. 이런 진동수 변화를 도플러 편이라 부른다.

이와 유사하게 우리를 향해 움직이는 물체로부터 발산된 빛은 진동수가 증가(와 파장이 감소)하며 멀어지는 물체로부터 발산된 빛은 진동수가 감소(와 파장이 증가)한다. 붉은빛은 광학 스펙트럼의 장파장 끝부분에 있기 때문에, 멀어지는 편이를 적색편이라고 한다.

허블은 자신의 망원경으로 먼 은하계를 찾다가 여러 방향을 살펴보았는데 망원경에 잡힌 빛의 파장이 적색편이 됐다는 사실을 발견했다. 이것은 은하계들이 우리로부터 멀어지고 있다는 의미였다(예를 들면 그림 2.8과 2.9에 보이는 스펙트럼 선이 오른쪽으로 이동한다는 의미이다).

그는 또한 빛의 원천이 멀면 멀수록(세페이드Cepheid의 밝기를 기준으로 등급을 매겨 거리를 측정한다), 적색편이는 더욱 심해진다는 것도 발견을 하였다. 가장 멀리 떨어진 은하계는 우리에게서 더욱 빠른 속력으로 멀어진다는 의미다. 허블은 비교적 적은 수의 은하계들을 관찰했지만 그가 내린 결론은 그때 이후로 이루어진 모든 관측에서 증명됐다.

멀리 떨어진 은하계에 광범위하게 적용된다고 밝혀진 이 관찰을 현재 '허블의 법칙Hubble's law'이라고 부른다. 멀리 떨어진 은하계의 밀도는 우리가 어느 방향으로 보든 거의 비슷한 것처럼 보인다. 허블의 관측으로부터 팽창하는 우주란 개념이 도출됐다. 프리드먼과 르메트르가 옳았던 것이다!

(나는 팽창함으로써 서로 멀어지는 '멀리 떨어진' 은하계를 언급하고 있

다. 충분히 먼 거리를 떨어져 있는 은하계는 팽창 때문에 계속 분리될 것이다. 하지만 근처에 있는 은하계들은 우주의 국소적인 팽창이 그들을 떨어뜨리기보다 더욱 빠르게 서로를 향해 이동시킬 수 있다. 그래서 우리의 가장 가까운 이웃 은하계인 안드로메다는 약 40억 년 내에 우리 은하수와 충돌할 수도 있다.[9])

이제 나머지 중요한 배경지식을 갖추고자, 팽창하는 우주 시나리오에는 우주의 시공간에 따라 수학적으로 정의된, 그러나 시각화하기는 불가능한 '형태'가 있고, 이 우주에 각기 다른 '곡률'이 있음을 알아야 한다. 형태와 곡률에 따라 우리 우주는 다르게 보일 수 있다.

책 『빅뱅, 블랙홀, 수학 없음Big Bang, Black Holes, No Math』과 강의에서 토백 Toback은 우주에서 관측 가능한 물질과 에너지의 밀도에 근거해 세 가지 시나리오를 설명한다.[11] 특정 임계 밀도 이상이 되면, 팽창은 더 이상 계속되지 않고 '빅 크런치big crunch'(물질이 끌어당겨 쪼그라들게 함)가 일어나 극미한 크기로 다시 작아진다. 임계 밀도에 이르지 않는다면, 영원히 팽창한다. 임계 밀도에 정확히 이르면 확장은 하지만 '감속된' 비율로 확장한다. 허나, 관측 가능한 총질량과 에너지는 임계 밀도에 지독히도 모자라기 때문에 우리는 계속해서 확장할 것이라 예측한다.

하지만 토백은 우주의 구성 요소로서 '암흑 물질'과 '암흑 에너지'(모두 보이지 않으며, 이번 장의 섹션 III ⑥에서 설명한다)를 설명한다. 공교롭게도 이 두 가지 요소가 더해지면 우주의 모든 물질과 에너지의 밀도는 정확히 임계 밀도에 일치한다(흥미롭지 않은가!). 이 밀도 중 72퍼센트를 구성하는 암흑 에너지는 1990년대 후반에 우주의 가속된 팽창을 관찰하다가 유추됐다(물질과는 대조적으로 에너지는 척력을 만들어낼 수 있으며, 이것이 팽창을 가속화한다). 현재 이해한 바로는 '인플레이션inflation'이라고 하는 초기의 아주, 아주 빠른 팽창 기간 후에, 약 60억 년 전까지 팽창은 천천히 감속되고 있었다. 하지만 지난 60억년 전에 이 암흑 에너지 때문에 우리 우주는 더욱 빨라지는 비율로 확장해 왔다. 이러한 기간을 '가속acceleration'이라고 한다.

그러나 우린 임계 밀도 100퍼센트에 있고 그린이 자신의 매우 유명한 책『멀티 유니버스The Hidden Reality』에서 설명한 것처럼, 임계 밀도 100퍼센트는 우주의 곡률을 '0zero'으로 만든다.[12] 이 제로 곡률이 '평평한flat' 우주(하지만 우리가 시각화할 수 있는 어떤 기하학적 측면에서 평평한 것은 아니다)를 제공하다고 말한다. 이 '평평한' 우주에는 두 가지 가능성이 있다. 크기가 무한하거나, 비디오게임의 스크린 끝과 유사하게 '끄트머리'가 있는 것이다(팩맨이 스크린 왼쪽 끝으로 넘어갔다가 오른쪽 끝에서 갑자기 나타나곤 하던 것을 생각해 보라).[13] 그린은 이어서 이러한 두 가지 가능성을 판가름할 어떤 증거는 없으나, 물리학자들과 우주학자들은 (끄트머리가 없는) 무한한 크기를 더 선호하는 경향이 있다고 말한다. 그런 뒤 그는 무한하다는 것은 우리 우주와 모든 우주가 각각 동일하고 동일한 존재가 살며, 동일한 사건이 발생하는 평행 우주인 '다우주'(우리가 6장에서 논의한 '다세계'와는 별개로)가 존재한다는 암시라고 설명한다(다우주와 그 외의 것들은 이 책의 범위를 벗어난다. 하지만 [더 깊이 탐구하고자 하는 사람들에게는] 이 내용이 앞에서 이미 인용한 책『멀티 유니버스』(레퍼런스 AA)에 포함된 주제라는 점을 밝혀 둔다.)

과학자들은 우리의 무한한 우주가 어떻게 팽창하는지 시각화하려고 다음과 같은 비유를 사용한다.

무한히 큰 건포도 빵 한 조각(위에 정의한 것처럼 크기가 무한하고 끄트머리가 없다)을 만든다고 하자. 아주 큰 반죽(우리 우주의 공간)이 있고, 그 안에는 거의 균일하게 퍼져 있는 건포도들(은하계들)이 들어 있다. 우린 이 건포도 중 하나(우리은하the Milky Way galaxy)다. 어느 쪽이든 우리가 볼 수 있는 것은 다른 건포도뿐이고, 우리가 볼 수 있는 한도에서 어느 쪽이든 건포도의 분포는 거의 동일하다. 우리의 시각적 한계가 영역을 정하며, 이를 '관찰된 우주observed universe'라고 부르겠다. 다른 건포도에 있는 누군가도 거의 같은 관찰 영역을 가질 것이고, 자신의 '관찰된 우주'가 있을 것이다."

반죽(공간)은 팽창하며, 건포도는 (일반적으로) 서로 멀어진다. 가장 멀리 떨어져 있던 건포도는 가장 빨리 서로에게서 멀어지며, 우리에게서 가장 먼 곳에 있던 은하계는 가장 빠른 속력으로 멀어진다. (그러나 건포도들은 반죽 안에서 천천히 다른 방향으로 움직이기도 한다. 우리 주변의 건포도는 팽창 때문에 국소적으로, 반죽 안에서 더 빠른 속력으로 우리를 향해 움직일 수 있다.)

앞서 소개에서 제공한 정보와 (우리의 건포도빵 비유와 관련된) 허블의 발견에 근거해 다음과 같이 가정한다.

1. 우주의 공간(즉, 시공간)은 가속하면서 한결같이 팽창하고 있으며, 이 때문에 그 내용물은 (국소적인 부분을 제외하고) 멀리 퍼지고 있다.

2. 우주는 크기 면에서 무한하다. 끄트머리는 없다.

3. 중심이나 특정한 관찰점은 없다.

4. 우리 시각이 미치는 곳, 즉 '우주the universe'에서 관찰되는 부분만 확실히 알 수 있다. 이후부터 '우리 우주our universe'라 부른다.

우리 우주의 모델들

1964년까지 허블의 관찰을 설명할 매우 설득력 있는 두 가지 모델이 나왔다. 많은 모델이 있었지만 우린 이 두 가지만 설명하고 하나를 유지한다. 두 모델 모두 위에서 나열하고 제시한 관찰 결과와 원리, 일반상대성에 부합한다.

피터 콜스Peter Coles가 정의한 것처럼(노팅엄대학교에서 천체물리학과 교수로서 집필), '이론'은 자유로운 변수가 없이 자체적으로 독립될 수 있어야 하지만, 이 모델은 그런 면에서 완벽하지 않다.[14] 하지만 우리가 실제 관찰할 수 있는 한도 내에서는 이 모델이 성공적이라 간주할 수 있다.

'정상 상태Steady State' 모델

이 모델은 여러 학자 가운데서도 천문학자 프레드 호일이 강하게 주장한다.[15] 우주론 원리를 넘어 소위 '완전 우주론 원리'로 일반화했다. 우주 공간 어디에도 중심이 없을 뿐만 아니라 시간과 관련해서도 중심이 없다. 우주는 계속해서 팽창하고 있으나 항상 같은 비율로 그러하다. 이 과정을 '계속적 창조'[16] 라고 부른다. 팽창하면 당연히 밀도가 희석되므로 같은 비율로 새로운 물질이 생성돼야 한다.[17]

'빅뱅Big Bang' 모델

이 모델은 우리 우주가 팽창하는 본질과 비율이 시간에 따라 상당히 변화한다는 점에서 정상 상태 모델과는 구별된다. 그러나 콜스는 다음과 같이 지적했다. "빅뱅의 초기 상태가 불확실하기 때문에 완벽히 예측하기가 어려우며 결과적으로 테스트하기가 쉽지 않다."[18] 그럼에도 불구하고 나중에 제시할 이유 때문에 이것은 현재 일반적으로 받아들여지는 모델이며 우리의 여행을 안내해줄 모델이다. 그러므로 자세한 내용을 설명한다. ('빅뱅'이란 명칭은 어떤 모델이 옳은지에 대한 논쟁이 뜨거울 때 호일이 조소하며 만들어냈다는 사실은 잘 알려져 있다.)

C. 빅뱅 모델

팽창과 냉각

시공간이 시초에 어떠했는지 우린 모르며, 시초 바로 이후 짧은 시간에 무슨 일이 일어났는지 추측할 뿐이다. 가장 단순한 모델은 빅뱅을 특이점singularity(수학적으로 비현실적인 무한성이 되는 지점)으로 바라보는 것이다. 빅뱅 모델에 따르면 시초의 시공간은 몹시 뜨겁고, 조밀한 에너지와 기본 입자 물질, 반물질로 가득 채워져 있었다고 한다(뒤에서 설명한다).[19] 이 우주는 팽창했고 137억 년 동안 뻗어나가며 빅뱅 때 수조 도이던 온도는 냉각됐다. 냉각됨으로써 현재 주변에서 보는 우주의 추가 입자와 구성물질을 생산하는 복잡한 과정을 통해 '진화'가 가능해졌다.

토백이 정의한 것처럼, "우주의 진화는 필연적으로 두 가지 중요한 사실을 이야기한다. ① 우주가 팽창하면서 우주 내 입자의 에너지는 떨어졌다. 그리고 ② 입자가 서로 작용하는 방식은 입자의 에너지에 중대하게 의존한다."[20]

냉각이 일어났다는 것은 빛이 차지하고 있던 우주공간이 팽창하면서 함께 늘어난 빛의 파장(전자기복사)을 보고 알 수 있다. 장파장의 광자는 에너지가 적으며 우주가 차가움을 나타낸다. 파장은 자신이 상호작용하는 물질의 온도를 나타낸다(부록 A의 그림 A.1에 제공된 전자기파동 그림을 보고 파장의 고전적 정의를 기억해 보자). 파장의 확장이 그림 A.2에 도해로 나타나 있다. 왼쪽 맨 아래에 고에너지, 단파장 감마선(오른쪽 맨 아래는 이에 해당하는 빅뱅 때의 뜨거운 시기다)에서부터 왼쪽 맨 위 근처에 장파장, 저에너지의 차가운 마이크로파(오른쪽 맨 위에 보이는 것처럼 현재 우리가 보는 것이다)까지 뻗어나온 것이 보인다.

맨 왼쪽에 뻗어 있는 선의 길이가 짧다고 속지 않길 바란다. 이것은 단지 도식일 뿐이다. 감마선(파장: 10^{-12}미터)부터 마이크로파(파장: 10^{-2}미터)까지 움직이는 데만 파장이 100억 배 길어졌고, 우리의 우주도 100억 배 팽창했다는 의미다!

이러한 팽창의 결과는 아래의 들여쓰기 된 단락에서 설명하듯 온도 측면에서도 알 수 있다.

초기 우주에서 전자기복사는 당시에 존재하던 입자들과 에너지를 주고받으며 상호작용했다. 이러한 에너지 교환, 즉 '열평형'상태에서 복사 스펙트럼은 상호작용하는 물질의 온도를 보여주는 특성이 있다. (이 복사 스펙트럼을 설명하다가 나온 이론이 2장에서 설명한 플랑크가 빛은 '양자'로 방출된다는 가정이다.) 그러므로 우주 내 물질의 온도는 특정 파장과 그 주변의 복사 스펙트럼으로 알 수 있다. 열평형에서 전자기파동의 파장은 관련 물질의 온도 기준으로 사용할 수 있다. 물리학에선 켈빈 단위를 사용하는 것이 일반적이며, 이론상 얻을 수 있는 가장 낮은 온도인 절대 0도부터 측정한다. 물의 녹는 점과 끓는 점은 각각 273켈빈도와 373켈빈도다. 물이 섭씨 0도에서 얼기 때문에, 절대 0도는 섭씨 –273도, 또는 미국에서 일반적으로 사용하는 화씨로는 –459도다. 달리 특별히 언급하지 않으면 섭씨온도를 사용하기로 한다.

그러므로 빅뱅 직후에 방출된 고에너지, 단파장의 감마선 광양자는 당시 수조 도에 이른 뜨겁고 조밀한 우주의 특성을 나타내고 있을 것이다. 그리고 우리가 현재 보는 저에너지, 장파장, 우주 배경 마이크로파 광양자는 심우주의 차가운 온도를 나타낸다. 이 온도는 대략 3켈빈도이며, 섭씨 –270도, 화씨 –453도다. 춥겠다! (나중에 이러한 마이크로파가 어떻게 발견되고 조사됐는지를 알아보기로 한다.)

팽창과 이벤트의 지도

팽창의 단계
관찰된 우주의 빅뱅 팽창은 그림 9.1의 스케치에 정성적으로 묘사돼 있다. 이 그림을 보면 현재 우리가 관찰할 수 있는 가장 큰 우주의 크기는 빅뱅 후 5억 년[21](도표 곡선 좌측 하단의 점)일 때의 크기와 유사하다. 그 지점의 16만 × 십억 × 십억 마일 직경의 절반이 우리가 관찰 가능한 우주의 반경이라고 예상한 크기다. 이 반경은 우리가 지금 볼 수 있는 가장 오래된 별과 가장 먼 은하계까지의 거리보다 멀다. 우린 또한 멀리 떨어져 있는 그 은하계로부터의 빛이 적색편이하는 현상을 통해 우주가 당시에 얼마나 빠르게 팽창했는지를 안다.

우린 지금 이 은하계들만 볼 수 있다. 빛이 저쪽 은하계부터 우리에게 도달하는 데 132억 년이 걸리기 때문이다. 그러므로 은하계가 멀어지는 거리를 나타내는 나머지 곡선 부분은 추정치일 뿐이다. 빅뱅 이후 5억 년 뒤에 그 은하계들을 떠난 빛은 우리에게 도달하지 못했다(그리고 알게 되겠지만 결코 도달하지 못할 것이다). 그러므로 오른쪽 상단의 점은 우리가 관찰할 수 있는 우주보다 얼마나 커졌을지에 대한 추정일 뿐이다.[23] 빅뱅 이후 팽창은 4단계로 나뉜다.

1. 대체로 균일함
2. (우주) 인플레이션
3. 천천히 감속
4. 가속

(참고: 두 번째와 네 번째 단계에 사용한 명칭은 일반적으로 사용된다. 첫 번째와 세 번째 단계를 나타내는 용어는 직접 만들었다. 대체로 균일함 uniformity 단계를 제외한 모든 단계가 그림 9.1에 나와 있다.)

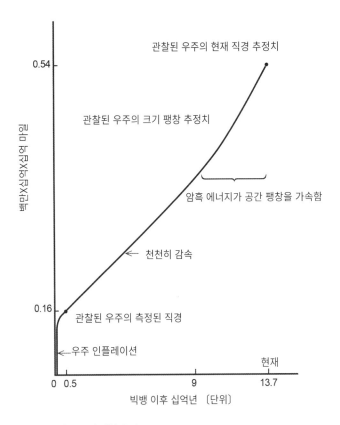

그림 9.1 우리의 관찰된 우주의 팽창 추정

지난 60억 년 동안인 '가속' 단계가 우측 상단의 기울기가 증가하는 곡선으로 보인다. 멀리 떨어진 은하계가 비율에 따라 우리로부터 멀어지고 있다는 걸 알 수 있다. 과학자들은 이러한 가속이 섹션 III ⓑ에서 나중에 논의할, 불가사의한 '암흑 에너지'[24] 때문에 일어났다고 주장한다.

'천천히 감속' 단계는 거의 균일하나 약간 느려진 비율로 팽창하고 있는 관찰된 우주를 보여준다.

(우주) '인플레이션' 단계는 그림 9.1의 하단 좌측에 곡선이 급격히 상승하는 부분이다. 인플레이션은 바로 다음 단락에서 설명되며, 그림 9.2에서 좀 더 자세히 볼 수 있다. 이 그림에서는 아주 이른 그 시기를 더욱 잘 볼 수 있도록 펼쳐 놓았다.

빅뱅 모델은 우리가 현재 관찰할 수 있는 빅뱅 이후 5억 년(천천히 감속 단계)의 빛부터 빅뱅에 근접하는 때까지 거꾸로 추정할 수 있도록 한다. 이 모델에서는 '인플레이션'이 빅뱅 이후 상상을 초월하는 십억×십억 × 십억 × 십억분의 1초에서 시작돼, 십억 × 십억 × 십억 × 십억분의 1초 × 10,000초 뒤에 빠르게 끝났다고 알려준다.[25] (그렇게도 빠르게 시작했고, 그렇게도 빨리 끝나 버렸다!) 그렇게 짧게 일어난 인플레이션이 '천천히 감속' 전까지, 관찰된 우주의 크기를 거의 다 만들었다.

'대체로 균일함' 단계는 인플레이션 전 단계다. 이 단계는 잠시 뒤 설명하며, 그림 9.2와도 관계가 있다. 하지만 먼저 몇 가지 숙제를 해 보자.

십억 × 십억 × 십억 × 십억분의 1초 × 10,000초(즉, 0.000,000,000,000,000,000,000,000,000,000,010초)와 같은 작은 시간 단위를 쉽게 다루고자, 그리고 그림 9.2의 축을 읽을 만하도록 만들고자 과학 표기법을 사용한다. 예를 들면 우린 이렇게 아주, 아주, 아주 작은 시간을 간단히 10^{-32}초로 표기한다. 지금부터는 시간과 공간, 물체와 사건을 설명하는 데 이러한 작은 수를 많이 다룰 것이

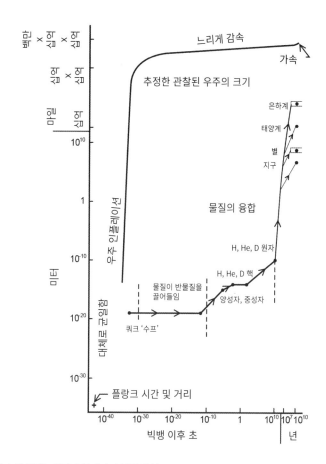

그림 9.2 팽창하는 우리 우주에서의 물질 융합

기 때문에, 그리고 엄청나게 먼 거리와 시간도 다루기 때문에, 매우 적은 수와 큰 수 모두를 과학적으로 표현해 단순화하는 법을 다시 돌아본다. 그리고 물리적 관계를 표현하는 과학적 약칭도 돌아볼 예정이다. 두 가지 방식 모두 앞으로 나올 내용을 쉽게 읽을 수 있게 할 것이다.

먼저 기호 c는 광속을 나타내는 데 사용하며, 에너지는 물질의 질량과 등가하다는 아인슈타인의 공식 $E=Mc^2$을 통해 우린 알고 있다. 이 공식, 또는 방정식은 E(에너지)가 M(질량)과 c(광속)와 어떤 관계를 맺고 있는지 보여주는 과학적 약칭이다. 기억을 더듬어 보자. 'c=1초당 299,793,000미터'에서 299,793,000은 수이고, '초당~미터'는 속력에 대한 단위로 약칭으로 'm/s'로 쓴다. (다시 한번 참고: 길이의 국제표준 단위인 미터는 1야드 3인치다. '야드 줄자'나 '미터 줄자'라는 용어를 들어 보았을 것이다.) c 다음에 나오는 위첨자 2는 c 자신만큼 배가된다($c \times c$)는 의미다.

c와 같은 큰 수를 간결하게 표현하는 과학적 표기법이 있다. ⓐ 처음 몇 자리를 소수점의 형태로 표현해 반올림한 뒤(c의 경우 2.998) ⓑ 10의 소수점 이후 전체 자리수로 위첨자 숫자('제곱')를 달아 곱한다(이것은 10을 그 숫자의 횟수만큼 곱한 것과 같다). 그러므로 이 표기법에선 $c=2.998 \times 10^8 m/s$다. 좀 더 반올림하면 기억하기 쉬운 $c=3 \times 10^8 m/s$를 얻는다(여기에서 10^8은 10을 자신만큼 8번 곱하라는 뜻이다. 10의 '8승'이라 말한다. 매번 더해지는 10의 배수를 달리 '자릿수'라고 말하기도 한다).

c를 다른 단위로 표현할 수도 있다. 예를 들면 c=1년당 5.92조 마일, 1년 동안 빛으로 공간을 이동하는 마일 수다. 과학자들은 아주 먼 거리를 설명할 때 c x 1년=5.92조 마일인 광년light-year을 사용한다. 예를 들면 10광년은 5.92조 마일 x 10이다. 광년을 사용하는 게 간편하지만 마일이 우리가 관계되어 있으므로 여기선 마일을 사용한다(미터법으로 1광년은 9.461조 킬로미터).

또한 아주 작은 수를 몇 번 마주치게 될 것이다. 예로, 우주 인플레이션이 일어난 0.000,000,000,000,000,000,000,000,000,010초=십억X십억 X십억X십억분의 1초 X 10,000초를 들 수 있다(참고: 1 앞의 31개의 0, 그리고 1을 위한 한 자리가 있다). 이 수는 1을 10으로 32번 나눈다고 하거나, 1을 10^{32}로 나눈다. 더욱 간단하게는 $1/10^{32}$로 쓴다. 이보다 단순한 표현은 1×10^{-32}이다. 여기서 지수의 - 표시의 의미는 '10을 32번 곱한 수로 나눈다'이다. 또는 더욱 단순하게 10^{-32}로 쓸 수 있다. 1에 어떤 수를 곱해도 자신이기 때문이다. 그리고 10^0는 1이라는 점을 기억하자(어떤 0이 아닌 값에 0 제곱하면 1이다. 0^0은 정의돼있지 않다).

아주 이른 시기의 작은 크기를 확대한 지도

그림 9.2는 빅뱅 후에 우주의 크기가 얼마나 팽창했는지 예측도(상단 곡선)를 배경으로 어떻게 물질이 합쳐져 생성됐는지(하단 곡선, 왼쪽에서 오른쪽까지의 점들을 연결한 경우)를 보여준다.[26]

특별한 눈금

그림 9.2는 일반 그래프가 아니라는 점에 주의하자. 여기엔 시간과 거리 표현을 압축하고자 10을 밑으로 하는 로그눈금logarithmic scale을 사용한다. 이렇게 표시하는 이유는 시간과 거리상의 매우 작거나 매우 큰 치수를 동시에 하나의 페이지에 합리적으로 보여주기 위해서다.

y축(수직, 거리를 표현)을 따라 꼭대기 세 범주는 먼저 십억 마일, 다음은 훨씬 더 큰 십억 × 십억 마일, 그리고 마지막에 백만 × 십억 × 십억 마일을 나타낸다는 점을 주목한다. 이와 유사하게 x축(수평, 시간을 표현)을 따라 맨 오른쪽의 두 범주는 10^7(천만)년과 1000배 큰 10^{10}(백억)년을 나타낸다.

점점 더 작은 크기를 보여주려고 늘려놓은 것은 수직축을 따라 각 마크당

100억(10^{10}) 미터씩 감소한다. 10억 마일 범주의 바로 아래의 마크인 10^{10}미터로 시작해서, 아래로 내려가면서 10^{-30}미터 이후는 플랑크 길이인 1.6×10^{-35}미터가 그림의 하단 좌측에 + 표시로 나타나 있다. 프랑크 길이는 공간을 구성하는 이론적 최소 증분 단위다.

이와 유사하게 더더욱 짧은 시간의 표시를 늘려놓은 것은 수평축을 따라 각 표시당 100억(10^{10})초씩 감소한다. 10^{7}년 범주의 바로 아래에 위치한 10^{10}초 표시로 시작해 왼쪽으로 진행하면서 플랑크 시간인 5.4×10^{-44}초가 그림의 하단 좌측에 같은 + 표시다. 이것이 시간 공간요소 중 이론적인 최소 증분 단위다. 이러한 공간과 시간의 아주, 아주 작은 플랑크 증분은 이후 논의될 양자 중력, 끈이론, 그리고 빅뱅 이후의 빠르고, 조밀하며, 뜨거운 순간을 연구하는 데 중요하다.

그림 좌측에 보이는 우주 '인플레이션'의 급한 증가율은 '천천히 감속'에서 크게 감소돼 천천히 감소하는 비율로 휘어지며 (이 그림에서는 먼 거리를 극도로 압축하고 이른 시기를 늘려 놓아서) 거의 변화 없이 평평하게 가는 듯 보인다.

그림 9.2에 보이는 우주 '인플레이션'의 왼쪽에 1단계 구역인 '대체로 균일함'이 있다. 여기에는 최초의 뜨거운 우주 구성 요소가 가득해 서로 상호작용한다. 분포가 균일함에 가깝고 열평형에 가까운 (온도에서도 균일함에 가까운) 상태였을 것이다. 2단계인 '인플레이션'은 우주와 그 구성요소를 배치를 빠르게, 상당히 팽창시키면서 이 상대적 균일성을 유지했을 것이다. 인플레이션 전에 1단계인 '대체로 균일함' 상태가 없었다면 이후엔 결코 우주가 구성될 수 없었을 것이다.

왜냐하면 나중에 요소가 분배되려면 공간 팽창에 보조를 맞춰 입자와 빛 모두 광속보다 빠른 속력으로 공간으로 움직여야 하기 때문인데, 이는 불가능하다.

'대체로 균일함'과 (우주) '인플레이션'의 두 단계는 현재 우주 전체의 질량과 에너지의 분포가 개괄적으로 균일함을 설명하는 데 필수인 듯하다(건포도 빵 모델을 기억하자).

섹션 I은 여기서 마친다. 우리에겐 '지도'가 있으니 이제 관광을 떠날 시간이다!

섹션 II
관광

(빅뱅과 아주 작은 것의 시대부터 현재의 아주 큰 것의 시대까지 진화하는 우주를 향해 투어를 떠난다. 나중엔 이번 장의 제목에 있는 주제를 포함해 특정 관광지에 정차한다.)

A. 우주 관광 버스투어
B. 은하계, 별, 그리고 우리 태양계의 형성
C. 블랙홀, 블랙홀의 증발, 그리고 중력파동

우주로 버스투어를 떠나려고 버스에 오른다.

A. 우주 관광 버스투어 (빅뱅부터 지금까지의 우리 우주)

이것은 투어버스를 타고 도시를 둘러보는 것과 유사하다. 보통 버스 기사가 투어가이드 역할도 겸한다. 출발하면서 도시에 대한 배경지식을 약간 제공하는데, 이것이 도시 전체 구조를 대략 파악하는 데 도움이 된다.

입자 융합의 단계

그림 9.2의 수직으로 된 세 개의 점선을 보자. 이 줄은 특정 이벤트 (나중에 설명)를 표시한 것일 뿐 아니라 우리가 여행할 세 구역이다. 맨 오른쪽 점선의 오른쪽 구역에는 우리에게 꽤 친숙한 원소, 지구, 별, 은하계와 이 책의 첫 7개장에서 자세히 다루었고 이후 4부에서 다루어 볼 원자가 있다. 오른쪽 점선과 가운데 점선 사이는 핵과 입자물리학의 영역이다. 처음에는 '원자 충돌기atom smashers'를 사용해, 그 뒤에는 원자를 나누어 원자핵의 구성 요소를 알아볼 수 있도록 만든 훨씬 크고 더욱 세밀화된 입자가속기particle accelerators를 사용해 밝혀진다.

그림 9.2의 가운데 점선의 왼쪽은 입자가속기가 더 강한 충돌에너지를 만들어 점점 더 빅뱅 후 초기 순간에 가까운, 더 뜨거웠던 우주 조건을 시뮬레이션해내는 영역이다. 이론과 그에 따른 실험, 또 그 뒤에 나올 새로운 이론으로 현재 우리가 알고 있는 기초 입자를 발견한다. 이 과정에서 이런 입자까지 설명할 수 있는 매우 성공적인 '표준 모형Standard Model'이 나온다(입자와 가속기, 그리고 표준 모형은 이 장의 나중 섹션에서 논의하기로 한다). 왼쪽 점선의 왼쪽, 특히 쿼크 '수프'라고 쓰인 부분 너머는 추측의 영역이다.

우리는 빅뱅 근처부터 우주가 팽창하다가 냉각하며 물질이 융합하는 과정을 추적한다. 도표 좌측 끝인 쿼크 '수프'로 시작한다.

쿼크 '수프'

자연의 구성 요소를 포함한 이 '수프'는 빅뱅 뒤 약 10^{-35}초 만에 공간 속으로 거의 균일하게 퍼져나갔다고 추측된다.[27] 에너지, 전자기복사, 그리고 물질과 반물질의 기본입자가 아주 아주 높은 온도로 혼합돼 있었을 것이다. 우리가 주변에서 보는 원자 및 물질, 별, 그리고 단계적으로 은하계를 만들 재료다(이 입자의 대부분은 오늘날 우리가 볼 수 있는 것이 아니다. 여기에 많은 양의 2, 3세대 쿼크quarks와 렙톤leptons이 있었고, 그리고 현재도 공간에 흐르고 있을 많은 양의 중성미자neutrinos가 있었을 가능성이 있고, 암흑 물질dark matter도 가능성이 있다. 이들 기본입자는 나중에 멈춰서 살펴볼 예정이다). 터너Turner(바로 소개한다)에 따르면 쿼크 수프는 '암흑 물질의 요람'[28]이었던 듯하다. 조금 뒤에 논의하기로 한다.

반물질

물질의 모든 입자마다 그에 대응하는 반물질이 있다. 그리고 물질과 반물질은 폭발적인 위험한 관계로 맺어져 있다. 물질이 그에 상응하는 반물질과 합쳐질 때는, 전자(-)와 양전자(+)를 예로 들 수 있는데, 서로 소멸시키며 (이들 작은 입자로서는) 막대한 양의 에너지를 남긴다($E=Mc^2$에서 c는 3×10^8m/sec와 같이 큰 수다).

노벨상 수상자인 리처드 파인먼은 1961~1962년에 캘리포니아 공과대학에서 파인먼의 물리학 강의를 진행하던 중, 장난조로 흥미로운 논평을 한다. 반양성자와 반중성자도 있어야 하며 적어도 이론상으로는 양전자와 함께 반원자를 생성한다고 말했다. 원자의 전자 스핀은 방향이 오른손잡이 성향이 있는데, 반원자는 반드시 왼손잡이 성향일 것이다. 반원자 중 하나가 하나의 원자를 만나면 거대한 에너지(질량이 훨씬 큰 원자가 에너지로 변환되는 것이기 때문에 전자-양전자가 소멸할 때의 에너지에 비해 1만 배 정도가 될 것이다)를 방출하며 소멸할 것이다.

파인먼은 이어서 만약 반원자가 있다면 반물질도 있고 반사람도 있을 것이라고 추리했다. 만일 외계인을 만났는데 반물질로 구성되어 있다면? "많은 대화가 오고 가고, 서로 우주선을 만드는 법을 가르쳐 주고 난 뒤에 중간쯤의 우주 상에서 만난다면 어떤 일이 벌어질까? 각자가 자신의 전통을 가르쳐 주다가 악수를 하려고 한다. 그런데 만일 외계인이 왼손을 내민다면? 피해!"[29]

물질과 반물질이 빅뱅의 에너지로부터 거의 같은 비율로 응축되었으나 물질이 아주 미세하게 많았다고 최근 이론에서는 말한다. 보통 물질의 양을 보면 반쿼크 10억 개마다 쿼크 하나가 더 많았다는 것을 의미한다(쿼크와 반쿼크는 이번 장 마지막 부분에서 배울 예정이다). 빅뱅 후 약 10^{-11}초에 우주가 충분히 냉각돼 물질과 반물질이 상호작용할 수 있을 정도가 되었을 때 대부분의 물질과 모든 반물질은 서로 소멸해 에너지로 변했다. 남아 있던 약간 더 많은 양의 물질이 현재 우리가 보는 우주의 보통 물질을 형성했다.

양성자, 중성자, 원자

(여기선 이론우주론자이자 시카고대학교의 저명한 교수이며 '암흑 에너지'란 용어를 만든, 마이클 S. 터너의 서술을 짚어본다.) '우주의 근원Origin of the Universe'[30]이란 제목의 자신의 논문에서 터너는 주장했다. 빅뱅 약 10^{-6}초인, 우주가 약 1조 도로 냉각된 뒤에 '업쿼크'와 '다운쿼크'가 양성자와 중성자를 형성했다. 이들은 0.01초에서 300초 동안에 함께 좀 더 가벼운 원소의 핵을 형성했다. 여기엔 수소(H), 헬륨(He), 그리고 수소의 무거운 동위원소이며, 하나의 중성자에 하나의 양성자가 붙어 있는 듀테륨(D)이 포함된다. 빅뱅 이후 35만 년경에 이러한 핵은 '수프' 시기부터 존재하던 전자와 합쳐져 좀 더 가벼운 원소의 '전기적으로 중성인charge-neutral' 원자를 만들었다(하나 또는 그 이상의 전자가 없거나, 뺏기거나, 더해진 원자로 만들어지는 대전된 이온the charged ions과 구별되는 '전기적으로 중성'임). 핵과 전자가 결합(재결합recombination이라 부르는 과정)함으로써 빛복사를 산란하던 자유로운 전자가 없어졌는데, 오른쪽 수직 점선으로 표시된 이벤트로, 이를 통해 우주의 빛이 산란되지 않고 자유롭게 이동할 수 있게 되었다. 그런 뒤 파장은 공간의 팽창과 함께 계속해서 늘어났고, 현재 우주에서 관측되는 우주배경복사the cosmic microwave background radiation를 만들어냈다(이 복사와 그 중대성은 이번 장의 마지막에 설명한다).

에너지와 물질

지금까지 주로 우주의 모든 물질과 에너지 중 단지 4.5퍼센트에 해당하는 '보통 물질'을 다뤄왔다는 걸 아는가? 이 중 0.5퍼센트는 별과 행성에서 발견되고 4퍼센트는 더욱 넓게 분포된 분자 가스에서 발견된다.[31] 보통 물질에는 약간의 헬륨과 함께 수소가 압도적으로 많고 훨씬 적은 양으로 원소의 나머지 모든 것(예를 들면 탄소, 산소, 질소, 철, 금 등)과 그 모든 구성입자가 있다. 이 입자 대부분은 표준모형의 입자로서 이번 장의 뒷부분에서 설명한다. 우주의 23퍼센트는 암흑 물질[32]로 이 또한 이번 장의 뒷부분에서 설명한다. 암흑물질은 각 은하계의 중심에서 보이지 않는 '헤일로halo'를 형성한다. 이 헤일로가 은하계를 묶으며, 그 분포 때문에 바깥쪽 별들이 나선 은하계 핵 주변을 기이하게 고속으로 회전하는 것이다. 총 물질 및 에너지의 나머지인 대략 72퍼센트는 불가사의한 '암흑 에너지'로, 그림 9.1의 맨 위 우측처럼 우주가 가속 팽창하는 원인으로 여겨진다(앞에서 짧게 논의했고, 섹션 3 B에서 나중에 더 자세히 논의해 본다).

> 버스기사는 특별한 흥밋거리가 있는 첫 번째 정거장에 우리를 내려준다.
> 이 중 몇 가지 흥밋거리는 이번 장의 제목에서 말한 주제다. 투어 중 특별
> 한 장소에서는 현지 가이드가 안내를 맡는다.

B. 은하계, 별, 그리고 우리 태양계의 형성

은하계와 별 형성의 씨앗

데이비드 토백 교수[33](이 책의 소개문을 썼다)는 우리가 현재 관찰할 수 있는 은하계와 별들이 형성되기 직전 원자가 결합하는 상황을 비

유를 사용해 설명한다. 아인슈타인의 일반상대성이론에 의하면 중력은 시공간의 휘어짐curvature이라고 그는 설명한다. 심지어 원자 하나까지도 질량이 존재하므로 4차원 시공간에 '덴트dent(움푹 들어간 부분)'를 만든다.[34] (여기서 우리의 목적은 공간의 움푹 들어간 부분만 생각해 보는 것이다.)

은하계를 형성하는 대부분의 물질이 초기에 응집하는 과정을 아이들이 트램펄린에서 점프하는 모습으로 시각화해 본다. 아이들 각자는 작은 질량을 (하나의 원자처럼) 대변하고, 트램펄린은 시공간을 대변한다. 아이들이 점프하면 트램펄린에 덴트가 생긴다. 아이 둘이 충돌해 트램펄린에 떨어지면 시공간에 좀 더 큰 덴트가 만들어지며, 다른 아이들도 그 덴트 안에 쉽게 빠진다. 더 많은 아이가 넘어지면 덴트는 더 커지므로 근처 아이들 모두 커다란 하나의 덴트에 빠진다.

물질도 이와 같다. 시공간에 큰 덴트가 생기면 근처의 모든 물질은 거기에 빠지기 시작한다. 이러한 큰 덴트에서 은하계가 형성된다.

만약 우주가 처음부터 완벽히 획일적이었다면 별과 은하계를 형성하기까지는 현재 우주의 나이인 137억 년보다 훨씬 오래 걸렸을 것이다.[35] 그러나 우리의 관찰에 의하면 은하계와 별이 물질화하는 데는 5억 년밖에 걸리지 않았다. 이는 비교적 짧은 시간이다. 이렇게 되려면 빅뱅 직후 팽창하는 첫 단계인 '대체로 균일함'에 작은 국소적 불균형이 있고, 그 외에는 에너지와 입자가 균등하게 분포돼 있었어야 한다. 이 불균형이 커지면서 나중에 원자와 암흑 물질의 결합

속도를 올리고 은하계와 별들이 그 속에서 만들어진다(뒤쪽에서 암흑 물질을 더 다룬다).

이 근원적인 불균형은 양자 요동에서 생긴 듯하다(블랙홀 증발을 논의할 때 다룰 예정이다). 그러나 이러한 요동은 계산에 의하면 아주, 아주 짧은 거리에서만 발생하므로, 초기 '대체로 균일함' 단계가 얼마나 조밀하고 번잡했는지 말해준다. 이러한 양자 요동이 있었다는 증거로서 현재 약간의 불균형이 우주배경복사의 구석구석에서 발견된다(이번 장 뒷부분에서 설명된다).

은하계와 별의 형성

별과 은하계는 거의 같은 시기에 형성되기 시작했다. 중력 때문에 확장된 우주 공간은 초기 에너지와 질량이 조금 더 존재하는 쪽으로 몰린다. 시간이 흐를수록 더욱 많은 물질, 즉 보통 물질(원자)과 암흑 물질(나중에 설명) 모두를 당겨서 은하단을 형성한다. 이 무리 안에서 작지만 여전히 영향을 줄 만한 불균형이 있는 구역은 원자를 끌어당겨 그 안에서 은하계와 별을 형성한다(별의 형성과 별의 진화는 잠시 뒤에 얘기를 나눈다).

은하계

환경에 따라 여러 형태의 은하계가 형성될 수 있다. 은하계는 모두 별(빛을 생산)과 가스(원자로만 구성), 그리고 많은 암흑 물질을 포함한다.[36] 여기에서는 두 가지 형태를 예로 든다. 바로 '나선spiral' 은하와 '타원elliptical' 은하다.

그림 9.3. 나선 은하인 우리 은하를 위에서 바라본 모습이자 옆모습. 별들은 축소된 타원형 은하와 같은, 그 중심에 초거대 블랙홀을 가진 중앙 팽창부를 중심으로 궤도를 돈다. 또한 암흑물질은 존재하지만 보지 못한다. 은하수는 얇은 디스크와 같다. 두께는 약 백만 X 십억 마일이고 너비는 그의 50배다. (사진: NASA/JPL-Caltech.)

(컬러 원본 사진)

　　우리 은하수(사진으로 삽입된 그림 9.3에 보이는)와 같은 나선 은하는, 은하 중심으로의 움직임에 따라 보통 물질이 중심 근처에서 충돌하고 중심 근처에 별들이 비교적 조밀하게 군집한다. 다른 보통 물질은 중심을 향해 다소 균일하게 회전하는 동시에 큰 '적도면'에 퍼져서 소용돌이친다. 은하의 나선팔은 단지 시각적인 것일 뿐이다. 별이 더 많아서가 아니라 빛이 더 많은 곳이다. 빛이 더 많은 이유는 그곳의 별이 더 젊기 때문이다. 상호작용이 적은 암흑 물질은 훨씬 더 크며 보이지 않는 '헤일로'로 은하 중심부를 둘러싼다.

더 큰 타원형 은하는 종종 작은 은하가 충돌해서 형성된다. 타원 은하나 나선 은하의 중심에 있는 별은 온갖 종류의 형태와 방향을 가진 궤도상에서 움직인다. 이러한 타원형 은하 하나가 사진으로 삽입된 그림 9.4에 보인다.

그림 9.4. 사진 중심에 밝은 영역인 나선형 은하의 예시인 가르강튀안 NGC 1132. 별들은 은하의 중심 방향으로 모든 형태의 나선형 궤도를 그린다. (사진: NASA, ESA, Hubble Heritage [STSel/AURA]-ESA/Hubble Collaboration; acknowledgement: M. West [ESO, Chile].)

(컬러 원본 사진)

별

별은 원자 물질, 주로 수소원자의 동위원소가 점점 더 많이 모여 형성된다. 증가하는 중력 때문에 전체 질량은 점점 더 늘어나 원자들이 더욱 압축되면서 온도가 상승된다. 처음에 이러한 온도 상승으로 발생한 소요 때문에 핵으로부터 전자가 떨어져 나가 양 이온과 음 전자의 '플라스마' 상태가 된다. 그런 뒤에 온도와 압력이 충분히 커지면 더욱 압축되고 더욱 뜨거워진 중심 구역의 핵은 융합해 더 무거운 원자 핵을 생산한다. 처음에는 수소가 융합해 헬륨이 만들어진다. 만약 별이 더 거대하다면 중심에서 추가적으로 에너지를 만들며 이 과정은 계속된다. 점점 더 무거운 원소의 핵을 만들어 내는데, 리튬, 베릴륨, 보론, 탄소, 질소, 산소 등에서 철(핵에 26개의 양성자와 30개의 중성자가 있다)까지 이어진다.[37]

이러한 각 '융합fusion' 반응에서 합쳐지는 각 핵질량의 합계는 생산된 핵질량보다 크며 그 질량의 차이, ΔM은 아인슈타인의 질량과 에너지 법칙 $E = \Delta Mc^2$에서 설명한 것처럼 엄청난 양의 에너지로 방출된다. 그러므로 별은 중력에 의해 압축돼 발생하는 열보다 훨씬 더 가열된다.

융합 과정은 철에서 끝난다. 핵의 양자역학(뒤에서 간략히 설명된다)에 의하면 철에 핵자nucleons를 추가하기는 어렵다. 사실 철보다 무거운 원소를 만들려고 핵자를 추가하면 질량이 증가돼, 에너지를 생산하기보다는 흡수하며 융합 과정이 끝난다. 달리 말하면 철을 넘어서는 핵을 형성하려면 에너지를 투입해야 한다. 충분한 크기의 별이 생기는 과정에서 주기율표의 나머지 원소를 만드는 데 필요한 에너지가 보충된다. 뒤에서 자세히 논의한다.

20장에서 설명하겠지만, 지구상의 작은 별이라고 할 수 있는 핵융합로를 만들려는 노력을 기울이고 있다. 수소 동위원소의 핵이 결합할 때 나오는 에너지로 파워터빈을 돌려 전기를 생성하는 원리다. (융합)수소폭탄을 생산하는 방법과 동일한 해석에서 탄생했으나 사실상 무제한으로 공급이 가능한 담수나 해수에서 찾을 수 있는 수소 동위원소를 연료로 사용하기 때문에 핵융합발전은 안전하고 저렴하다.

참고로 현재 '핵분열fission' 발전소에 이미 있는 핵반응로는 이 과정을 거꾸로 활용한다. 우라늄과 같은 무거운 원소의 원자핵을 작은 핵과 입자로 쪼개(핵분열 과정)는 과정에서 방출되는 에너지를 사용해 전기를 생산한다.

별 스스로 압축되며 생성된 열에 융합 과정에서 방출되는 에너지에서 나오는 열이 더해져서 자체 중력 때문에 붕괴로 향하는 경향이 중단된다. 어떻게 균형을 잡느냐에 따라 여러 가지 질량의 별이 생겨나고, 어떤 핵이 융합하며 소비되느냐에 따라, 안정되거나 불안정한 여러 형태의 별과 별 잔류물이 생산된다. 별 질량을 세 범주로 나누어 어떠한 일이 벌어지는지를 따라가 보도록 하자. 우선 우리의 태양과 유사한 중간 범위의 별부터 시작해 본다.

우리 '태양 질량의 8퍼센트 이상 여덟 배 미만'인 별은 모두 유사한 방식으로 진화한다.[38] 중력의 영향으로 중심 구역은 융합이 시작되는 온도인 약 1,000만 도에 달할 때까지 가열된다. 수소가 융합돼 헬륨이 생성되며 중심에 열이 더 가해지면 붕괴를 늦추는 압력이 만들어진다. 결국에는 별의 질량에 따라 융합 온도와 별의 크기는 평형 상태에 도달한다. 우리 태양의 경우 그 온도는 약 1,500만 도이며, 크기는 대략 현재와 같은 직경 82만 2,000천 마일[132만 2,880킬로미터]로 지구 직경의 약 100배다(태양의 표면 온도는 약 1만 도다).

중심의 수소가 거의 소비될 때까지 별은 이러한 평형 상태에 머문다. 수소가 거의 소비되면 융합열에 의한 별의 팽창력이 줄어들면서 자신의 중력 때문에 중심 붕괴가 일어나기 시작한다. 비교적 빠르게 붕괴되며 중심이 1억 도까지 올라가 헬륨이 융합해 베릴륨이 만들어지고 결국엔 안정적인 탄소를 만든다(태양 질량의 두 배 이상인 별에서는 심지어 산소를 만들기도 한다).

그리빈은 이런 사건이 '천체물리학에서(사건으로는, 과학을 통틀어) 가장 중대한 발견'이라고 말한다.[39] 그의 책 『13.8: 우주의 진짜 나이와 만물의 이론을 찾아서13.8: The Quest to Find the True Age of the Universe and the Theory of Everything』에 그리빈은 다음과 같이 적고 있다.

문제는 베릴륨-8이 불안정하고 빠르게 나뉘어 두 개의 헬륨-4 핵 (알파입자)을 방출한다는 것이다. (헬륨-4 핵 한 쌍으로 형성된) 베릴륨-8 핵 하나가 존재하는 아주 짧은 시간 동안 다른 알파입자[헬륨-4의 핵]에 부딪힐 수도 있다. 그러나 너무도 불안정해서 이것은 베릴륨-8 핵을 [거기에 붙여서 탄소-12를 만들지 않고] 나눠버린다. 만일 베릴륨-8이 안정적이라면, 탄소-12의 생성이 너무 빠르게 진행돼 별이 폭발해 버린다는 계산이 나온다! 진퇴양난에 빠진 것 같아 보이는 상황에서, 호일Hoyle은 탄소-12 핵은 '공명'이라는 매우 특징적인 765만 전자볼트[eV]라는 에너지를 가지고 있다고 규정하며 그 에너지가 탄소가 없는 것과 너무 많은 것 사이의 균형과 관계있다고 밝혔다.

호일은 탄소-12의 들뜬 상태에 대한 아무런 실험적인 증거가 없었지만 이것이 반드시 존재한다고 스스로 확신했다.[40]

그리고 그는 더 나아가 이를 검토해보라고 실험물리학자 윌리엄 파울러Willy Fowler와 캘리포니아공과대학 팀을 설득했고 그들은 그렇게 했다.

그 중대함을 결코 과소평가할 수 없는 놀라운 발견이었다. 탄소가 존재한다는 사실로부터(물론 우리가 존재하는 것처럼 명백한 사실이다), 호일은 그 핵심 특성 중 하나임에 틀림 없는 것을 예측했고, 별 내부에서 원소가 어떻게 가공되는지를 완벽히 이해하는 길을 열어주었다.[41]

파울러는 '우주의 화학적 원소 형성에 핵반응의 중요성에 대한 이론적, 실험적 연구를 한 공로'로 1983년에 노벨물리학상을 수상한다.
중심core에서 갑자기 추가로 융합되면 열이 나 둘러싸고 있는 수소 껍질까지 융합한다. 그래서 나머지 둘러싼 수소도 가열돼 바깥쪽으로 밀려나면서 별이 초기 크기의 100배까지 팽창한다. 외부의 수소는 팽창하면서 냉각돼 파장이 더 길어진다. 그 때문에 발산하는 빛은 붉은색을 띤다.[42] 이런 이유로 별의 생애 중 5억~10억 년을 지속하는 이 단계를 설명하는 용어는 적색 거성red giant이다. 중심에서 헬륨 융합이 완료되고, 탄소라는 '재'(더 큰 별에서는 산소까지)만 남으면 중심에서 두 번째 붕괴가 일어나 둘러싼 수소를 모두 날려버릴 만큼 강렬히 가열된다. 이 때문에 중심만 남으며, 매우 조밀하고 백색인, 뜨거우나 천천히 식어가는 백색 왜성white dwarf[43]이 된다. 처음 직경의 100분의 1 정도에 불과하지만 원래 질량의 반이 넘게 남는다. 백색 왜성은 너무도 조밀해서 각설탕 크기의 이 별 한 조각이면 몇 톤의 무게가 나갈 것이다. 결국 백색 왜성은 더 이상 빛을 내지 못하게 되며, 마지막엔 흑색 왜성black dwarf이 된다. 하지만 이러한 냉각은 정말 오래 걸려서 흑색 왜성은 우리 우주 어디에서도 발견된 적이 없다.

우리의 태양은 현재 45억 세이며 50억 년 뒤엔 적색 거성, 그 뒤엔 백색 왜성으로 바뀔 것이다(그러므로 우리에게는 미래에 대한 계획을 세울 시간이 좀 있다). 일반적으로 별의 질량이 클수록 그 생애는 짧아진다.

'우리 태양 질량의 8퍼센트 미만'인 별들은 융합에 필요한 온도까지 수축할 만큼의 질량이 아니다. 이러한 별은 그 구성 요소가 융합하지 않기 때문에 엄격히 말하자면 별이 아니지만, 갈색 왜성brown dwarfs이라 한다.

'우리 태양 질량의 8배 이상'인 별은 앞서 살펴본 태양과 유사한 방식으로 생애를 시작하나 훨씬 짧으며 훨씬 더 격렬하다. 이런 별이 중력의 영향으로 수축되면 훨씬 높은 온도가 발생하기 때문에, 중심 핵에서 수소로부터 생성된 헬륨이 더욱 융합해 베릴륨을 만들고 뒤에 탄소, 산소, 그리고 원소가 연쇄돼 마지막으로 철까지 생성한다. 결국에는 중심의 모든 물질이 '재'인 철로 전환된다.[44] (융합 과정은 앞에서 설명한 이유 때문에 철보다 무거운 원소까지 진행되지 않는다.)

이 시점에서 다른 별들처럼 붕괴가 일어나지만, 별의 크기가 크면 질량이 더 크므로 전자의 상호 반발만로는 붕괴를 멈출 수 없다. 중심부 압력이 워낙 크고 입자의 혼합이 매우 조밀해서 전자가 압착

되다가 양성자와 합쳐져 중성미자들을 생산하고 중심부 전체가 중성자가 된다. 중심부의 중성자는 매우 강력한 중력으로 외부의 구역을 내부로 끌어들이는데, 이때 중성미자의 에너지와 합쳐져 초신성 supernova 폭발이 일어나 중심부의 중성자를 제외한 모든 것을 날려버린다. 이 과정에서 금, 플래티넘, 그리고 우라늄을 포함한 무거운 원소가 만들어진다. 날아간 이러한 원소와 다른 모든 것이 축적돼 우리의 지구와 같은 태양계 행성들이 만들어졌다.[45] (참고로 지구에서 발견된 가장 오래된 돌이 지구가 약 46억 년 정도 되었다고 말해주며 대략 우리의 태양이 존재한 시간과 같다.)

이러한 초신성 폭발에서 발산되는 빛은 작은 은하에서 몇 주 또는 몇 달간 발산되는 빛보다 밝다. 남겨지는 초고밀도 중심부를 중성자별이라고 부른다.[46] 이곳의 밀도는 압도적이다. 각설탕만 한 이 별 한 조각이 지구 전체만큼 무게가 나갈 수도 있다. 만약 이렇게 남은 중성자별이 태양 질량의 세 배 이상이라면 중력은 중성자의 상호 반발을 빠르게 극복하고 더욱 고밀도 개체인 블랙홀 black hole로 붕괴된다. 만약 이 별이 충분히 거대하다면 중간 단계인 중성자별을 거치지 않고 바로 초신성에서 블랙홀로 발전할 수도 있다. 토백은 초신성을 민들레에 비유한다. "삶의 마지막에 민들레는 거대신성처럼 노란색에서 흰색으로 바뀌고 결국 '휙!'하고 사라져 다음 세대를 만드는 씨를 날린다."[47]

우리의 투어는 다음 정류장에 도착한다.

C. 블랙홀, 블랙홀 증발, 중력 파동

블랙홀과 이벤트 호라이즌

블랙홀은 이론에서 먼저 '발견'되었다. 별과 같이 질량이 어마어마한 물체가 자신의 중력 때문에 어떻게 되는지 알아보려고 독일의 천문학자 카를 슈바르츠실트Karl Schwarzschild는 1916년에 아인슈타인의 일반상대성이론을 적용해 질량이 충분히 크다면 크기가 무한정 쪼그라들고 밀도는 점점 더 높아지다가 결국 시공간의 특이점에 다다르게 된다고 계산했다.[48] (빅뱅과 블랙홀 모두에 해당되는 무한밀도와 극미한 크기의 특이점은 수학적으로 얻었기 때문에 물리적 실재를 나타낼 수는 없다. 그렇다면 물리학자의 과제는 이렇게 작은 크기[양자역학 적용]와 고밀도[상대성 적용]인 곳에서는 무슨 일이 일어나는지를 정확히 설명할 방법을 찾아내는 것이다. 불행하게도 지금까지는 이 이론이 양립할 수 없다. 이러한 쟁점을 해결하려는 노력은 뒤에서 다루기로 한다.) 블랙홀의 예견은 일반적으로 1931년 수브라마니안 찬드라세카르Subrahmanyan Chandrasekhar의 공으로 인정한다. 그는 '별의 구조와 진화에 대한 중대한 물리적 과정을 이론적으로 연구한 공로'로 1983년 노벨물리학상을 수상했다.

블랙홀이란 용어는 존 휠러John Wheeler가 1968년 강연 중 만들었으며, 어떤 것, 심지어 빛조차 이렇게 거대한 중력의 영역 내에선 빠져나올 수 없다는 일반상대성의 예측에서 도출해냈다. 호킹Hawking은 블랙홀을 다음과 같이 설명한다.

만약 빛이 빠져나올 수 없다면 다른 어떤 것도 빠져나올 수 없다. 중력장에 의해 모든 것이 끌려들어 간다. 그러므로 빛이 빠져나와 먼 곳의 관찰자에 닿을 수 없는 이벤트가 일어나는 시공간의 영역이다. 이 영역을 우린 현재 블랙홀이라고 부른다. 그 경계를 이벤트 호라이즌이라고 부르며, 블랙홀에서 빛이 빠져나오지 못하는 경계와 같다.[51]

토백은 이벤트 호라이즌을 달리 설명한다. '블랙홀의 이벤트 호라이즌은 탈출에 필요한 속도가 정확히 광속인 중심으로부터의 특정 거리'다.[52] 일반상대성에 따르면 빛은 중력장 때문에 휜다. 이벤트 호라이즌 안은 중력이 워낙 강해 빛이 아주 심하게 휘므로 빛이 결코 떠나지 못한다. 그리고 이벤트 호라이즌 밖에서 침투해 내부로 통과한 것은 무엇이든 홀 속으로 빨려 들어가 절대 다시 보이지 않는다. 이 영역에서 아무것도, 특히 빛이 탈출할 수 없기 때문에 이벤트 호라이즌 내부 영역은 검은색으로 보인다. 이벤트 호라이즌의 크기와 블랙홀의 형태와 같은 다른 특징은 블랙홀을 이루는 물질의 질량, 회전, 그리고 순전하net charge로부터 모두 예측 가능하다.

과학소설과 영화는 이벤트 호라이즌에서 어떤 일이 벌어질지 많이 다룬다. 결국 이곳을 지나가는 우주비행사는 '스파게티화'란 과정을 거쳐 몸이 늘려져서 분리될 것이다. 다음과 같은 일이 일어날 것이다. 만약 홀의 중심 쪽으로 발이 먼저 떨어지면, 발 쪽에 가해지는 훨씬 큰 중력이 머리 쪽의 약한 중력보다 더욱 강하게 당긴다. 인력의 차이가 너무 강하므로 그를 늘려서 다리를 몸에서 떼어낼 것이다.

역순으로 '작은 폭발'?

최근에는 블랙홀이 더 중요해졌다. 빅뱅 이후 우리 우주가 초기에 겪었을 엄청난 고밀도와 높은 온도인 상황을 좀 더 연구할 수 있는 물체이기 때문이다. 시간과 공간상의 거대한 물체가 특이점으로 붕괴하는 블랙홀 같은 상황을 빅뱅이 거꾸로 진행되는 작은 모델이라고 간주하는 사람도 있다.[53] 빅뱅은 시간과 공간 중의 뜨겁고 에너지가 가득한 한 점에서 시작해 팽창하다가 냉각되며 융합해 물질들을 생성했다[즉, 블랙홀은 이와 반대다].

블랙홀이라 생각되는 것은 발견했으나 사실 블랙홀이 주변 환경에 미치는 영향을 발견한 것뿐이다(이 책이 발간된 후, 2019년 4월 10일에는 EHT 팀이 인류 역사 최초로 약 5,500만 광년 떨어진 M87 은하의 초대질량 블랙홀 M87을 공개했다. 이후 2022년 5월 12일에는 인류가 최초로 화상 촬영

그림 9.5. 푸른빛을 띠는 별(우측)에서 원자를 끌어당기는 스텔라블랙홀(좌측)의 삽화. 물질이 홀안으로 떨어지면서 수직방향의 광선이 방출된다. (사진: x-ray from NASA/CXC/M. Weiss; 광학사진: Digitized Sky Survey.)

(컬러 원본 사진)

한 우리은하 중심에 있는 궁수자리A* 블랙홀을 공개했다.). '블랙'(즉, 어떤 빛이나 물질도 발산, 반사하지 않음)이려면 물체가 보여서는 안 된다. 이들이 함유하는 에너지와 물질의 질량과 주변 환경에 미치는 영향으로 이들을 찾아낸다. 여기서 블랙홀의 두 가지 형태를 소개한다.

'스텔라' 블랙홀은 위에서 설명한 것처럼 별 붕괴의 잔류물이며, '쌍'성 중 하나이던 곳에 위치해 있으나 블랙홀은 보이지 않는다(두 물체는 손과 손을 걸은 두 명의 댄서처럼 서로 회전하며 이들 사이의 한 점을 중심으로 돈다. 그러나 실제로는 손을 잡은 게 아니라 중력이 회전하는 두 물체를 함께하도록 한다. 외부로 향하는 원심력은 내부로 향하는 인력에 대응하는 힘이다). 이러한 블랙홀의 질량은 보통 태양질량 몇 개를 합친 것과 같다(우리 태양 하나가 태양질량의 기본 단위다).

'초거대' 블랙홀은 태양질량의 수백조 배이며,[54] 이것이 나선 은하의 중심에 인력을 제공하는 듯하다.

블랙홀이 있다는 가장 강렬한 시각적인 증거는 아마도 근처의 별에서 빼앗아 삼키거나 블랙홀 궤도에 흡수되는 물질에서 발산되는 빛일 것이다. 사진으로 삽입된 그림 9.5에서 볼 수 있다.

중력 파동

두 개의 블랙홀이 합쳐져 생기는 것으로, 최근 발견된 중력 파동은 천문학의 새로운 하위 분야를 만하다.[55] 이 파동은 아인슈타인이 일반상대성이론으로 공간의 탄력성을 말한 이후로 이론적으로 가능하다고 알고 있었다. 이론에서는 우주 인플레이션, 초신성, 중성자별쌍, 그리고 블랙홀쌍에서 이런 파동이 일어날 수 있다고 주장했다. 붕괴와 병합하는 두 개의 블랙홀은 잠시 서로 회전하는 위치에 올 수 있다. 이들 회전에 맞는 진동수로 시공간에 파동이 일어날 수 있고 이러한 중력 파동은 연못의 물결처럼 밖으로 전파되리라 예상했다.

2015년 9월 대륙 절반 정도 떨어진 곳에 위치한, 두 개의 매우 크고 지극히 민감한 기구로 이러한 파동을 관측할 수 있었다. 처음으로 중력 파동을 직접 관측한 것이었고, 블랙홀쌍을 처음으로 발견한 것으로 밝혀졌다. 두 기구는 만약 중력 파동이 존재한다면 있을 것이라 예상한 회전에 맞는 진동수만큼 발생한 요동을 거의 동시에, 동일하게 기록했다. 이 테스트는 우주를 바라보는 완전히 새로운 역학을 열었을 뿐만 아니라 일반상대성을 다시금 인정하게 했고, 이런 블랙홀의 질량이 보통 태양질량의 몇 배인 스텔라 블랙홀보다 큰, 태양 질량의 29배와 36배임을 밝혔다.[56]

이 일이 중력 파동을 처음으로 직접 발견한 사건이지만, 이들의 존재에 대한 간접적 증거는 어느 정도 있었다. 1974년에 박사 과정이던 러셀 헐스Russell Hulse와 그의 논문 지도 교수인 조셉 테일러Joseph Taylor는 푸에르토리코의 아레시보 관측소에서 일하던 중 중력 파동 방출과 일치하는 만큼 에너지를 잃고 있는 쌍성계의 펄서pulsar와 검은 동료별이 빠르게 회전하는 것을 발견했다. 1993년에 이들은 '새로운 펄서 종류의 발견이자, 이 발견으로 중력 연구에 새로운 가능성을 연 공로'로 노벨물리학상을 받았다.

블랙홀 증발

블랙홀이 증발하면 빛이 방출될 수 있다. 1973년 31세의 스티븐 호킹은 블랙홀 이벤트 호라이즌 바로 바깥쪽 공간에서 발생하는 양자 요동이 블랙홀을 증발하게 한다는 계산으로 (처음엔) 잘 믿지 않던 물리학 커뮤니티를 놀라게 했다. 베스트셀러가 된 그의 책 『시간의 역사A Brief History of Time』에서 그가 설명하고 있는바, 이러한 요동은 빈 공간처럼 보이는 곳에서 언제나 일어나고 있다.[57] 양자역학에서 설명하듯이 전기장 또는 중력장은 외견상 비어 있는 공간이더라도 절대로 진정한 0이 될 수 없다(만약 이러한 전기장 및 중력장이 0이고 바뀌지 않는다면 이들의 변화율 또한 0이 될 것이며, 이러한 확정성은 하이젠베르크의 불확정성이론으로 구현되는 양자물리학을 거스르게 된다). 우리 세계의 양자적 본성은 장field과 변화율에 어느 정도의 불확정성이 있다는 것이다.

그래서 전기장 및 중력장은 0레벨 근처에서 요동한다. 자연의 힘을 말하는 섹션에서 나중에 보게 되겠지만 장에는 입자와 같은 성질이 있다. 그러므로 요동하는 장은 생애가 짧은 '가상 입자virtual particle' 쌍, 특히 전자기장인 광자를 만든다. 쌍의 한 입자는 작은 양의 에너지를 지니는 반면, 다른 하나는 동등하게 작은 음의 에너지를 지녀서 어떤 순에너지도 만들어지지 않는다.[58] 보통 이러한 입자들은 빠르게 재결합해서 공간을 이전으로 돌린다. 그러나 이러한 쌍이 이벤트 호라이즌 근처에서 만들어지면 (탈출할 만한 충분한 에너지를 갖지 못하는, 11장 참고) 음에너지 입자는 안으로 빨려 들어가 총에너지와 블랙홀의 총질량을 감소시키는 반면, 양에너지를 갖는 그 파트너는 공간으로 탈출한다(에너지는 아인슈타인의 $E=Mc^2$에 따라 질량에 등가하다는 사실을 기억해 보자.)

그러므로 이론상 이러한 음에너지 입자가 수십억 곱하기 수십억 개가 붙잡히고 양에너지 입자만 공간으로 풀려나면(호킹 복사), 블랙홀은 계속해서 질량을 잃고 크기가 (호킹이 계산한 것처럼) 작아진 질량만큼의 비율로 쪼그라들게 된다. 블랙홀의 마지막 잔류물은 '수백만 개의 수소폭탄이 폭발하는 것에 맞먹는 마지막 폭발'을 끝으로 사라지게 된다고 호킹은 설명했다.[59] 그리고 만약 가상 입자가 광양자라면 마치 빛이 블랙홀에서 탈출하는 것처럼 보일 것이다. 그러나 실상 빛은 내부에서 나온 것이 아니다. 이벤트 호라이즌의 바로 바깥쪽에서 나오는 것이며, 빛이 블랙홀의 이벤트 호라이즌 안쪽에서 탈출할 수 없다는 이론을 전혀 거스르지 않는다.

다른 이론학자들도 호킹과 같은 결론에 도달했고 이 이론이 꽤 믿음직스러우나 블랙홀 증발은 증거를 찾기가 매우 어려워 아직 아무도 실제로 관찰하거나 발견한 적이 없다. 태양과 비슷한 질량인 블랙홀이 대략 10^{-7}켈빈도의 지극히 낮은 온도 특성인 에너지를 방출하는데, 훨씬 '뜨거운', 2.7켈빈도의 우주배경복사는 호킹복사가 제거하는 에너지보다 훨씬 더 많은 (질량과 동등한) 에너지를 이러한 블랙홀 속으로 보낸다. [그래서 증발하지 않는다.] 그러나 작은, 예를 들어 자동차 하나 정도의 질량을 가진 블랙홀이라면 우리 태양 밝기의 200배로 빛나며 증발하겠지만 시간은 약 나노초(10^{-9}초) 정도만 걸리기 때문에 딱 맞는 순간에 딱 맞는 장소에서만 볼 수 있을 것이다. 계속 탐색 중이다. 2008년에 발사된 나사의 페르미 감마선 천문 위성은 감마선 폭발GRBs이라고 하는 이러한 섬광을 계속해서 찾고 있다.[60]

실험으로 확인한 적이 없다고 할지라도 이 이론은 매우 강력해서 많은 물리학자들이 블랙홀 증발을 사실로 받아들인다. 이것은 양자론의 기초를 위협하는 심각한 문제를 야기했다.

정보가 말소된다? 양자역학은 위협받는가?

8장에서 논의한 바와 같이 모든 물리적인 것은 정보다. 블랙홀의 모든 내용물은 정보다. 그렇다면 블랙홀은 정보론과 양자역학 모두를 위협하는 듯 보인다. 어째서 그러한가?

스탠포드의 이론물리학 교수인 레너드 서스킨드Leonard Susskind가 이것을 베스트셀러인 자신의 책, 『블랙홀 전쟁The Black Hole War』에서 묘사하고 있다.[61] 1981년 소규모의 한 모임에서 호킹은 블랙홀에서 탈출하는 입자는 홀 안에 저장된 어떤 정보도 가지고 나오지 않는다고 말하여 물리학 커뮤니티에 '조용한 폭탄'[62]을 던졌다(결국 이들은 홀 바깥쪽에서 온다). 블랙홀이 증발해 사라지면 홀 안의 정보도 사라진다. 순손실이다. 이것이 양자역학(과 정보론)의 핵심 특성이자 원리인, '단일성unitarity'을 거스른다. 단일성에는 양자역학이 시간을 기준으로 앞과 뒤로 움직일 수 있는 가역성이 있다는 것(양자 논리에 있어 필수)과 정보는 에너지처럼 언제나 보존되고 절대 잃지 않는다는 개념이 있다.[63] (상대성이론에는 이러한 단일성의 원리가 없고 블랙홀에 대한 기본적인 상대론적 설명은 영향을 받지 않는다.) 이것이 심지어 아인슈타인과 슈뢰딩거가 수년 전에 내놓으려 한 어떤 증명보다 양자역학이 무효이거나 불완전하다고 보여줄 수 있다!

서스킨드와 동료들은 16년의 기간이 지나 결국 이 책의 범주에서 많이 벗어난 개념을 이용해 이러한 문제 제기에 대한 대답을 도출했다. (이번 장 뒤에서 간략하게만 소개할) 끈이론과 홀로그래픽 원리다.[64] 그로부터 10년 뒤에야 호킹은 서스킨드와 그 동료들이 옳았다고 받아들였다. (호킹은 이제 블랙홀 안의 정보가 보존될 수 있다고 믿는 강한 신봉자가 된 것 같다. 2016년 그는 이 생각을 뒷받침하는 두 개의 논문을 발표했다. 동료인 하버드의 앤드루 스트로밍거와 캠브리지대학교의 말콤 페리와의 합작이다.[65])

우리 관광 투어의 마지막 정류장은 천문관이다. 그곳에서 빅뱅 모델을 더 자세히 살펴보도록 한다.

섹션 III
빅뱅 모델의 핵심 특징

A. 공간의 팽창
B. 암흑 물질 및 암흑 에너지

A. 공간의 팽창

지금쯤이면 알고 있을 것이다. 빅뱅 모델은 공간 팽창의 개념을 기반으로 세워졌다. 이러한 팽창의 핵심 증거인 우주배경복사의 예측과 발견을 지금 알려주고자 한다. 당시 노팅엄대학교 천체물리학 교수이자 『우주론, 짧은 소개Cosmology, A Short Introduction』의 작가인 피터 콜스는 이를 두고 '정상 상태 모델'(전의 섹션 I B에서 설명)보다 '빅뱅 모델을 선호하게 된 결정적 증거'[66]라고 묘사한다. "이 복사의 특징인 흑체 스펙트럼은 모든 의심을 걷어내고 이것이 아주 오래전 열평형 상태였던 원시화구primordial fireball에서 생성되었다는 것을 보여준다"[67]고 콜스는 언급했다. 정상 상태 모델은 절대로 이러한 냉각(시간에 따른 우주의 변화)을 수용하지 못했다. 섹션 III의 다른 많은 증거도 이를 뒷받침하지 못한다. 우주배경복사의 발견은 중대한 테스트일 뿐만 아니라 과학자들과 기구, 그리고 이론과 실험 사이에서 펼쳐지는 놀라운 이야기다.

이론

과학자 조지 가모프와 랄프 알퍼는 (1940년대에) 별이 만들어지는 과정만으로는 비교적 높은 비율로 우주에 존재하는 헬륨의 양을 이론화하기 어렵다고 느꼈다.[68] 1948년 당시 존스홉킨스대학교의 응용물리학연구소에 있던 알퍼와 로버트 헤르만은 핵 형성 초기의 복사가 헬륨 생성에 영향을 주었을 수도 있으며 '우주배경복사CMB'가 감지될 수 있다고 생각했다.

약간의 과학자적 유머가 알퍼, [한스] 베테, [조지] 가모프가 쓴 논문 저자명에 보인다. 그리스 알파벳 '알파', '베타', '감마'에서 따온 언어유희였다. 가모프는 그와 그의 제자가 쓴 논문에 베테의 이름('베타'로 발음됨)을 추가했다.

사실 우린 빛이 헬륨 형성뿐만 아니라 나중에 일어난 '재결합 recombination'이라 부르는 과정에서도 나왔다는 것을 이젠 알고 있다.[69]

매우 뜨거운 초기의 우주에서 자유 전자들은 전자기복사를 흩어 놓았을 것이다. 그러나 빅뱅 바로 뒤 수초 도였던 우주가 38만 년이 지나 약 3000도로 냉각됐을 때, 원자가 형성되며 이 전자는 거의 대부분 붙잡혔을 것이다. 이 온도 스펙트럼 중 가시영역인 빛의 전자기파동은 충분한 시간 동안 자유롭게 이동할 수 있었을 것이다. 만약 지금의 가시광선이 우주가 시작된 당시로부터 여행의 결과라면 당시 온도 특성을 지니는 단파장 복사도 있을 것이다. 아마도 약간 적색편이 되어 있겠지만 심하지는 않을 것이다. 그러나 만약 이러한 파동이 차지하던 공간이 크게 팽창했다면 그에 따라 이 빛의 파장은 우리가 발견할 때까지 약 몇 십만 배로 팽창했을 것이다. 그림 A.2.의 첫 번째 열에서 증가한 파장(미터단위 위쪽으로 읽는다)을 볼 수 있다. (참고로 [마지막 열에 나타낸] 빅뱅 이후의 시간과 [첫째 열의] 파장은 어떤 일관된 규모로 퍼지는 것이 아니다.)

알퍼와 헤르만은 그때부터 현재까지 공간이 팽창해 보통 1만 도로 방출된 복사의 파장을 약 5켈빈도 특성인 우주배경복사로 구석구석 늘렸다고 예측했다(기억해 보라. 섹션 I C의 팽창과 냉각 섹션에서 설명했듯, 빛의 파장은 그 주변의 온도를 알려준다).

증거는 어떻게 발견했을까?
이들이 이러한 팽창을 제안했을 당시 천문학 커뮤니티는 팽창 이론을 연구하는 데 특별한 관심을 두지 않았다. 15년쯤 뒤 이러한 태도는 변했고 이 이론을 테스트하려고 기구를 만들기 시작했다. 그러던 중 뉴저지 홈델 소재 벨 전화연구소의 아르노 펜지아스와 로버트 윌슨은 우주배경복사와 우연히 마주친다.[70] 1964년 5월 20일 이들은 4.2켈빈도(알퍼와 헤르만이 이론적으로 예측한 값이다)에 해당하는 복사가 곳곳에 만연하다고 측정했다. 최근 더욱 정확한 측정으로 이 수는 2.75켈빈도로 밝혀졌다.

펜지아스와 윌슨 두 사람은 전파 천문에 사용할 민감한 기구를 만들었고 시험해 보고 있었다. 자신들이 우주배경복사를 관측하고 있는지는 전혀 몰랐다. 이것은 자신들의 통신시스템에서 생긴 관련 없는 전기 소음이라고 생각했다. 기기 외면에 쌓인 새똥 탓일 수 있다고도 생각했다. 우주배경복사를 관찰하는 장치를 실제로 만들고 있던 프린스턴의 저명한 물리학자인 로버트 디키에게 자신들이 측정한 것을 가져갔을 때에야 온전히 이해할 수 있었다. 펜지아스와 윌슨은 그 결과를 디키가 해석한 논문과 함께 발표했다.

그림 9.6은 펜지아스와 윌슨이 마이크로파를 잡아서 분석하는 데 사용한 안테나 앞에 서 있는 모습이다. 장비를 어느 곳으로 향하든 관계없이 측정치는 동일했다. 초기의 측정치는 모든 방향에서 복사가 균일하다고 나왔음을 보여준다.

그리고 측정된 마이크로파의 스펙트럼은 우주 기원부터 방사한 것이라고 볼 수도 있지만 파장이 마이크로파 범위까지 늘어났다는 것

이 다른 팽창 이론과는 달리 공간이 빅뱅 확장을 했다는 증거가 된다. 1978년 펜지아스와 윌슨은 '우주배경복사를 발견한 공로'로 노벨물리학상을 공동 수상한다.

그림 9.6. 로버트 윌슨(왼쪽)과 아르노 펜지아스(오른쪽)가 뉴저지 크로포드 힐의 뿔 모양 안테나 앞에 서있다. 1965년 8월. (사진: AIP Emilio Segre Visual Archives, Physics Today Collection)

양자 요동이 별과 은하계 형성을 가속화하다

최근의 좀 더 정확한 측정치

(2012년까지) 9년간 수집된, 우주배경복사에 대한 더욱 정확한 최근 측정치에 따르면 이 배경에 약간의 불균등성이 보인다. 2×10^{-4}켈빈도(화씨 약 4×10^{-4} =0.0004도)의 매우 적은 온도가 더하거나 빠지는 불균등성이 나타났다.

이러한 온도의 불균등성은 다양한 색깔을 내 그림 9.7 ⓑ처럼 '천체지도sky map'에서 밝은색에서 어두운색으로 보여지는, 관찰된 우주 전체에 온도 편차가 있는 '사진'으로 나타난다. 이 지도는 9.7 ⓐ의 지구 지도와 비슷한데 천체 지도는 바깥쪽을 관측해 만들어졌으며, 지구의 지도는 안쪽을 관측해 만들어졌다.

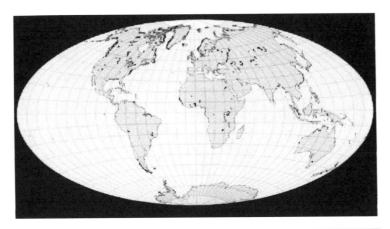

그림 9.7(a). 2차원적 지도로 나타낸 지구 (사진: NASA/WMAP Science Team.)

(컬러 원본 사진)

그림 9.7(b). 우주로부터의 우주 배경 복사에 따른 온도 변화를 나타낸 매우 정확한 2차원적이고 외향적인 전 하늘의 지도. 빅뱅 이후 38만년 으로부터의 우리 우주의 가장 오래된 빛의 스냅샷snapshot. (절대 0 도 위인) 평균 약 2.7255 켈빈도와 비교했을 때 노란 부분은 더 높은 온 도, 빨간 부분은 가장 높은 온도 변화인 +0.0002 켈빈도, 암청색 부분은 가장 낮은 온도 변화인 -0.0002 켈빈도. (사진: NASA/WMAP Science Team.)

(컬러 원본 사진)

해석

이 온도 지도는 우리 세계의 양자적 본질, 양자 요동의 증거이며, 우주 인플레이션 이전의 시간까지로도 우리를 되돌려 보낸다. 이 지도의 좀 더 밝은 지역과 어두운 지역은 또한 우리가 현재 보는 은하단 조직에서의 불균등성과 동일하다. 결국 이러한 양자 요동이 원인이 돼 별과 은하계의 형성이 가속됐다는 주장을 뒷받침한다. 우주배경복사에서 확실하게 볼 수 있는 것은 재결합 당시 퍼져나간 입자와 에너지의 불균등함이다. 엄청난 규모로 빠르게 발생한 인플레이션에서 생긴 이 이 불균등함은 그림 9.2에서 볼 수 있는 초기 단계의 '대체로 균일함' 이후 크게 변하지 않았다. 대체로 균일함 단계의 불균등성은 그 조밀하게 싸여 있는 작은 우주에서 양자 요동에 의해 전체 우주가 생성되었다는 이론과 일치한다(이 양자 요동은 블랙홀 증발과 관련해 섹션 II A에서 논의한다.)

은하계

은하단 조직과 초기의 별 및 은하계의 형성 시기를 보면 앞에 설명한 우주배경복사의 불균등성과 일치한다. 그리고 우리에게서 멀어지는 이들의 움직임은 빅뱅 모델의 중심 이론인 우주의 팽창을 증명한다.

B. 암흑 물질과 암흑 에너지

섹션 I A에서 설명했듯이 우주의 곡률과 팽창 정도는 임계밀도critical

density와 비슷하게 그 안의 물질과 에너지의 밀도에 따라 다르다.[71] 토백은 여러 측정 기법과 함께 이를 설명한다. "우리가 예상하는 임계 밀도의 약 5퍼센트는 알려진 입자(5퍼센트의 대부분을 차지하는 것은 원자다)이고, 임계밀도의 약 23퍼센트는 암흑 물질이며, 임계 밀도의 약 72퍼센트는 암흑 에너지라고 추정한다."[72] 이것이 우리 우주가 가속화해서 팽창하는 원인으로 여겨진다.

암흑 물질

암흑 물질은 빅뱅 후 초기에 쿼크 '수프'에서 형성되었을 것이다.[73] 다음에 말하겠지만, 이것이 존재해야 은하계를 유지하는 데 필요한 중력과 은하계의 다른 몇 가지 특성이 설명된다. 암흑 물질은 우리 눈에는 보이지 않는다. 이는 관찰이 가능한 어떤 복사도 방출(및 반사)하지 않기 때문이다.[74]

암흑 물질, 또는 그와 유사한 것이 있어야 [보이는] 물질에 미치는 중력을 설명할 수 있다. 이러한 중력을 보여주는 예 하나는 나선 은하의 중심 주변을 회전하는 외곽의 별들과 분자 구름molecular clouds이 예상치 못하게 빠르게 움직인다는 것이다.[75] 이러한 움직임은 회전 구역 전체에 걸쳐 보이지 않는 물질이 상당량 넓게 분포해 있다는 뜻이다. 또 다른 영향은 '중력 렌즈 효과gravitational lensing'[76] 속에 있다. 중력 렌즈는 1924년 오레스트 크볼슨[77]과 1936년 프란티섹 링크, 그리고 우리에게 친숙한 아인슈타인[78]이 예측한 효과다. 빛은 물질이 농축된 곳 근처를 지나면 마치 광학렌즈를 통과할 때처럼 그 궤적이 굴절된다. 멀리 떨어진 근원에서 오는 빛이 은하단 주위에서 휘어지는 렌즈 효과는 광학망원경이나 전파망원경으로 볼 수 있는 보통 물질 이상의 것이 존재함을 증명한다.

여러 효과들을 통해 볼 때 암흑 물질은 은하계 중심 주변에 구 모양으로 분포돼 있으며 그 밀도가 중심에서 멀어질수록 옅어지는 듯하다. 이러한 암흑 물질로 구성된, 보이지 않는 구형의 '헤일로'는 보통 물질로 구성된 보이는 헤일로보다 훨씬 널리 퍼져 있다고 알려졌으며, 두 형태의 물질이 응축되는 여러 비율과 메커니즘이 은하계 형성에 관여했다는 주장이 있다.[79]

토백은 암흑 물질이 '초대칭supersymmetry'으로 설명할 수 있는 새롭고 더욱 기초적인 입자의 일부일지도 모른다고 언급한다. 초대칭은 섹션 IV C에서 조금 더 설명한다.

암흑 에너지 및 가속 팽창

암흑 에너지는 관찰된 우주가 지난 60억 년간 가속화된 비율로 팽창한 원인으로 여겨진다.[81] 암흑 에너지라고 부르는 이유는 우리가 그것을 볼 수 없기 때문에 '암흑dark'이고, (물질과는 반대로) 에너지일 뿐이기 때문에 '에너지energy'다.[82]

가속 팽창은 Ia형 초신성의 폭발에 따른 빛의 적색편이로부터 계산됐다. 이 측정은 초신성 우주론 프로젝트에서 1998년에 이루어졌다.[83] 프로젝트를 담당한 사람들인 사울 펄무터, 브라이언 P. 슈미트, 애덤 G. 리스는 '멀리 있는 초신성을 관찰함으로써 우주의 가속팽창을 발견한 공로'로 2011년 노벨물리학상을 수상했다.

섹션 IV
빅뱅에 접근

(빅뱅 바로 이후에 뜨거운 '쿼크 수프'[84]의 조건을 만들면서, 자연의 기초적인 '구성 요소' 입자와 자연의 힘을 전달하는 입자를 탐구한다.)

A. 소개
B. 세계의 가장 큰 기계인 충돌형 가속기와 입자 검출기
C. 표준모형의 입자와 반입자
D. 상대성과 양자역학의 대립

섹션 IV에서 우리는 실험적 관찰, 분석, 그리고 수학적으로 표현된 아이디어가 인상적으로 상호작용해 통합됨으로써 우리 세계의 본질을 아주 만족스럽게 자기모순이 없이 설명하는 '표준모형'을 얻는 과정을 목격한다. 인간에게는 이러한 종류의 이해를 찾는 경향이 있으며 과학자가 특히 그렇다. 이 섹션에서 현대물리학의 커다란 성취와 여전히 남아 있는 의문점을 음미해 본다.

A. 소개

원자를 그 구성요소로 나누어 가장 근본 요소를 찾을 수 있다는 가능성을 가지고 다년간 더욱더 강력한 여러 형태의 원자충돌기와 입자

가속기를 만들어왔다. 빅뱅 직후 시기에 존재하던 순수한 에너지 상태를 만들면 아직 발견하지 못한 입자를 찾을 수 있다는 기대 덕분에 최근 크고, 복잡하며, 강력한 힘을 지닌 가속기가 건설됐다.

예를 들어 바넷과 동료 저자는 자신들의 책 『야릇한 쿼크의 맵시』The Charm of Strange Quarks』에서 "충분한 질량-에너지를 공급할 수 있다면 입자와 반입자를 매칭한 어떤 쌍을, 언제라도 생성할 수 있다"고 했다(반입자는 조금 뒤에 나오는 하위 섹션 C에서 설명한다). 이들은 증거로 하나의 고에너지 양성자에서 전자/양전자 입자쌍이 생성되는 자취를 보여주는 거품상자a bubble-chamber 사진을 예로 든다(하위 섹션 B에서는 더욱 현대적인 '표류상자drift chamber'에 관한 설명을 듣는다).

아인슈타인의 질량과 에너지 등가 공식인 $E = Mc^2$을 기억해 보자. 이 방정식의 양쪽을 c^2으로 나눠도 방정식이 여전히 성립되며 우리는 $E/c^2 = M$을 얻으며, $M = E/c^2$도 동일하다. 여기서 M은 전자와 그 반입자인 양전자를 합친 질량과 같다.

입자 가속기colliders는 광속에 가까운 속력으로 기본 입자를 반대 방향으로 움직이도록 해 빔을 만들어 낸다.[85] 이들을 충돌시키면 탐구할 만한, 새롭고 흥미로운 입자를 만들어진다. 이들 중에 기초 '구성 요소'인 자연의 입자와 자연의 힘을 운반하는 입자가 있다.

하위 섹션 C에서는 이미 발견된 입자와 발견이 예상되는 다른 입자를 논의한다. 그러나 우선 이 섹션(하위 섹션 B)에서는 이러한 입자를 어떻게 발견하는지와 입자 가속기를 사용해 빅뱅 직후의 고열 고

에너지 상태를 만드는 법을 살펴본다. 이렇게 거대하고 섬세한 입자 물리학 기구를 만드는 데 드는 엄청난 기술적 노력도 살짝 엿본다. 이 기계는 진정 인상적이며 일부는 우연하게도 시초에 가까운 시기까지 이르는 양자물리학을 입증한다.

> 버스는 이제 멈춰 서고 우린 거대하고 복잡한 시설을 투어한다. 우리는 이제 장비들를 보게 될 것이다! 하지만 우선 기사가 기계의 일반적인 형태를 요약해 설명해 준다.

B. 세계에서 가장 큰 기계 - 입자 가속기와 입자 검출기

입자 가속기

입자 가속기는 새로운 입자를 생성할 만큼 에너지량을 최대화하는 기계다. 자연은 어느 특정한 관계에서의 운동량을 보존하기 때문에 입자 빔에서 입자의 순 운동량은 충돌의 산물 속에 남겨진다. 이런 식으로 산물에 남겨진 운동량은 운동 에너지를 가지며 그 에너지는 새로운 입자 생성에는 기여하지 않는다. 그러나 만약 두 개의 입자가 크기는 같고 방향이 반대인 운동량으로 (이상적으로) 정면으로 충돌한다면, 이들의 방향이 반대이기 때문에 그 충돌에서 순 운동량은 없으며, 어떤 운동량이나 운동 에너지도 이후에 남지 않는다.[86] 이 특별한 경우에 충돌하는 입자의 모든 에너지는 새로운 입자를 생성하는 데 사용된다. 정면으로 충돌하는 경우는 거의 없지만 아주 많이 충돌시키면 정면 충돌도 그만큼 많아져 충돌 에너지의 많은 부분이 새로운 입자를 만들어 내는 데 사용될 것이다.

음으로 대전된 입자는 양전압 구역으로 끌어당겨 가속할 수 있다. 그림 2.5의 그림에서처럼 어떤 면에서는 톰슨이 전자를 발견한 투박한 실험과 같은 방식이다(톰슨의 실험에서 전자는 음극관에서 나와 평행한 A와 B 틈slit을 들어가기 전에 고압의 링을 통과하며 가속됐다). 양성자 같은 양전하 입자는 반대로 만든 전기장에서 음전압에 이끌린다. 이들은 연속된 링을 통과하며 매우 가속된다.

그러나 충돌시키려면 입자 수십억 개가 필요하다. 원자들이 고정된 고체 목표물과 충돌하는 다른 형태의 가속기와는 다르게, 입자 가속기는 빔과 빔이 부딪쳐야 하기 때문에 충돌이 거의 일어나지 않는다. 입자는 아주 작기에 서로 충돌할 수 있는 확률은 낮다(서로를 통과하며 빠르게 움직이는 두 안개와 벽을 때리는 한 안개를 상상해 보라). 보통은 빔의 입자는 '다발'로 생성되고 가속된다.[87]

바넷과 동료 저자들은 '약력'의 'W 보손'(이 입자와 힘은 다음에 나올 섹션 IV C에서 설명하기로 한다)을 찾으려고 충분한 수의 입자를 만들어낸 역사적 도전을 설명한다. 고에너지물리학은 대부분 이러한 종류의 필요성을 충족하는 가속기를 만들며 성취를 이룬다. W 보손 10개를 만들려면 양성자/반양성자가 10억 회 정도 충돌해야 한다.

입자물리학자이자 발명가인 카를로 루비아와 가속기 물리학자인 시몬 판데르 메이르는 제네바 근교의 유럽입자물리학연구소(CERN) 팀과 함께 슈퍼 양성자 가속기(SPS)를 고안해 제작했다. 보손을 만들어 내는 데 필요한 에너지까지 양성자와 반양성자를 가속할 뿐 아니라 많은 양의 W 보손을 발견하고 연구하기 위해서였다. 이들은 '약한 상호작용을 매개하는 W와 Z 장field입자를 발견한 프로젝트에 결정적인 공헌'을 해서 1984년에 노벨물리학상을 받았다.

(SPS는 현재 예비단계 가속기로 사용된다. 입자를 어느 정도 속력까지 얻는 초기 가속기로서, 훨씬 크고 고에너지의 대형 강입자 충돌기를 위해 준비된다. 곧 설명한다.)

입자가속기에서 입자의 궤적과 입자빔을 제어해야 하는데 이때 자연의 기본 특성을 이용한다. 대전된 입자는 자기장을 통과하면서 휘어진다. 만약 자기장 구역을 충분히 크게 만든다면 입자의 궤적을 호 모양으로 계속해서 굽힐 수 있다. 이를 반복하면 대전된 입자를 원처럼 움직이도록 만들 수 있다. 반대로 대전된 입자들(+와 -라 하자)은 같은 자석을 사용해 본질적으로 같은 원형의 길을 반대 방향으로 움직이게 만들 수 있다. 입자의 속도를 상대론적인 범위인 광속 가까이 높이고, 자기장 강도도 이들이 원형의 길에 머물도록 증가돼야 한다. 수직의 자기장을 제공해 빔의 궤적을 굽히는 자석을 '쌍극dipole' 자석이라고 한다. 빔의 입자는 전기적으로 서로 밀어내기 때문에 이들이 집중되도록 빔의 축 쪽으로 향하는 내부 자기력도 필요하다. 힘을 제공하고 빔을 좁고 집중되게 유지하도록 하는 자기장을 만들어 내는 자석을 '4극quadrupole' 자석이라고 한다. 일반적으로 이 자석들은 쌍극자석과 주기적으로 열을 맞춰 가속기 링 둘레에 배열된다.

같은 종류이며 같은 전하를 갖는 입자 한 그룹이 생성돼, 국소적으로 발사되고, 증가하는 자기장 때문에 점점 더 빠른 속력으로 가속돼, 한쪽 방향으로 원형을 그리게 되었다고 하자. 입자 가속기는 반대로 대전된 입자로 만든 두 개의 빔(각각 대전된 입자가 그룹을 유지한다)을 반대 방향으로 순환 가속한다. 양쪽 빔은 동일하게 가속되며, 전기장 강도가 증가하면서 원형의 길로 인도된다. 마지막으로 두 개의 빔은 함께 유도돼 고속 입자에 무슨 일이 일어나는지 기록하는 탐지기가 있는 위치에서 충돌한다(곧 설명할 대형 강입자 충돌기는 본질적으로 동일한 원형 트랙 둘레를 반대 방향으로 가속돼 도는 두 개의 빔을 생성한다. 각 빔의 궤도는 자석들로 제어된다.)

입자가속기는 어떻게 만들어지는가?

이제 기술적인 부분이 필요한 곳이다. 실제로 입자 빔은 원형으로 움직이며 직경은 몇 마일이나 된다(엄격히 말하면 원이 아니라 매우 짧은 선형 가속기 섹션이 이어진 호의 연속이다). 빔은 진공 튜브 속에 밀폐돼 있어서 다른 입자는 그 통로에 끼어들지 못한다. 자기장이 통하게 하려고 진공 튜브 둘레 전체에 걸쳐 아주 길고 강력한 전자석을 연이어 세운다. 입자 빔이 점점 더 고속으로 가속되면 이 자석은 수직의 자기장을 증가시켜 빔을 원 둘레로 유도한다. 제어에 필요한 크기의 자기장을 얻고 적정 자기장 수준으로 통제하기 위해 모든 자석은 초전도선으로 묶는다(19장과 24장에서 초전도체를 좀 더 알아보기로 한다). 초전도 상태에서(즉, 전기저항이 0) 자기장 수준을 유지하려고 자석을 매우 낮은 온도로 낮춘다. 절대온도 2도 정도다. 내부를 액체 헬륨으로 채우거나 냉각된 보온병으로 근본적으로 밀폐한다.

대형 강입자 충돌기LHC의 쌍극자 섹션 중 하나의 단면도가 첨부된 그림 9.8에 보인다. (참고: '강입자Hadron'은 그리스어 hadrós에서 유래한 것으로, '강한' 또는 '굵은'의 의미다. 강입자는 '강력'으로 묶여 있는 쿼크로 구성된 합성입자composite particles족을 나타내는 말이며, 뒤쪽에서 설명하기로 한다.)

그림 9.8에서, ① 그림에서 '눈'처럼 보이는 두 개의 (흰색) '동공'은 입자 빔이 이동하는 진공 튜브다. ② (갈색) '홍채' 한 쌍은 쌍극자의 초전도 권선windings의 두 단면이다(반대 방향인 두 양성자 빔을 가속하려고, 한 홍채로부터의 자기장은 올라가는 반면, 다른 쪽은 내려간다). 초전도체는 사실 작고, 타원형인 초전도선 케이블로, 많은 (갈색) '홍채' 중 하나의 내부에 각각 감겨 있으며, 이 그림에서는 종이 속으로 보이는 방향으로 이동하는데, 관 하나의 오른쪽 섹터에 총 45피트[약 13.7미터] 길이의 자석을 감고, 왼쪽의 동일한 섹터로 돌아온다. 그리고 이러한 방식으로 반복적으로 고리를 돈다(자석 끝 교차점은 그림에 나와 있지 않다). ③ 권선을 묶고 자석의 힘을 유지하려고 자성이 없고 전기적으로 절연된 (녹색) 기둥으로 밀폐했고, (노란색) 철판으로 씌웠다. ④ 이러한 장치는 보온병과 같은 구조의 (남색) 내부 라이닝으로 밀폐돼 있다. ⑤ 전체 장치는 1.9켈빈도의 초유체 액체 헬륨으로 냉각된다. 앞에서 언급했듯이 절대 0도는 섭씨 −273도 또는 화씨 −459도다(초유체 헬륨은 초전도체가 전류에도 아무런 저항 없이 전도하는 것과 거의 같은 방식으로 아무런 저항 없이 열을 전도한다). ⑥ 나머지 보온병의 내부와 (하늘색) 외부 실린더 사이의 내부 구조는 (외부로부터의 열을 반사하기 위해) 초절연체(진회색 또는 황갈색)로 구성한다. (차가운 부품 디자인은 극저온cryogenic 기술의 영역이다. 예를 들면 액체 헬륨, 액체 수소, 그리고 액체 질소 등 극저온 유체를 사용한다.)

(컬러 원본 사진)

열라인먼트 타겟
메인 4극자 버스바
열교환기 파이프
초절연체
초전도 코일
빔 파이프
진공관
빔 스크린
보조 버스바
감소 실린더 / HE I-VESSE
열 실드 (55~75K)
비자성 고리
계철 (차가운 물질, 1.9K)
쌍극 버스바
지지대

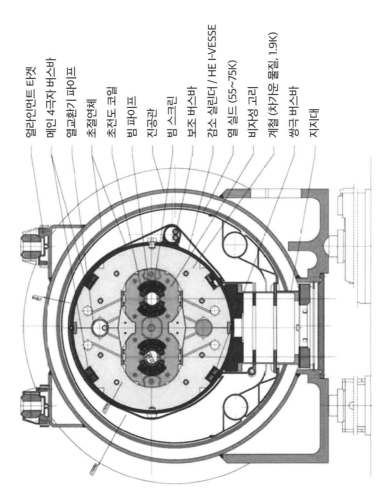

그림 9.8. 거대강입자충돌기(LHC)의 빔튜브와 쌍극자석 조립의 단면. 가운데에 흰색으로 보이는 "누 눈"은 빔류브이고 이를 거의 감싼 세타 둘엔 강색으로 보여지는 초전도 자석 권선을 포함하고 있다. 나머지 구조는 기계적인 지지, 냉각, 열절연을 제공해 권선이 정확히 1.9 켈빈도로 작동할 수 있도록 한다. (사진: Wikipedia Creative Commons; file: The 2-in-1 Structure of the LHC dipole magnets.jpg; authors E. M. Henley and S. D. Ellis. Licensed under CC BY-SA 3.0.)

대전된 입자로 된 빔은 원형 궤적으로 가속되면서 방사선을 방출한다. 그것도 많이! (이러한 가속은 그림 2.6에 그려져 있으며, 2장에서 논의했다. 기억하는가? 이러한 가속과 방사가 2장에서 논의했듯이 보어 원자 모델의 결함이었다.) 그러므로 입자가속기 가동 중에 생명과 설비를 보호하고자 모든 관, 자석, 그리고 극저온 밀폐기구는 지하의 원형 터널에 설치하고 운영하며, 다른 원소로부터 보호하고자 알맞게 밀폐된다. 그림 9.9는 터널 안에 있는, 그림 9.8의 장치를 보여준다. 그림 9.10은 LHC 링, 실험 거점, 그리고 전초 가속기preaccelerators의 배치를 스케치한 그림이다(세 가지 모두 삽입된 사진에 나와 있다).

그림 9.9. 링터널 내 충돌기 링의 거대강입자충돌기(LHC) 빔 관과 자석 조립의 모습. (사진: Wikipedia Creative Commons; file: CERN LHC Tunnell.jpg; author Julian Herzog; Website: http://julianherzog. com Licensed under CC BY-SA 3.0.)

(컬러 원본 사진)

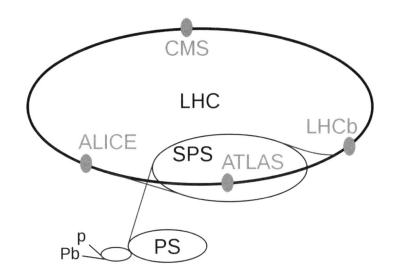

그림 9.10. 거대강입자충돌기(LHC)의 전가속기인 양성자가속기(PS)과 슈퍼양성자가속기(SPS)의 원형 링과 녹색(그림에서는 회색)으로 표시된 실험테스트 스테이션을 비스듬히 본 그림. 양성자(및 이온)의 경로는 선형의 가속기(각각 p와 Pb로 표시)에서 시작된다. 이어서 부스터(아무 표시가 없는 작은 원)로 들어가고 그 뒤엔 PS와 SPS로 계속된다. 빨간 선(그림에서는 회색 선)은 입자가 어떻게 반대 방향의 LHC관의 두 빔으로 가는지를 나타낸다. (사진: Wikipedia Creative Commons; file: LHC.svg; drawn by Arpad Horvath with Inkscape. Licensed under CC BY-SA 2.5.)

(컬러 원본 사진)

최신 입자가속기와 미래의 입자가속기 비교

가장 최근, 현재 작동되고 있는, 그리고 계획돼 있는[88] 강력한 5세대 입자가속기 목록이 다음에 나온다.[89] 이들은 이미 소개했거나, 이번 장의 남아 있는 섹션의 여러 부분에서 소개하고 설명할 예정이다 (표에 나와 있지 않은 초전도 슈퍼 입자가속기는 LHC보다 훨씬 크고 강력했을 것이다. 텍사스에서 건설하기 시작했지만 이 프로젝트는 클린턴 정부 때 비용이 너무 많이 들어간다는 이유로 취소됐다.)

입자가속기	장소	작동	가속	최대 TeV	거리, 마일
테바트론	미국	1987-2011	proton & anti	1	1.3
RHIC	미국	2000-	pp, AuAu, Cu	0.5	0.8
LHC	스위스	2008-	Pp, pPb, PbPb	6.5	5.3
?[90]	중국	2028-	?	?	10
VLHC[91]	?	?	?	?	20

('가속'으로 표시된 열은 다음과 같이 충돌되는 빔의 종류를 말한다. 양성자와 반양성자, pp[양성자와 양성자], AuAu[금 이온과 금 이온], CuCu[동 이온과 동 이온], pPb[양성자와 납 이온], PbPb[납 이온과 납 이온])

입자물리학의 표준모형(다음 섹션에서 설명한다) 중 많은 입자를 테바트론과 동시대 또는 그 이전의 입자가속기와 일반 가속기(위의 표에 나와 있진 않다)를 사용해 발견했다. 시카고 근처의 페르미연구소에 세워진 테바트론은 1987년부터 2011년까지 가장 강력한 입자가속기였으며 빔 하나에서 생성된 에너지가 최대 1테라전자볼트TeV였다. 테바트론의 메인 링 건설이 1983년에 이루어졌고, 1993년에 업그레이드가 이루어져 전체적으로 4억 달러 이상의 비용이 들었다.

참고로 '테바트론'은 입자가속기에서 입자 빔이 충돌할 때마다 테라전자볼트(=10^{12}전자볼트) 범위의 에너지가 나온다고 그렇게 이름 지었다. 빔의 각 입자가 충돌하기 전에 그 정도의 에너지를 얻도록 만들 수 있다. 11장에서 더욱 자세히 다루겠지만 전자볼트, 즉 eV는 원자물리학과 입자물리학에서 에너지의 척도로 사용한다. 수소원자의 n=5에서 n=2 상태로 전자가 전이(그림 2.9에 나와 있다)할 때 방출되는 자색 광자의 에너지는 약 3eV이다. 이 에너지의 5배인 15eV면 원자에서 전자가 풀려나온다. 테바트론은 입자의 에너지를 600억 배 이상 키운다. 원자에서 핵을 분리하는데 필요한 에너지 이상이고, 그 양성자와 중성자를 그 구성요소인 쿼크로 나누는 데 필요한 에너지 이상이며, 최종적으로 (가장 무거운) 그림 9.11(사진으로 삽입)에서 보여주는 탑쿼크를 만들어내는 데 필요한 에너지다. 탑쿼크는 마지막으로 발견된 기초 페르미온이다(이러한 입자들은 이 장의 다음 섹션에서 설명된다).

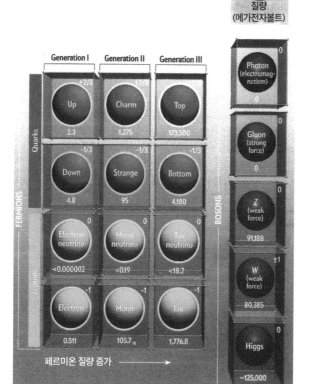

그림 9.11. 표준 모형의 기초 입자.

모든 입자 물리학은 표준 모형이란 이론에 근거한다. 이 모형엔 자연에 존재하는 기초입자뿐만 아니라 이들을 다루는 힘을 배치하고 있다. 표준 모형에는 두개의 주 입자족을 포함한다. 모든 물질의 구성요소를 포함하는 페르미온과 모든 힘전달 입자를 포함하는 보손이다. 페르미온은 점점 더 질량이 커지는 세 개의 세대로 나타난다.

(컬러 원본 사진)

대형 강입자 충돌기

앞의 목록 중 가장 최근에 지어진 입자가속기는 현재 가동되고 있는 대형 강입자 충돌기LHC다. LHC는 1998년에 제네바 근처에서 CERN이 44억 달러 비용으로 건설하기 시작했다. 이제까지 지어진 것 중 가장 복잡한 실험용 시설로, 세계에서 가장 큰 단일 기계다. LHC는 2010년에 가동을 시작했다. 지하 574피트[약 175미터] 깊이로 프랑스-스위스 국경을 건너며, 직경 5마일[8킬로미터] 이상의 원형 궤적을 지나는 터널에서 양성자 빔을 가속하고 있다. 반대편의 빔과 충돌해 빅뱅 직후, 우리 우주가 존재하기 시작하던 순간의 에너지 밀도를 재현해 입자를 만들어 내고 실험한다.

모두 합해 1,232개의 초전도 쌍극자(개당 길이 약 45피트, 무게 약 40톤)가 5.3마일 직경의 가속기 링 전체에 연이어 있어 양성자 빔을 휘게 한다. 양성자를 최대 2,800다발까지 회전시키며, 각 다발당 1,180억 개의 양성자가 들어 있다. 양성자당 최대 6.5TeV까지 에너지를 내고 충돌쌍당 최대 13TeV까지 총 충돌 에너지를 낸다. 최고 에너지 지점에서 양성자 다발은 광속보다 겨우 시간당 7마일 느리게 움직일 뿐이다.[92] (광속: 3×10^8미터/초 = 3×10^5킬로미터/초 = 약 2×10^5마일/초 = 7억 마일/시간)

물리학자들은 2012년에 이 시설을 이용해 힉스입자의 첫 번째 증거를 발견했다(당시 6천조[6×10^{15}]의 LHC 양성자-양성자 충돌이 분석됐다). 그때 이후로 추가적인 연구를 통해 힉스입자는 스핀이 0이라는 것을 포함해, 표준모형이 예측한 방식으로 행동한다는 것을 발견했다.

오랫동안 찾고 있었고 입자에 질량을 부여하며 표준모형을 완성시키는(이 모든 것은 섹션 IV C에서 논의할 예정이다) 힉스장의 입자인, 힉스입자를 발견한 공로가 LHC를 건설한 타당성에 한몫했지만, LHC가 발생시킬 수 있는 최대 에너지는 힉스를 발견하는 데 필요한 에너지를 훨씬 넘어선다. 에너지에 여유가 있다는 것이 새로운 입자 검출기를 만드는 임무를 느슨하게 할 수도 있다. 하지만 이제 새로운 입자와 새로운 물리학의 문을 열며, 빅뱅을 이해하는 데 한 걸음 더 크게 다가서고 있다.

입자 검출기

입자 만들기와 탐지는 별개의 일이다. 입자 검출기의 종류는 매우 많고, 탐지하고자 하는 입자의 형태에 따라 선택할 수 있다. 또는 특정 실험에 맞춰 특별 제작되기도 한다. 가속기에서 생성된 고에너지 입자는 입자 검출기 안의 기체를 통과하면서 형태로 퍼져 있는 원자로부터 전자를 떼어냄으로써 이온과 전자라는 자취를 남긴다. 기체는 대전된 입자의 궤적을 휘게 하는 자기장 속에 있는 '챔버' 안에 있다. 이들의 궤적을 통해 우린 입자의 운동량과 전하를 알 수 있다.

안으로 들여쓰기 된 다음 단락에서 일반적으로 사용되는 탐지기의 한 예를 보여주고자 바넷과 동료 저자의 책에서 한 단락을 인용했다.

"드리프트 챔버에는 많은 애노드 전선(양전위[전압] 전선)이 들어 있는데, 각 선은 캐소드 전선(애노드와 비교해 음전위[전압] 전선)으로 격자를 만들어 둘러싼다. 각 애노드 전선은 가장 가까운 캐소드 전선 사이에서 이온을 수집한다."[93] "'드리프트 시간', 즉, 이온이 시작점부터 전선까지 이동하는 데 걸리는 시간은 트랙과 애노드 전선 사이의 최소 거리에 비례한다."[94] 그리하여 더욱 세부 사항을 살펴보지 않아도, 검출된 입자가 지나온 통로를 따라 생성된 모든 이온의 드리프트 시간을 측정해 각 이온이 드리프트를 시작한 곳을 결정할 수 있고 그런 뒤 입자의 통로를 표시할 수 있다.

가끔 찾고 있는 입자가 곧바로 검출되지 않을 수 있으나, 특정 방식으로 다른 입자로 붕괴한 것 같은 '흔적'이 있을 수 있다. 입자 탐지가 얼마나 정교한지는 '최후의 힉스The Higgs at Last'[95]라는 논문에 잘 설명돼 있다(우린 힉스에 대해 섹션 IV C에서 배우며, 곧 나온다.) 어느 정도 이해했으리라 생각하니 이쯤에서 마치도록 하겠다. 입자물리학은 (핵심 과학자 그룹, 수학적 도구 그리고 엄청난 양의 데이터를 분석하는 자동화된 컴퓨터 도구와 더불어) 기술이 필요하며 거대한 도구를 건설해야 하고 그에 따른 정교한 실험이 있어야 한다. 하지만 이러한 실험에서 알아낸 사실은 진실로 놀라우며, 이제 곧 여러분에게 소개한다.

C. 표준모형의 입자

여기 섹션 IV C에서는 매우 긴 이야기를 아주 아주 짧게 정리한다. 인류는 우주가 어떤 물질로 구성돼 있는지 정의하려는 탐구를 계속해 왔다. 그리스어 atom은 물질의 가장 작은 조각을 설명하는 말이다. 더 이상 작게 나눌 수 없다는 뜻이다. 1930년을 시작으로 아원자 입자 '동물원zoo'이 발견됐다. 지금은 원자가 중성자와 양성자로 이루어진 핵과 이를 둘러싼 전자구름으로 구성돼 있다는 것을 알고 있을 뿐만 아니라, 중성자와 양성자는 쿼크라고 하는 더 작은 입자의 여러 조합으로 이루어진다는 것도 안다. 현재 밝혀진 바로는 (이에 반대하는 가설도 있지만) 쿼크와 전자는 더 작은 것으로 구성되지 않으며, 기본입자fundamental particles라는 것이다.[96] 곧 설명하겠지만 기본입자는 이 외에도 많이 있다. 그리고 1970년까지 대부분의 기본입자는 표준모형 같은 이론으로 설명됐다.

이제 우리 우주의 모든 입자는 두 가지 형태로 되어 있다는 것을 알아보자.

페르미온[97]은 반정수 스핀 단위(즉, + 또는 − 1/2, 3/2, 5/2, … 등으로 계속됨)를 갖는 입자다. 자연에서 어떤 페르미온도 같은 상태state를 점유하지 못한다(스핀 1/2인 전자에 대한 파울리의 배타원리를 되새겨 보자). 이것은 결과적으로 (물리학자 엔리코 페르미의 이름을 딴) '페르미' 통계로 이들을 설명할 수 있다.

보손[98](폴 디랙이 벵골의 물리학자 사티엔드라 보스[99] 의 이름을 따 명명했다)은 정수 스핀(즉, 0이거나 + 또는 − 1, 2, 3,…등으로 계속됨)을 갖는 입자다. 자연에서 보손은 몇 개라도 같은 상태를 점유할 수 있다. 결과적으로 '보스' 통계로 이들을 설명할 수 있다.

기본입자와 표준모형

우주가 이렇게 나뉘어 있기 때문에, 표준모형에는 두 개의 '기본입자' 집합이 있다. '기본 페르미온' 입자가 첫 번째 집합이다. 12개의 기본 페르미온 모두 1/2 스핀을 가진다. 다른 모든 입자들, 즉 모든 물질은 하나 또는 그 이상의 이러한 기본 페르미온으로 구성된다. '기본 보손' 입자가 두 번째 집합을 이룬다. 다섯 개 중 네 개의 기본 보손은 페르미온 간의 상호작용에 영향을 주는 장력을 전달하며, '페르미온의 상호작용을 매개한다'고 설명한다.[100] 이 네 개를 '게이지' 보손이라고 한다. 다섯 번째 보손은 힉스 보손이다(나중에 힉스 보손을 좀 더 알아본다).

기본 페르미온과 기본 보손은 모두 자연에서 발견됐거나 연구실에서 생성됐다. 이들이 그림 9.11에 나열돼 있으며, 사진으로 삽입돼 있다.[101] 그림 9.11에 포함되지 않은 것은 다섯 번째 기본 게이지 보손일 가능성이 있는 '중력자graviton'로서 중력의 힘을 전달한다. 그러나 중력자는 아직 발견된 적이 없고, 이를 공식적으로 설명할 이론이 개발된 적도 없다(이 장의 끝부분에서 중력자를 더 다룬다).

현재 기본 페르미온과 기본 보손은 모두 알려진 기본입자다. 그러나 모든 기본 페르미온 입자는 그와 관련된 기본 보손 입자를 가진다는 '초대칭'을 주장하는 목소리가 있다. 이 때문에 '기본'에 대한 우리의 관점이 바뀔지도 모른다. 초대칭에는 아직 발견되지 않았으나 에너지 영역에 속할지도 모르는 새로운 입자가 개입해야만 한다. 이는 LHC와 그 이후의 기기가 찾을 수 있을 것이다(이 입자의 일부가 암흑 물질이라 부르는 것이다). 좀 더 지켜볼 일이다. 새로운 이론이 필요할 수도 있다. 하지만 그건 접어두고 우선 지금은 과학자 대부분이 기본 입자로서 인정한, 이 입자들을 설명하는 표준모형 이론을 이야기하도록 한다.

이제부터는 기본 페르미온 입자를 먼저 제시하고 그 특성을 설명한다. 그 뒤에 페르미온과 보손이 어떻게 발견됐는지를 간략히 소개한다. 이어서 기본 입자의 수를 세어보고 마지막으로 기본 페르미온과 기본 보손의 상호작용을 설명하는 표준모형 이론을 살펴본다.

두 기본입자 집합(우리가 아는 한도에서)은 우주의 모든 기초적인 입자다. 이들이 함께 모여 표준모형의 모든 입자를 이룬다. 이 모형은 이 입자를 포함하는 동시에 설명한다. 다른 페르미온과 보손이 있으나 이들은 기본입자로 구성할 수 있으므로 이 책에서는 논의하지 않는다. 기본입자는 사진으로 삽입된 표준모형 표(그림 9.11)에 페르미온과 보손 그룹으로 나열돼 있다.

참고로, 모든 기본입자의 전하는 입자의 이름을 표시한 동그란 아이콘의 오른쪽 위에 제시돼 있다. 또한 그림에서 모든 입자의 질량은 해당 입자의 동그란 아이콘 밑에 백만 전자볼트인 MeV 단위로 제시돼 있다. 여러 입자가 얼마나 거대한지 감만 잡을 수 있도록 대략 말하자면, 전자의 질량은 0.5MeV 정도다.

페르미온은 그림 9.11의 첫 세 열에 나와 있다. 오른쪽으로 갈수록 더 무거운 페르미온 '세대generation'다. 이들의 반입자(곧 논의하기로 한다)와 함께, 페르미온은 우리 우주에서 발견되었거나 생성된, '보통 물질'을 이룬다.[102] (암흑 물질은 위의 섹션 III C에서 다루었다.)

보손은 그림의 마지막 열에 나열돼 있다. 위쪽 네 개의 보손은 이 섹션에서 설명하겠지만 자연의 힘을 운반한다. 다섯 번째 보손인 힉스 입자는 다르다. 역시 나중에 설명할 것이다.

페르미온
페르미온은 두 개의 주요 하위그룹으로 나뉜다. 첫 번째 하위그룹은 쿼크quarks 두 족으로 이루어진다(모두 붉은색으로 보인다). 첫째 줄에 +2/3 전하를 가진 쿼크와 둘째 줄에 -1/3 전하를 가진 쿼크가 두 족이다. 두 번째 하위그룹은 렙톤leptons 두 족으로 이루어진다(모두 녹색으로 보인다). 셋째 줄이 0 전하를 갖는 렙톤이고, 마지막 줄이 -1 전하를 갖는 렙톤으로, 표의 아래쪽 왼편을 보면 우리에게 친근한 전자electron가 있다.

현재 자연에서 발견되는 모든 일반 물질은 쿼크나 렙톤, 또는 이들로 구성된 물질로 이루어진다. 양성자는 +2/3 전하 '업'쿼크 두 개와 -1/3 전하 '다운'쿼크 한 개로 구성돼 순전하 +1이 된다. 중성자는 +2/3 전하 '업'쿼크 한 개와 -1/3 전하 '다운'쿼크 두 개로 구성돼 순전하 0이 된다. 양성자와 중성자는 원자의 핵을 형성하며, 양성자의 수로 순 양전하가 결정된다. 이러한 핵이 같은 수의 전자로 둘러싸이므로, 전기적으로 중성인 원자가 된다(전자를 뺏기거나 전자가 더해지면 결과적으로 양이나 음 이온이 되며, 흥미로운 화학적 성질을 띠는데 이 책의 4부에서 설명된다). 각 원소의 특성은 포함하는 특정 수의 전자 또는 같은 수의 양성자와 (이 책의 4부에서 설명될) 흥미로운 방식으로 관련된다.

역사적 의미에서의 페르미온, 장, 힘, 보손

강력

양성자(와 어떤 순전하도 지니지 않는 중성자)로 이루어진 핵은 어떻게 같이 견고하게 붙어 있을 수 있을까? 같은 전하는 밀어내려고 하므로 양성자는 서로를 밀어내 떨어뜨릴 텐데 말이다. 답은 핵이 강한 핵력으로 결합돼 있다는 것이며, 이 힘은 전기적으로 밀어내는 힘보다 강하다. 일본 물리학자인 히데키 유카와Hideki Yukawa가 1935년 이 힘을 제안했다. 유카와에 의하면 이 힘은 중성자와 양성자가 일종의 아원자 입자를 교환하면서 생긴 것이라고 주장했다. 1949년 유카와는 '핵력의 이론적 연구를 기초로 중간자mesons의 존재를 예측한 공로'로 노벨물리학상을 수상한 첫 일본인이 되었다. 하지만 이것은 중간 결과였다. 지금은 중간자, 양성자, 중성자가 글루온을 교환해 강력을 생산하는, 쿼크라고 하는 기본입자로 구성된다는 것을 안다.

쿼크, 글루온, 광자

특히 1960년대 전반과 1970년대에 과학자들 사이에서는 아원자 입자 동물원을 탐구해 그 특성에 따라 분류하는 연구가 절정이었다. 멘델레예프가 원자의 전자와 양자역학을 이해하는 데 중요한 주기율표 패턴을 발견했듯이 유사한 방법으로 머리 겔만Murray Gell-Mann은 기본 페르미온과 힘 교환 입자인 보손의 전체 집합을 가정해(그리고 그 뒤에 이를 이론적으로 설명하여) 입자의 3중 대칭이라는 특성을 설명했다.[103] 이를 구별하려고 그는 가상의 새로운 명칭을 고안해 냈다.

그가 쿼크라 부른 페르미온은 아일랜드의 소설가 제임스 조이스의 소설 『피네간의 경야Finnegans Wake』 중 한 구절인 "Three quarks for Muster Mark"에서 빌려왔다.[104] 그는 보손을 글루온이라 (적절하게는 그렇게 보인다) 불렀다. 여섯 개의 쿼크가 그림 9.11에 보이는 표준모형의 입자 그룹(붉은색의)의 상단, 좌측을 차지한다. 발견된 첫 세 개는 (이상하게도) '업up', '다운down', '야릇한strange'으로 명명되었다.

글루온은 마지막 (청색) 열의 두 번째 보손으로, 전자기 복사와 관련된 광자 다음에 나와 있다. 그리고 광자처럼 질량이 없다.

전기약력, 중성미자, W&Z 보손

볼프강 파울리는 1930년에 중성자가 양성자와 전자로 변형되는 '베타붕괴beta decay'에서는 전기적으로 중성이며 1/2 스핀을 가지고 질량이 거의 없거나 전혀 없는 입자의 방출이 함께 일어나야 한다고 주장했다.[105] 페르미는 1933년 보이지 않는 입자를 모국어인 이탈리아어로 '조그만 중성의 것'을 뜻하는 중성미자the neutrino라고 묘사하며 베타붕괴 이론을 발전시켰다.[106] 이것이 첫 세대 렙톤형 페르미온인 '전자 중성미자'로서 표에 나와 있다. 중성미자를 실제로 발견한 것은 1956년 붕괴할 수 있는 수많은 자유 중성자를 생성하는 핵반응로에서였다.[107]

1970년 이론학자 셸던 글래쇼, 압두스 살람, 스티븐 와인버그(이 일로 이들은 노벨상을 공동 수상한다)는 약력을 전자기력과 통합해 전약 이론the electro-weak theory을 만들어냈다. 이 이론에서 힘을 전달하는 W와 Z 보손을 제시했고, 맵시charm라고 부른 네 번째 형태의 쿼크를 예측했다.[108] W와 Z 보손은 그림 9.11의 마지막 보손 열에서 두 번째와 세 번째에 보인다.

힉스입자

동시에 연구를 진행한 세 그룹의 이론학자들은 1964년에 거의 모든 곳에 퍼져 있으며, 질량을 획득하는 입자가 존재해야 하는 특이한 장을 예측한 이론을 내놓았다. 결국 이것은 장뿐 아니라 설명한 실험자의 이름을 따서 '힉스장'으로 알려진다. 그들의 연구는 처음에는 거의 무시당했다. 하지만 점점 더 많은 입자가 1970년대에 발견되기 시작하면서 이 이론이 알려지고 표준모형에 속하게 됐다.

힉스입자가 다른 보손과 같은 의미에서 힘의 매개체는 아니지만 표준모형의 게이지 보손에 리스트됐다. 그림 9.11의 마지막(청색) 열 마지막 입자다.

질량

반복해 말하지만 그림 9.11의 모든 입자의 질량은 동그란 아이콘 아래에 백만전자볼트인 MeV의 에너지로 제시돼 있다. 이는 질량과 에너지가 등가이기 때문이다. $E=Mc^2$을 기억하자(전자의 질량은 약 0.5이고 나머지 입자를 보면 전자와 비교해 얼마나 무거운지 알 수 있다).

에너지가 질량으로 전환된다는 것은 하위 섹션 B에서 입자가속기를 다루는 박스에서 이미 논의했다. 0.511MeV 에너지에 해당하는 (그림 9.11의 하단 좌측에 전자의 아이콘 아래에 보이는) 전자의 질량이 수소 원자에서 전자 하나를 빼내는 데 필요한 약 15eV의 약 3만 배라는 사실은 흥미롭다. 후자(15eV)는 화학반응과 관련된 에너지이며, 전자(0.511MeV)는 입자물리학과 관련된 에너지이다.

앞에서 언급했듯 질량은 에너지에서 나올 수 있다. 탑쿼크와 힉스입자는 전자 질량에 비해 대략 30만 배의 질량을 갖는다. 이러한 무거운 입자를 만들어내려면 막대한 에너지가 필요하다. 이러한 이유로 테바트론에서 탑쿼크가 마지막으로 생성되고 발견되었으며, LHC가 겨우 몇 년 전에 힉스입자를 생성할 수 있었던 것이다. 충돌할 때 나오는 에너지의 일부는 충돌하는 입자의 질량에서 올 수 있다. 그러나 새로운 입자를 생성하는 대부분의 에너지는 매우 높은 운동에너지에서 나온다. LHC의 양성자가 시속 약 7억 마일인 광속보다 시속 7마일 느린 속력으로 충돌하면서 거대한 에너지를 만들어낸다.

'색 전하'

양성자와 중성자는 중입자baryon라는 입자에 속한다. 중입자는 앞서 강력을 논의하다가 언급한 '3개의 쿼크로 형성된 강입자'[109]라고 정의된다. 쿼크는 단독으로 발견된 적이 전혀 없다. 머리 겔만은 쿼크에 색 전하, 또는 단순히 색(전기적 전하나 빛의 색과 혼동하지 않기를 바란다)이라 부르는 또 다른 특성이 있다고 가정했고, 나중에 증명해 보였다. 이것이 '적색 전하', '청색 전하', '녹색 전하'다(컬러 TV 세트에서 색을 조합하는 데 들어가는 색에 따라 명명했다). 세 가지의 색 전하 쿼크가 합해져 (지극히 강한) 강력을 생산한다. 물리학자이자 과학 작가, 비평가인 프레드 보츠Fred Bortz는 이 힘을 이렇게 설명한다. "입자가 멀어지면서 감소되는 중력이나 전자기력과 달리, 색력은 더 멀리 떨어질수록 강도가 증가해 쿼크를 서로 잡아당기는 마치 코일 스프링처럼 행동한다. 이것이 묶인 쿼크가 떨어지지 않는 이유다."[110] 겔만은 자신이 명명한 방식으로 이것을 밝혔는데, 쿼크가 함께 묶이는 단하나의 방식은 흰색 복합체를 형성할 때라고 했다(컬러 TV에서처럼 청, 녹, 적색이 함께 흰색을 만드는 것과 유사하다). 강입자는 추가적인 쿼크/반쿼크 쌍[111]을 포함할 것이며, 이 또한 서로 단단히 묶여 있다. 또한 색 전하와 반 색 전하는 함께 모여 흰색을 생산한다. 중간자는 하나 또는 다수의 쿼크/반쿼크 쌍으로 이루어진다.

반입자와 기초입자의 수

반입자는 해당 입자와 동일한 질량을 지닌다고 추측한다(그리고 발견되었다). 그러나 다른 모든 입자 특성은 반대다. 특히 양전하는 반입자에서 음전하를 띤다.[112]

예를 들어 각 페르미온은 자신의 특성에 대응하는 파트너 입자(이 역시 페르미온이다)를 갖는다(블랙홀 증발을 논의하는 이전 파트에서 우주에서 화성인을 만나는 파인만의 유머러스한 묘사와 함께 설명했다). 이러한 미러링 mirroring이 있어야 한다는 첫 번째 암시는 폴 디랙의 이론 연구에서 제기되었다. 1930년에 그는 양자역학과 상대성을 사용해, 전자의 질량과 음전하만 가지고 격리된 전자의 모든 특성을 도출했다. 그는 계산에서 반대의 (양) 전하를 갖는 반전자가 있어야만 한다는 것도 보여주었다.

이 입자는 칼 앤더슨이 1년 뒤 우주 복사를 측정하는 안개상자 사진에서 발견했다. 디랙은 1933년 '새로운 생산적 형태의 원자 이론을 발견한 공로'로 노벨물리학상을 공동 수상했고, 앤더슨은 1936년에 '양전자의 발견으로' 수상했다. 디랙의 분석은 나머지 입자까지 확장됐는데 모든 입자에게 대응하는 반입자가 있어야 한다고 했다. 이는 입자가속기로 관찰됐다.

그림 9.11에 보이는 표준모형의 모든 입자는 반입자를 가지며, 그러므로 기본입자의 총수는 34개다.

표준모형의 이론들

빅뱅 모델의 핵심에 일반상대성이 있는 반면, (빅뱅부터 현재까지 존재하는) 자연의 기본입자는 자연의 장에 대한 양자적 해석과 이들의 상호작용으로 설명된다. 네 개의 기본 장은 각각 관련된, 그림 9.11의 마지막 열에 나열된 게이지 보손, 즉 힘 매개체를 통해 물질과 상호작용한다. 힉스장은 그 보손이 힘을 교환하는 게이지 보손이 아니라는 점에서 다르다.

각 장에 적용되는 양자역학은 아래에 그 역사적 발전 순서에 따라 설명한다. 첫 번째 전자기력에 적용되는 내용은 실험적, 이론적 접근법이 어떻게 합쳐지는지 말해주고자 좀 더 자세히 설명했다.

(기억하자. 표준모형의 모든 기본입자와 장은 자연 또는 입자가속기에서 발견됐다. 이들은 양자적 개체로서 행동한다. 양자세계인 것이다. 이론을 통해 이것이 설명된다.)

양자전기역학-
전자기력에 적용된 양자역학

보어와 슈뢰딩거가 음전하인 전자가 양성자핵의 양전하로 끌리는 점을 인지해 수소원자 모델을 개발했다는 점을 상기해 보자. 양성자의 양전하로부터 공간에 모든 방향으로 널리 퍼진 전기 '장'이 전자를 끌어당긴다고 고전 이론에서는 말할 것이다. 글쎄? 슈뢰딩거나 실제적 목적에는 이 가설이 여전히 유용할지는 모르겠으나, 양자역학이 더욱 발전함에 따라, 특히 1942년을 기점으로 7년 동안 미국의 물리학자 다섯 명이 협조해 힘이 작용하는 방식을 밝히자 이러한 관점은 변화됐다.[113] 일본의 물리학자 한 명은 홀로 이를 연구했다.

이 주제는 24세의 프린스턴의 대학원생 리처드 파인먼과 독립적으로 또래의 젊은 뉴요커인 줄리안 슈윙거Julian Schwinger가 오랜 문제를 파헤치며 미국에서 연구하기 시작했다. 양자역학을 이용한 이전의 시도에서는 자신의 전기장 안에서 대전된 입자의 에너지는 무한대가 된다(특이점a singularity을 보인다)는 결론이 나왔다. 또한 윌리스 램Willis Lamb이 수소원자의 스펙트럼을 정확히 측정하고 그 결과에서 이전의 어떤 이론으로도 설명이 되지 않던 아주 작은 이동이 있음을 발견하며 연구는 더욱 진전되었다('램이동Lamb shift').

슈윙거는 '정규화normalization'라는 수학적 과정을 사용해 특이점을 피했다. 파인먼은 전기장을 '가상 광자virtual photons'의 결과로 이해하면 그 작용을 더욱 잘 설명할 수 있다는 것을 깨달았다. 특히 양성자(양전하)와 전자(음전하) 사이의 힘은 양성자와 전자 사이에서 교환되는 가상 광자쌍이 계속 방출되고 흡수되면서 생긴다고 가정했다(질량을 지니는 [$E=Mc^2$에 따라 각각 에너지와 등가인] 두 개의 실제 입자가 갑자기 나타나는 것이 에너지 보존을 위반하므로 이 광자는 가상이다. 가상 입자의 존재를 허용하는 것은 두 에너지 간의 '불확정성'인 ΔE다. 이들의 생애인 Δt가 충분히 짧은 한 이들은 에너지에 적용되는 하이젠베르크의 불확정성원리에 의해 존재할 수 있다. $\Delta E \times \Delta t > h$ [플랑크의 상수가 또 나온다]).

두 접근법과 일본의 물리학자 신이치로 토모나가Sin Itiro Tomonaga가 독립적으로 추구한 세 번째 접근법은 특이점을 피했고 램이동을 정확히 설명했다. 1965년 세 사람은 '소립자 물리학에서 깊이 있는 결과를 만들며 양자전기역학의 기초가 되는 연구를 한 공로'로 노벨 물리학상을 받았다. 이 결과로 질량이 0이고, 스핀은 1이며 전자기장의 게이지 보손인 광자가 그림 9.11에 마지막 (청색) 열의 보손 중 첫 번째 힘 입자로 들어갔다.

연구 과정에서 파인먼은 입자의 상호 작용을 시각적으로 개념화하는 간단한 도표를 만들었으며, 결과가 나오는 '모든 가능한 경로'를 합하는 그의 기법은 이후 세대 물리학의 표준이 되었다.[114]

> 양자전기역학이 제공하는 통찰과 정밀함 때문에 파인먼은 이를 '양학역학이라는 왕관에 박힌 보석'이라고 불렀다.

전약이론-
약력에 적용된 양자역학

'약력' 입자인 W와 Z(앞에서 말한 바와 같이 원자핵 붕괴의 한 과정을 일으키는 원인이 됨)에 대한 기술은 1970년 즈음에 양자전기역학과 함께 통합돼 '전약이론'이라 불린다. 앞에서 언급한 베타붕괴와 원자핵의 양성자와 중성자가 함께 붙어 있는 현상, 방사능, 여러 무거운 원소가 불안정한 이유를 설명하는 이론이다. 셀던 글래쇼, 압두스 살람, 스티븐 와인버그는 '소립자 간 약력과 전자기력의 상호작용을 통합하고 특히 약한 중성류를 예측한 공헌'으로 1979년 노벨물리학상을 받았다. 그들의 연구는 헤라르트 엇호프트Gerrard 't Hooft가 발전시켰고, 그는 그의 논문지도교수인 마르티뉘스 펠트만Martinus J. G. Veltman과 함께 '전약 상호작용의 양자 구조를 자세히 설명한 공로'로 1999년에 노벨물리학상을 공동 수상했다.

양자색역학-

색전하와 강력에 적용된 양자역학

앞에서 설명했듯 이 이론은 머리 겔만이 1960년대에 개발했다. 쿼크를 서로 붙들어서 원자핵의 구성물인 양성자와 중성자를 만드는 강력을 설명하려 함이었으며, 글루온이라는 질량이 없는 입자의 교환을 통해서 가능하다. 겔만은 '소립자와 그 상호작용의 분류와 관련된 공헌과 발견'으로 1969년 노벨물리학상을 수상했다.

힉스장과 그것의 '매개체' 보손

겔만이 중성자와 양성자의 구성을 숙고하는 동안 피터 힉스는 그 질량이 어디에서 오는지를 생각했다. 앞에서 설명한 바와 같이 1964년에 힉스와 다른 학자들은 우주가 전자기장과 중력장에 더해 세 번째 형태의 장으로 채워져 있다고 제안했다.[115] 표준모형에서 대부분의 입자는 자신의 질량을 힉스장과의 상호작용을 통해 얻는다(앞에서 언급한 것처럼 다른 개인과 그룹도 유사한 이론과 생각을 갖고 있었다).

위에 나와 있듯 힘이 작용하는 장에는 '게이지 보손'이라 명명된 '매개입자'가 관여한다.[116] 유사하게 힉스장에는 힉스입자라는 새로운 입자가 관여한다고 제안했다. 2012년 6월에 발견한 힉스입자는 힉스장이 표준모형의 일부라는 강력한 증거다. 이 힉스입자가 표준모형에 따라 행동한다고 확인하려면 연구가 더 필요하고, 다른 이론에서 예측한 것처럼 아마도 힉스입자에는 한 가지 종류 이상이 있을 수 있다. 그러나 힉스입자의 근거는 충분하여 최근 CERN의 ATLAS와 CMS를 가지고 실행한 실험에서 예측한 입자가 발견됨으로써,

2013년에 피터 힉스와 프랑수아 앙글레르François Englert는 '아원자입자의 질량이 어디서 온 것인지 그 메커니즘을 이론적으로 밝혀낸 공로'로 노벨물리학상을 수여해 이론 개발에 대한 공헌을 인정받는다. 후자의 파트너였던 로버트 브라우트Robert Brout는 그사이 사망했으며, 생존해 있었다면 함께 수상했을 것이다.

D. 상대성이론과 양자역학의 충돌

우리는 투어 과정에서 아주 성공적인 빅뱅모델이 제공한 '지도'를 따라왔다. 이 모델의 중심에는 아인슈타인의 일반상대성이 있으며, 이 이론은 우주의 중력, 시공간, 거대한 구성체의 질량을 다루는 데 특히 성공적이었다. 그리고 물질의 기본입자와 자연의 힘을 설명하는 표준모형의 영역으로 들어갔다. 이 모델의 중심에는 양자역학이 있으며 주로 아주 작은 것들을 (실제로는 광범위하게 적용되지만) 다룬다는 것을 알고 있다.

양자역학과 상대성이론은 두 특정 분야에서 만난다. 첫째는 이번 장의 시작 부분에 언급했듯 중력이다. 상대성이론에서 중력은 시공간이 휘어진 결과다. 그러나 우린 '중력장' 측면에서 이야기한다. 그렇다면 양자역학이 (자연의 장과 힘에 대해 위에서 기술한 방식으로) 적용돼, (주장은 있었으나 발견되지 않은) '중력자'라는 매개입자의 존재를 예측하고 설명한다고 생각할지도 모르겠다. 두 번째는 빅뱅 때와 블랙홀의 중심에 매우 고밀도의 질량과 매우 작은 크기의 무언가가 조합돼 있는 상태다. 상대성은 질량의 밀도에 적용되고, 양자역학은 작은 크기에 적용된다. 그렇다면 논리적인 질문은 "둘 다를 통합하는 이론이 있을까?"다. 그것이 빅뱅이 일어난 한 점과 블랙홀의 중심에 있는 특이점을 해결할 수 있을까? 그 이론이 거기에서 실제로 일어나는 일을 설명할 수 있을까? 호킹의 말을 빌리자면, '모든 것의 이론'이 있을까? 대답은 적어도 현재로선 아니고, 아직은 아니다. 개념과 수학 사이에 뭔가 근본적으로 양립할 수 없는 것이 있는 듯하다.

이러한 종류의 질문에 대한 해답으로서 이론을 통합하는 두 가지 접근법이 있다. 하나는 '루프 양자 중력 이론loop quantum gravity theory'이고, 다른 하나는 '끈이론string theory'이다. 각 이론에 상당한 노력을 기울였음에도 불구하고 모두 추측에 근거한 것이다. 그리고 두 이론 모두 저자의 전문 분야와 이 책의 범주 밖이다. 그래서 이 투어를 여기서 마친다. 하지만 이 주제를 더 탐구하고자 하는 여러분께는 길을 안내해 주고자 한다. 각 접근법별로 흥미로운 책을 추천한다. 루프 양자 중력 이론은 이번 장의 시작 부분에 여러 번 인용한 책이다. 마틴 보요발트Martin Bojowald의 『빅뱅 이전Once before Time: A Whole Story of the Universe』(레퍼런스 FF)을 추천하고 끈이론은 스티븐 겁서Steven S. Gubser의 『끈이론에 대한 작은 책The Little Book of String Theory』(레퍼런스 II)을 추천한다.

루프 양자 중력

루프 양자 중력(LQG)은 우주를 설명하는 데 중력을 포함해 양자역학적 사고를 적용한다. 중력이 시공간이 굽어진 결과이기 때문에,

LQG는 양자 시공간이론이다. 양자역학이 양자전기역학에서 전자기학을 성공적으로 다룬 것과 같은 측면에서 이 이론은 중력을 힘의 장으로 다루려고 시도한다.

광자가 전기기장의 양자 알갱이인 것과 마찬가지로, LQG에서 공간은 중력자의 알갱이granularity를 취한다(이전의 섹션 IV를 기억해 보자). 공간은 10^{-35}미터라는 플랑크 길이의 단위로, 그물같이 짜인 유한한 루프의 성질을 가진다. 그러므로 공간에는 가장 작은 크기 단위가 있다.

이 이론은 두 가지 방향으로 연구되고 있다. 스핀폼spinfoam 이론(공변covariant LQG)과 표준canonical LQG이다. 이 이론의 한 결과로는 우주는 빅뱅 이전의 시간으로 돌아갈 수도 있다는 것이 있다.

끈이론

끈이론은 1960년대 시점에서 물리적 현상을 설명하려는 접근법이었다. 그 시기에 강력한 핵력을 모델화하려는 시도에 사용됐다. 이어서 보손을 설명하는 데에만 사용됐다. 나중에 초대칭(이 또한 섹션 IV에서 언급되었다)이라는 보손과 페르미온 사이의 연관을 보여주는 초끈이론superstring theory이 개발됐다. 1990년대 중반, 이 이론의 다섯 가지 버전이 11차원 M 이론을 구성한다. 그리고 1997년에 끈이론이 양자장이론과 관련 있을 수 있다는 생각이 나왔다.

여기서는 자연의 기본원소가 입자 대신 아주 작은 1차원의 '끈'이다. 그 특성은 이 끈의 진동 상태로 결정된다. 그 진동이 전하, 질량, 그리고 다른 특성을 자연에 부여한다. 하지만 이론이 전체로서 적용되지는 않는다. 오히려 개별적인 다섯 이론이 물리학의 특정 분야에 각각 적용돼 이웃하는 이론에 겹쳐지는 방식으로 작용하는 듯하다. 끈이론은 가능한 우주가 다수가 있음을 설명한다. 이와 관련해선 그린의 『멀티 유니버스』를 읽어보길 다시금 제안한다. 콜K. C. Cole은 <퀀터 매거진Quanta Magazine> 2016년 9월 15일 자 판에서 지금까지 끈이론이 중력과 양자역학을 통합하겠다는 약속을 지키는 데 실패해왔다고 설명하며 또한 이 이론이 수학적으로 그리고 물리학의 다른 관점에서 중대한 진전을 이루었다는 점도 밝히고 있다.[117]

이 책은 이제 양자역학의 가장 큰 결실이라고 할 수 있는 실제적 결과물을 살펴본다. 4부에서는 약간 단순한 개념에 근거해 양자역학이 어떻게 우리를 둘러싼 모든 것의 구성 요소인 원소의 화학과 원자를 설명하는지 보인다. 5부에서는 많은 발명품과 실제적인 생산품을 설명한다. 모두 양자론을 이해함으로써 설명되거나 직접적인 결과물이다. 여기에는 자기부상열차, 단원자층 물질, MRI 진단 의료 촬영, 그리고 미래에 무한한 전력을 제공할 수도 있는 잠재적인 자원이 포함된다.

4부

다전자 원자,
화학 및 재료과학의 기초

10장

4부에 대한 소개

4부에서는 간결하고 아름다운 그 어떤 것을 다룬다.[1] 여기에는 원자의 이해, 화학의 기초 그리고 우리 주변에 보이는 모든 것의 구조가 포함된다.

4부에서 원소의 특성이 양자역학으로 어떻게 설명되는지를 알 수 있을 뿐 아니라 그 이상한 반복성cycle이 원자의 전자구조와 어떻게 관련 있는지, 그리고 그것이 어떻게 원소의 결합 방식을 결정해 우리 주변에 보이는 대부분의 것을 형성하고 만들어내는지를 알게 될 것이다(나에게는 이것이 양자역학의 가장 중요한 산물이다. 즉, 발명의 실질적 엔진인 이해를 제공해준다).

접근법

여기서는 수소 전자의 상태에서 알아낸 것을 확장해 나머지 원소의 원자를 예측해본다. 우리의 접근법은 어떤 면에서 실증적이 될 것이고, 세리Scerri[2]가 말한 완전한 '환원reduction'을 전혀 상정하지 않는다. 그러나 14장에서 더 자세히 설명하겠지만 많은 물리학이 준비돼 있고, 양자역학은 원소와 주기율표를 설득력 있게 대부분 설명해준다.

11장과 12장은 전자의 특성을 더욱 완벽히 정의하면서 시작한다. 13장에서는 배타exclusion에 따른 영향이 어떻게 원소의 특성을 결정하는지와 주기율표에 보이는 원소의 순환적 본질을 설명한다. 14장에서는 원자에서 물리적으로 어떤 일이 일어나서 화학적 성질과 크기가 결정되는지를 알아본다(이상하게 보일지는 모르나 주기율표의 각 주기에 해당하는 원자의 크기는 우리가 더욱 무거운 원소에 더욱더 많은 전자를 상정하면 할수록 실제로 점점 더 작아진다). 15, 16, 17장에서는 원소의 화학적 특성이 어떻게 결합해 분자와 절연, 전도, 반전도하는 고체를 만드는지 보인다(이러한 물질로부터 5부에서 설명할 현대의 전기장치 및 모든 기구가 생산된다).

가끔씩 화학과 물리학 대학 과정을 넘어서는 개념을 소개할 수도 있으나 보통 관련한 수학을 제외하고 수학과 과학을 특별히 공부하지 않아도 되도록 했다. 어떤 부분에서 이뤄지는 논의가 여러분이 기대한 것보다 좀 더 상세하다 싶으면 제시된 섹션을 훑어보고 관련된 물리학을 어느 정도 이해하길 권한다. 4부 또한 매력적인 발명품이자, 5부에서 설명할 '양자 불가사의'를 이해하는 좋은 배경지식이 될 것이다.

주기율표

우리 주변의 모든 것은 원자 또는 원자의 조합으로 구성된다. 2016년 10월 13일을 기준으로 118가지의 원자 형태가 발견됐거나 만들어졌다.[3] 이것들이 자연의 구성 요소이며 118개의 원소 각각은 자신만의 특성을 가지고 있다. 각각 연속적으로 더욱 무거워지는 순으로 따져보면 이들 원자의 특성은 주기적으로, 반복해 순환하는 듯하다. 이러한 경향을 주기율표periodic table에 원소를 나열함으로써 요약한다. 주기율표의 짧고, 흥미로운 역사와 이러한 개발을 주로 담당한 카리스마 넘치는 인물의 삶이 부록 B에 약간 소개된다. 이 시점에서 이론에서 약간 벗어나 휴식을 취하길 바라며, 부록 B를 재미와 배경지식을 이해하는 측면에서 읽어보길 바란다.

주기율표는 여러 형태로 만들어진 적이 있다. 어떤 것은 기둥에, 어떤 것은 나선형에 어떤 것은 열에 원소를 원자번호로 나열한다. 이 모든 주기율표의 공통점은 원소의 특성이 반복되는 듯하다는 것이다. 각 주기마다 다른 어떤 원소와도 근본적으로 반응하거나 합쳐지지 않는다고 여겨지는 '비활성inert 기체'(영족 기체noble gasses라고도 했다)가 나타난다. 그리고 비활성 기체 사이의 원소의 수는 표의 모양에 관계 없이 언제나 같다.

예를 들어 표 B.2에서 아래 좌측 원자수 1인 수소로 시작해, 연속해서 원자의 수를 기준으로 원소를 세어보면 즉시 아래 우측의 원자수 2인 비활성 기체인 헬륨을 만날 수 있다. 헬륨까지 두 칸을 움직인 것이다. 다음 행에서는 비활성 기체 네온까지 8개 원소가 더 있다. 그 다음 행에서는 아르곤까지 8개 원소가 있다. 다음은 크립톤까지 18개가 있고, 다음에는 제논까지 18개가 있으며, 다음에는 라돈까지 32개가 있다. 이 '2, 8, 8, 18, 18, 32' 순서는 모든 주기율표에서 동일하다.

원자의 전자적 구조

세리는 원자의 구조가 어떻게 결정되었는지 그의 책 7장 '전자와 화학적 주기성The Electron and Chemical Periodicity'과 8장 '화학자가 개발한 주기 시스템의 전자적 설명Electronic Explanations of the Periodic System Developed by Chemists'[4]에서 훌륭하게 역사를 제공한다. 이를 소개하면서 다음과 같이 이 역사를 아주 짧게 요약한다.

1897년 전자가 발견되고 원소의 화학적 특성이 원자의 전자 수와 관련이 있다는 깨달음으로 물리학자와 화학자는 각 원자 속 전자 상태의 밀도 측면에서 주기율표를 이해하려 했다. 화학자들은 귀납적이고 실증적이었고 원소가 다른 원소와 상호작용하는 방식에 주로 집중했다. 표의 배열을 설명하는 규칙을 경험적으로 발전시키는 데는 꽤 성공적이었다.

반면 물리학자들은 고전적 이론의 모순을 극복하려 노력했고 1900년에 양자론을 발전시키기 시작했으며(우리가 논의한 바와 같다), 원자의 물리학으로부터 표의 주기성을 추론했다. 앞에서 제시한 바와 같이 이러한 활동을 이끈 제창자는 덴마크의 물리학자이자 노벨상 수상자인 닐스 보어다. 그러나 세리가 지적하듯 보어의 접근은 그가 원소와 표에 대해 이미 알고 있던 것에 근거해서 물리학적 성질을 설명했다는 점에서 추측보다 오히려 경험에 가까웠다.

물리학자들은 수소 원자의 전자를 가지고 '가능한 공간상태'를 정확히 푸는 데 성공했으며, 이 책의 2부의 각 장에서 설명하고 있다. 이러한 성공이 근사적으로만 접근할 뿐 수학적으로 전자가 많은 원자까지 확장하는 데 어려움이 있지만 그럼에도 수소에서의 결과는 더욱 복잡한 원자의 전자 구조를 정성적으로 예측하고, 주기율표의 배열을 이해할 만한 지침을 제공한다. 여러분도 알게 될 테지만 모든 것은 에너지가 좌우한다.

11장

수소 원자 전자의 에너지, 운동량, 그리고 공간상태

참고: 이 장의 안으로 들여쓰기 된 단락에서 원자의 물리학을 이해하는 데 도움이 될 몇 가지 중요한 기본 개념을 설명한다. 그리고 그 단락에서 수치를 개량하고자 약간의 수학을 여기저기에서 사용한다. 이 개념이 4부의 중심적인 부분이므로 약간 시간을 투자해 익혀보는 것도 가치가 있을 것이다.

이 모든 것은 에너지에 달려 있다

3장에서 다룬 '수소 원자에 대한 슈뢰딩거 방정식'에 여러 공간상태 솔루션이 있었던 것을 기억하는가? 흠… 그림 3.8에서 본 공간상태 구름의 크기가 차이 난다는 점에서 추론해 이 상태의 에너지 준위에 확연한 차이가 있다는 점을 예측한 이도 있을 것이다. 그리고 그건 맞다. 슈뢰딩거는 공간상태를 계산하는 과정에서 이러한 에너지 차이를 계산했다. 그러나 우린 그가 왜 이러한 결과를 얻게 되었는지를 이해할 필요가 있다. 그 전에 행성과 원자 측면에서 에너지란 어떤 의미인지 다음에서 알아본다.

자유롭게 이동하는 물체는 얼마나 무거운지와 얼마나 빠르게 이동하는지에 따라 '양의 운동에너지kinetic energy'를 지닌다. 이와 반대로 인력의 영향을 받는 물체는 '음의 잠재〔위치〕에너지potential energy'(퍼텐셜 에너지)를 지닌다고 정의된다.

퍼텐셜 에너지는 물체가 더 강하게 끄는 인력의 원천에 가까이 있을수록 더욱 음이 된다. 물체는 태양의 중력에 끌리는 행성이거나 원자핵에서 양성자의 양전하에 끌리는 전자일 수 있다.

만약 한 물체가 인력이 존재하는 위치에 있지만 움직이고 있다면(즉, 운동에너지가 있다면), 인력을 끊을 수 있다. 만약 양의 운동에너지가 음의 퍼텐셜 에너지보다 커서 두 에너지의 합계가 0보다 크다면 말이다. 만약 이 합계가 0보다 작다면, 즉 음이라면(인력인 음의 퍼텐셜 에너지가 양의 운동에너지를 압도한다면) 그 물체는 속박상태bound state에 있게 되며, 아마도 여전히 주변을 움직이고 있겠지만 인력을 완전히 끊을 수는 없다. 총에너지가 음으로 갈수록 그 물체에 대한 속박은 더욱 세진다.

자연의 힘도 꽤 유사해서, 총에너지가 낮은 공간상태일수록 전자를 핵에 더욱 단단히 속박하고 더 작은 확률 구름을 만든다는 것을 슈뢰딩거는 발견했다(그의 솔루션이 특별한 이유는 에너지와 궤도 크기가 고전물리학에서 주장하듯 연속체가 아니라 특정한 속박 상태, 즉 양자화된 에너지를 갖는 특정 상태만을 허용한다는 것이다).

태양계에서 행성의 퍼텐셜 에너지는 음의 수가 매우 크다. 아주 커서 거대한 질량이 이렇게 빠르게 움직이면서 발생하는 매우 큰 양의 운동에너지를 압도하고 그 궤도 내에 속박한다. 대조적으로 원자 안의 전자는 작고 가벼우므로 그 에너지도 꽤 작다. 특히 수소의 경우, 전자의 속박 상태 에너지는 충분히 작아서 수소의 전자 하나는 9볼트 전지 두 개만 사용하면 속박 상태에서 (원칙적으로는) 빼낼 수 있다.

이제 이것을 사고실험을 사용해 알려줄 예정이다. 두 개의 전지를 직렬(하나의 음단자를 다른 하나의 양단자에)로 연결해 총 18볼트를 낸다고 상상해 본다. 과학자들은 이를 18볼트의 '전위electic potential'라고 한다. 이제 만약 연결되지 않은 한 전지의 음단자에서 하나의 전자를 당겨서 다른 전지(18볼트의 잠재 전기가 있는)의 양단자로 움직였다면, 이 전자에 18전자볼트의 에너지를 전자에 주었다고 한다. 과학 약칭으로는 18eV다. 만약 전자 두 개를 움직인다면 36eV의 에너지를 제공한 것이다. 간단하다. ('eV'에서 e는 전자의 전하를 가리킨다. 전하가 전위에 의해 움직일 때, 그것이 전자의 전하이건 다른 어떤 것의 전하이건 간에 전자볼트로 측정될 수 있는 에너지를 획득한 것이다.)

슈뢰딩거 방정식의 솔루션은 수소에서 기본적이며 가장 단단히 속박된 1s 상태, 즉 바닥상태에서 전자의 n=1 에너지 준위는 -13.60eV라고 알려주었다(그림 3.8의 아래쪽 좌측에 있는 확률구름이다). 우리는 전지로 18eV의 에너지를 제공할 수 있으며, 이는 수소 원자에서 전자를 빼낼 뿐만 아니라 여분의 **4.4eV** 의 운동에너지를 부여해 다른 어딘가로 빠르게 이동시킬 수 있다.

지금부턴 수소 원자의 나머지 공간상태의 에너지 준위를 검토해 보자. 속박된 공간상태 중 일부는 그림 3.8에 표시된 확률 구름으로 확인할 수 있다.

슈뢰딩거는 방정식을 통해 수소의 각 속박 상태마다 각 총 음의 에너지가 있으며 일반적으로 기호 n으로 표시하는 주양자수_{primary} quantum numbers로 특징짓는 무한히 많은 수가 가능한 (허용되며 이산적인) 에너지 준위에 따른다는 것을 알아냈다. 그의 솔루션에서 n은 1, 2, 3, 또는 4…등등의 정수만 올 수 있다. 그림 3.8의 각 상태를 표현한 확률 구름의 알파벳 앞에 쓰인 수가 이것이다(보어 모델에서 원자 궤도의 에너지 양자 수이기도 하다). 이 장의 뒷부분에서 논의할 예정인데, 각 에너지 준위에는 하나 이상의 상태가 있을 수 있다는 점을 참고한다.

각 에너지 준위의 에너지는 -13.60eV를 n^2으로 나눈 값으로 점점 작아진다(그건 -13.60eV를 점점 증가하는 정수의 제곱으로 나누기 때문이다). 첫 일곱 준위의 에너지를 계산해보면, 가장 덜 강하게 전자를 속박하는 상태인, 가장 높은 에너지 준위(음의 에너지가 낮다)부터 시작하는 다음 값을 얻는다.

n=7일 때, 총에너지는 (-13.60)/(7×7)= -0.28eV다.
n=6일 때, 총에너지는 (-13.60)/(6×6)= -0.38eV다.

n=5일 때, 총에너지는 (-13.60)/(5×5)= -0.54eV다.

n=4일 때, 총에너지는 (-13.60)/(4×4)= -0.85eV다.

n=3일 때, 총에너지는 (-13.60)/(3×3)= -1.51eV다.

n=2일 때, 총에너지는 (-13.60)/(2×2)= -3.40eV다.

n=1일 때, 에너지는 (-13.60)/(1×1)= -13.60eV다.

어떤 경향을 보게 될 텐데, n 값이 커질수록 음에너지 준위는 0에 점점 더 가까워지며, 0이 되면 전자는 풀려나며 속박되지 않는다. n 값이 매우 높으면 음의 에너지가 매우 낮으며, 이러한 상태의 전자는 그다지 견고히 속박돼 있지 않고 그에 따라 비교적 원자의 크기가 크다. n이 증가할 때의 크기 경향은 그림 3.8에 나타나 있다.

그리고 각운동량에 달려 있다

슈뢰딩거 방정식의 솔루션에서 도출된 상태의 또 다른 특성은 그 상태의 각운동량이다. 각운동량은 원형 또는 타원형으로 회전하는 물체를 계속해서 회전시키거나 움직이도록 하는 경향이 있다. 선운동량이 물체를 같은 방향으로 같은 속력으로 계속 움직이도록 하는 경향이 있는 것과 같다. 만약 물체가 한 방향으로 돈다면 각운동량은 양positive이라고 말한다. 만약 그것이 다른 방향으로 돈다면 각운동량은 음negative이라고 말한다.

슈뢰딩거의 확률구름이 회전하거나 스핀하지 않지만, 이들은 그럼에도 공간상태 각운동량spatial-state angular momentum을 가진다. 그것은 그림 위에 알파벳으로 나와 있다(에너지에 대한 단위가 eV인 것처럼, 각운동량도 단위가 있다. 각운동량에 대한 자연의 기본적 단위는 [여러분이 예상한 것처럼] 플랑크상수를 2π로 나눈 값이며, 과학 약칭으로는 h/2π이다).

슈뢰딩거 방정식은 공간상태 에너지처럼 각운동량의 강도ˡ가 양자화돼 있다는 것을 말해준다. 일반적으로 알파벳 ℓ로 각운동량 양자수를 표기하는데, 항상 n보다 작으며 0, 1, 2, 또는 3… 등의 정수만을 취한다. 이들 양자수 ℓ로 도출된 상태의 결과인 스펙트럼선이 날카롭고sharp, 주요하며principal, 분산되고diffuse, 기본적인fundamental 특성을 지닌다고 해서, 공간상태 각운동량 양자수 ℓ=0, 1, 2, 또는 3은 역사적으로 각각 알파벳 s, p, d, 또는 f로 표시했다.

그래서 그림 3.8의 첫 번째 '열column'에 보이는 구름에서 공간상태 ℓ=0이고 에너지 n=1과 n=2인 경우는 각각 1s와 2s로 표시됐다. 그리고 그림 3.8의 두 번째 '열'에 보이는 구름에서 공간상태 ℓ=1이고 각각 에너지 n=2과 n=3인 경우는 2p와 3p로 표시되고, 세 번째 '열'에서 공간상태 ℓ=2이고 에너지 n=3인 경우는 3d로 표시된다.

이제는 수소 스펙트럼에서 관찰되는 흥미로운 결과를 이해할 수 있다. 양자역학에 의하면, 전이에서 방출되는 에너지를 옮기는 광자는 편광에 따라, +1 또는 -1 단위 중 하나의 각운동량을 갖는다(이 광자는 낯설다. 양자역학에 따라 광자는 오직 +나 - 각운동량 하나만을 가진다. 질량[즉, 중력장에서의 무게]이 없는데도 말이다! 그럼에도 전자가 전이하는 에너지 준위에 따라 여러 에너지를 가질 수 있다!)

수소원자의 들뜬 상태에서 전자가 전이될 때, 들뜬 상태의 각운동량과 전자가 전이되는 낮은 에너지 상태의 각운동량은 전이에서 방출되는 광자가 가져가는 각운동량으로 나뉜다. 전이에서는 에너지가 보존된다. 초기 상태의 에너지와 마지막 상태의 에너지에 광자의 에너지를 더한 양은 동일하다. 각운동량 또한 보존된다. 초기 상태의 각운동량과 마지막 상태의 각운동량에 광자의 각운동량을 더하면 동일하다. 이것은 s 상태는 p 상태로만 전이될 수 있고, p 상태는 s 또는 d 상태로만 전이될 수 있으며, d 상태는 p 또는 f 상태로만 전이될 수 있다는 말이다. 그러므로 수소 스펙트럼에 예상보다 적은 선이 있는 이유이며, 이것이 정확히 관찰된 결과다. 그리고 나머지 원소에서도 상태 간 전자의 전이는 이와 동일하다.

각운동량은 화살표(벡터)로 표시할 수 있다. 화살표 길이가 각운동량의 세기에 비례하고, 회전의 축을 따라 방향을 지시한다. 이러한 벡터는 공간상태의 각운동량을 나타내는 것으로 간주할 수 있다(물론 이상하다. 각운동량은 있으나 궤도나 회전의 증거는 없다). 이 벡터는 두 부분, 즉 두 [벡터] 성분으로 나눌 수 있다. 하나는 자기장(자기장이 적용된다면)의 방향에 놓이는 벡터 부분을 나타내며, 두 번째는 자기장에 직각(90도) 방향으로 놓이는 부분을 나타낸다(원자는 지구의 자기장에서 또는 실험적으로 말굽자석 사이에 있을 수 있다. 또는 전자가 자기장안에 있지 않더라도 각운동량의 가능한 벡터 성분은 전자가 자기장에 있다는 것으로 가정하고 정의된다). 자기장의 방향에 정렬될 각운동량의 성분 또한 슈뢰딩거 방정식의 공간상태 솔루션으로 양자화된다. 이 성분은 (일반적으로 m이라 부르는) 특정 정수에 각운동량의 기초 단위를 곱한 값 즉, m × h/2π로 나타난다. 그리고 m은 −ℓ 부터 +ℓ까지의 제한된 범위에서 어떠한 정수 값도 가질 수 있다.[2] 12장에서 설명할 이유로 m은 자기magnetic양자수라고 부른다.

m값도 그림 3.8의 확률구름에서 볼 수 있다. 몇 가지 그림에 보이는 +1 또는 −1값은 이 구름이 두 공간상태 중 하나를 나타낸다는 것을 알려준다. m이 +1인 상태와 m이 −1인 상태로, 여기서 +1은 지금 보이는 상태이며, −1은 페이지에 수직인 평면에 놓인 상태다.

우린 수소원자에 대한 슈뢰딩거의 공간상태 솔루션에 내재하는 세 가지 특성을 정의해 보았다. 전자의 모든 공간상태는 그 특성에 따라 양자수 n, ℓ, m으로 표현된다. 여기서 또 하나의 특성이 있는데 고유한 각운동량으로서 간단히 '스핀spin'이라고 부르며, 다음 12장에서 설명한다.

12장

✦

스핀과 자기력

전자의 내재적 특성인 스핀

2장에서 설명한 대로 파울리는 원소의 특성과 주기율표를 설명하고자 스핀이 있다고 가정했다. 그래서 설명은 됐지만 어떤 확실한 과학적 근거는 없었다. 1928년, 수학자이자 물리학자인 폴 디랙에 의해 그 근거를 밝히는 일이 대단한 이론적 연구로서 자리잡혔다.[1] 아인슈타인의 특별상대성과 전자 전하와 질량만을 이용해 그는 독립된 전자의 모든 특성(즉, 원자 속에 있건 아니건 관계없이 전자의 내재한 특성)을 계산해냈다.[2] (디랙, 하이젠베르크, 슈뢰딩거 모두가 양자역학에 각기 다르게 수학적으로 접근해서 수소원자의 에너지와 공간상태를 성공적으로 계산하고 같은 결과를 얻었으나 디랙이 3년 앞섰다는 것을 기억하자. 이 중 슈뢰딩거의 방법이 더욱 이해하기 쉬울지라도 말이다).

디랙이 도출한 특성에는 매우 작은 고유한 각운동량이 포함돼 있었다. 이것은 전자가 원자로부터 완전히 분리돼 있다 하더라도, 그리고 전자가 취할 수 있는 공간상태의 전체 형태에 관계없이 존재한다. 디랙은 전자가 자전하고 있음을 밝혀내지 못했지만 이 내재적 각운동량을 설명하는 데 사용한 용어는 (일찍이 울렌벡과 호우트스미트가 만든 대로) 스핀이었다(그리고 여전히 그러하다).

디랙은 전자의 스핀이 오직 두 가지 값만 가질 수 있다고 계산했다. 그것은 +1/2 또는 -1/2 곱하기 각운동량의 기초 단위인데 각운량의 기초단위는 앞에서 설명했듯 h/2π이며, 플랑크 상수를 2π로 나눈 값이다.[3] 그리고 스핀 또한 '양자화'돼 있다. 단지 두 가지 가능한 값, 즉 두 가지 가능한 스핀 양자수로 말이다. 이것을 여기선 간단히 '+스핀'과 '-스핀'이라고 말한다(이 두 가지 스핀 상태가 있으므로, [11장에서 설명된 각운동량 편광상태와 함께] 광자의 실험은 스핀 실험으로 바로 대체될 수 있으며, 6장에서 설명했듯 벨의 부등식을 확인하는 데 사용됐다).

자기학

만일 막대자석이 자기장(예를 들어 말굽자석 간격 사이)에 위치하면 자기장이 강한 부분으로 끌어당겨질 것이고, 자기장의 N극 나타내도록 정렬될 것이다. 나침반 바늘이 지구의 북극 쪽을 지시하는 것과 같다. 이 경우 막대자석이 자기모멘트magnetic moment를 가진다고 말한다.

만약 분리된 전자 하나가 자기장에 위치한다면 이 또한 자기모멘트를 지닌다고 보며 막대자석과 유사하게 행동한다. 전자는 어디에 있든 관계없이 언제나 이러한 자기모멘트를 지니기 때문에, 내재적 자기모멘트를 가진다고 말한다. 그리고 양자역학에서는 전자의 내재적 자기모멘트가 그 스핀 각운동량에 비례한 강도와 방향을 가진다고 설명한다.[4] 만약 그 전자가 +스핀 상태라면 그것의 자기모멘트는 설명한 것처럼 자기장에 정렬되고 만약 그 전자가 -스핀 상태라면 반대방향으로 정렬된다.

자기장의 방향에 정렬되는 '공간상태' 각운동량의 성분은 슈뢰딩거 방정식으로 양자화된다고 말한 11장을 기억하자. 이 정렬은 전자 또한 공간상태 각운동량의 성분과 같은 비례로 '공간상태 자기모멘트'를 가지기 때문에 발생한다. 그리고 이 성분은 일반적으로 m이라 칭하는 정수로 양자화돼 나타난다는 점을 기억하자(이제 우린 어째서 m을 '공간상태 자기 양자수'라 부르는지를 이해하게 되었다).

점유한 상태와 스핀이 결합된 전자의 자기적 성질은 내재적 스핀과 m의 조합으로 결정된다. 각 스핀과 공간상태 조합에 대한 에너지에는 아주 작은 양자화된 편이가 있다. 이 편이는 전자의 내재된 자기모멘트와 공간상태 자기모멘트의 작은 '막대자석들'이 서로 당기거나 밀어내는 방식에 달려 있다. 이 '미세구조 분리fine-structure splitting'는 정말 작아 여기서는 무시할 수 있으나 각 에너지 편이는 정확히 이론에 따른다고 측정되고 있다.

13장

---◆---

배타와 주기율표

이제 우리는 본질적으로 모든 원소와 이들의 여러 특성을 이해할 수 있게 됐다! 수소의 전자 상태를 지표로 삼아 관련된 네 개의 표를 살펴본다. 이들은 특별한 표로서 지루한 데이터를 포함하고 있지는 않다. 그 내용은 물리적 의미를 지니는 섹션으로 나뉜다. 그리고 표 하나가 다음으로 이어지며, '네 번째 표에서 현대의 원소주기율표를 만나게 된다!' 우리가 수소 원자를 이미 알고 있는 덕분에 쉽게 진보해 나갈 수 있었던 것과 마찬가지로 원소의 원자적 구조를 간단히 발견하는 성취를 이루었다. 이 장을 진행해 나가기 전에 우선 전체 구도를 이해하는 것이 최선일 것 같다. 이를 위해 여러분이 각 표를 훑어보며 '전체적인 개념'을 잡기를 권한다. 훑어보기를 끝내면 각 페이지의 표에 바로 이어서 나오는 짧은 참조 사항을 보도록 한다.

표 I. 수소원자 전자의 가장 낮은 에너지로 조합된 스핀과 공간상태 128가지

각 정사각형에는 상태를 에너지, 각운동량, 공간 및 스핀 자기모멘트와 함께 그것이 위치한 열과 기둥에 양자수로 표시하고 있다. f상태 블록의 에너지레벨 n=4와 n=5의 상태는 이 표의 맨 위에 따로 나타나 있다.

그림 3.8에 보이는 것들과는 달리, 여기에서 몇 가지 상태를 나타내는 확률 구름은 비례적인 크기가 아니다. (Leighton, Reference F의 그림 5-5. with permission from Margaret L. Leighton)

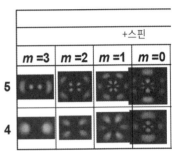

Energy Level, n	+스핀			
	$m=3$	$m=2$	$m=1$	$m=0$
5	state	state	state	state
4	state	state	state	state

Energy Level, n	s 상태, $\ell=0$		d 상태, $\ell=2$						
	+스핀	-스핀	+스핀						
	$m=0$	$m=0$	$m=2$	$m=1$	$m=0$	$m=-1$	$m=-2$	$m=2$	$m=1$
7	state	state	state	state	state	state	state	state	state
6	state	state	state	state	state	state	state	state	state
5	state	state	state	state	state	state	state	state	state
4	state	state	state	state	state	state	state	state	state
3	state	state	state	state	state	state	state	state	state
2	state	state							
1	state	state							

f 상태, ℓ=3

					-스핀					Row
$m=-1$	$m=-2$	$m=-3$	$m=3$	$m=2$	$m=1$	$m=0$	$m=-1$	$m=-2$	$m=-3$	
state	state	state					state	state	state	5
state	state	state					state	state	state	4

	-스핀				p 상태, ℓ=1					Row
					+스핀			-스핀		
$m=0$	$m=-1$	$m=-2$		$m=1$	$m=0$	$m=-1$	$m=1$	$m=0$	$m=-1$	
state	state	state		state	state	state	state	state	state	7
state	state	state		state	state	state	state	state	state	6
state	state	state		state	state	state	state	state	state	5
	state	state		state	state	state	state	state	state	4
	state	state				state			state	3
						state			state	2
										1

표 II. 제네릭 다전자 원자 전자의 가장 낮은 에너지 상태 128가지

** 이 행 전체를 아래의 7번 행 ** 상태 이후에 넣어라.

* 이 행 전체를 아래의 6번 행 * 상태 이후에 넣어라.

	+스핀			
	$m=3$	$m=2$	$m=1$	$m=0$
5f	state	state	state	state
4f	state	state	state	state

s 상태, $\ell=0$	
+스핀	-스핀
$m=0$	$m=0$
7s	state	state
6s	state	state
5s	state	state
4s	state	state
3s	state	state
2s	state	state
1s	state	state

	d 상태, $\ell=2$						
	+스핀						
	$m=2$	$m=1$	$m=0$	$m=-1$	$m=-2$	$m=2$	$m=1$
7d	state	state	state	state	state	state	state
6d	state **	state	state	state	state	state	state
5d	state *	state	state	state	state	state	state
4d	state	state	state	state	state	state	state
3d	state	state	state	state	state	state	state

블록 왼쪽의 표시는 표 I에 나타난 수소원자 전자에 해당하는 상태의 원래 에너지 준위와 각운동량에 해당한다.

f 상태, ℓ=3										Row
			-스핀							
$m=-1$	$m=-2$	$m=-3$	$m=3$	$m=2$	$m=1$	$m=0$	$m=-1$	$m=-2$	$m=-3$	
state	state	state	state	state	state	state	state	state	state	7
state	state	state	state	state	state	state	state	state	state	6

-스핀		
$m=0$	$m=-1$	$m=-2$
state	state	state
state	state	state
state	state	state
state	state	state

p 상태, ℓ=1							Row
	+스핀			-스핀			
	$m=1$	$m=0$	$m=-1$	$m=1$	$m=0$	$m=-1$	
7p	state	state	state	state	state	state	7
6p	state	state	state	state	state	state	6
5p	state	state	state	state	state	state	5
4p	state	state	state	state	state	state	4
3p	state	state	state	state	state	state	3
2p	state	state	state	state	state	state	2
							1

표 III. 원자번호로 표시한 각 원소의 원자에 대한 가장 바깥쪽에 점유된 예상 전자상태

	+스핀			
	$m=3$	$m=2$	$m=1$	$m=0$
5f	90	91	92	93
4f	58	59	60	61

** 이 행 전체를 아래의 7번 행 89번 ** 원소 이후에 넣어라.

* 이 행 전체를 아래의 6번 행 57번 * 원소 이후에 넣어라.

s 상태, ℓ=0	
+스핀	-스핀
$m=0$	$m=0$
7s 87	88
6s 55	56
5s 37	38
4s 19	20
3s 11	12
2s 3	4
1s 1	2

d 상태, ℓ=2						
+스핀						
$m=2$	$m=1$	$m=0$	$m=-1$	$m=-2$	$m=2$	$m=1$
7d						
6d 89 **						
5d 57 *	72	73	74	75	76	77
4d 39	40	41	42	43	44	45
3d 21	22	23	24	25	26	27

블록 왼쪽의 표시는 표 I에 나타난 수소원자 전자에 해당하는 상태의 원래 에너지 준위와 각운동량에 해당한다.

f 상태, ℓ=3										Row
					-스핀					
$m=-1$	$m=-2$	$m=-3$	$m=3$	$m=2$	$m=1$	$m=0$	$m=-1$	$m=-2$	$m=-3$	
94	95	96	97	98	99	100	101	102	103	7
62	63	64	65	66	67	68	69	70	71	6

-스핀		
$m=0$	$m=-1$	$m=-2$
78	79	80
46	47	48
28	29	30

p 상태, ℓ=1						Row
	+스핀			-스핀		
	$m=1$	$m=0$	$m=-1$	$m=1$	$m=0$	$m=-1$	
7p							7
6p	81	82	83	84	85	86	6
5p	49	50	51	52	53	54	5
4p	31	32	33	34	35	36	4
3p	13	14	15	16	17	18	3
2p	5	6	7	8	9	10	2
							1

표 IV. 103 원소를 현대적으로 배열한 주기율표 (표 B.2와 같음)

90 Thorium Th	91 Protactinium Pa	92 Uranium U	93 Neptunium Np	94 Plutonium Pu	95 Americium Am
58 Cerium Ce	59 Praseodymiu Pr	60 Neodymium Nd	61 Promethium Pm	62 Samarium Sm	63 Europium Eu

** 악티니드 계열 (이 행 전체를 아래의 Z=89번 Ac 원소 이후에 넣는다)

* 란탄 계열 (이 행 전체를 아래의 Z=57번 La 원소 이후에 넣는다)

IA	IIA	Group	IIIB	IVB	VB	VIB	VIIB	----- VIIIB

IA	IIA	Group	IIIB	IVB	VB	VIB	VIIB	VIIIB		
87 Francium Fr	88 Radium Ra		89 Actinium Ac**							
55 Cesium Cs	56 Barium Ba		57 Lanthanum La*	72 Hafnium Hf	73 Tantalum Ta	74 Tungsten W	75 Rhenium Re	76 Osmium Os	77 Iridium Ir	
37 Rubidium Rb	38 Strontium Sr		39 Yttrium Y	40 Zirconium Zr	41 Niobium Nb	42 Molybdenum Mo	43 Technetium Tc	44 Ruthenium Ru	45 Rhodium Rh	
19 Potassium K	20 Calcium Ca		21 Scandium Sc	22 Titanium Ti	23 Vanadium V	24 Chromium Cr	25 Manganese Mn	26 Iron Fe	27 Cobalt Co	
11 Sodium Na	12 Magnesium Mg									
3 Lithium Li	4 Beryllium Be									
1 Hydrogen H										

금속

메탈로리이드 = 반도체

| 96 Cm Curium | 97 Bk Berkelium | 98 Cf Californium | 99 Es Einsteinium | 100 Fm Fermium | 101 Md Mendelevium | 102 No Nobelium | 103 Lr Lawrencium | Row 7 |
| 64 Gd Gadolinium | 65 Tb Terbium | 66 Dy Dysprosium | 67 Ho Holmium | 68 Er Erbium | 69 Tm Thulium | 70 Yb Ytterbium | 71 Lu Lutetium | 6 |

IB	IIB		IIIA	IVA	VA	VIA	VIIA	VIIIA

7

78 Pt Platinum	79 Au Gold	80 Hg Mercury	81 Tl Thallium	82 Pb Lead	83 Bi Bismuth	84 Po Polonium	85 At Astatine	86 Rn Radon	6
46 Pd Palladium	47 Ag Silver	48 Cd Cadmium	49 In Indium	50 Sn Tin	51 Sb Antimony	52 Te Tellurium	53 I Iodine	54 Xe Xenon	5
28 Ni Nickel	29 Cu Copper	30 Zn Zinc	31 Ga Gallium	32 Ge Germanium	33 As Arsenic	34 Se Selenium	35 Br Bromine	36 Kr Krypton	4
			13 Al Aluminum	14 Si Silicon	15 P Phosphorous	16 S Sulfur	17 Cl Chlorine	18 Ar Argon	3
			5 B Boron	6 C Carbon	7 N Nitrogen	8 O Oxygen	9 F Fluorine	10 Ne Neon	2
								2 He Helium	1

비금속

표 I의 각 칸은 수소원자의 128가지 가장 낮은 상태(바닥상태) 중 하나를 나타낸다. 아래 행의 가장 낮은 에너지 상태부터 시작한다. 여러 행과 열, 네 개의 블록(칸들이 모여 있는 곳을 블록이라 부른다)이 그들의 에너지, 각운동량, 스핀 특성에 따라 지금의 상태를 이룬다. 이 상태 중 40개의 확률 구름이 박스 속에 보인다.

표 II는 나머지 모든 원소의 상태를 표로 나타낸 것이다. 각각 자신의 표가 있으나 모든 표는 어떤 면에서 유사하므로 우린 이 모두를 하나의 '일반화한 표generic table'로 나타낸다. 확률 구름이 없는데, 이는 각 원소의 원자마다 다르기 때문이며, 표 I의 수소에서 본 것과 조금 다르다고 생각하면 된다. 뒤에서 설명하겠지만 가운데 d 블록의 상태는 위로 한 행 높은 에너지로 이동돼 있으며, f 블록은 표 I의 이 블록 위치와 비교해 두 행이 위로 올라가 있다.

표 III은 각 행의 좌측부터 우측까지 표 II의 상태에 단지 번호를 매긴 것이다. 아래쪽 행부터 시작된다. 각 수는 그 원자번호, 즉 전자 수이며 상태표를 점유하는 원자의 상태를 표시한다. 그 원자의 전자가 가장 낮은 에너지 상태를 잇달아 점유하게 된다는 것을 말한다. 상태당 하나의 전자이고, 첫째 행의 좌측 끝에서 시작해 그 행의 우측으로 상태를 채우고 다음 행의 좌측 끝으로 이동하는 식으로 연속된다.

표 IV는 표 III의 정사각형에 각 원소의 이름을 더했을 뿐이다. 원자번호가 나와 있고, 아래쪽 원소 상자 위에 각 행별로 로마자 숫자로 '그룹' 표기가 돼 있다. 그리고 위에서 언급한 대로, 드디어! 우린 현대의 원소주기율표를 갖게 됐다!

표 IV의 아래와 위를 뒤집으면, 가장 가벼운 원소가 첫째 행으로 가고 가장 무거운 원소가 아래쪽으로 가는 더욱 익숙한 형태가 된다. 그리고 표 III은 표 IV에 보이는 각 원소의 가장 바깥쪽 전자의 스핀과 공간상태를 알려준다는 것을 기억하자. 그 상태가 각 원소의 특성에 어떻게 영향을 주는지 알게 될 것이다.

이 장의 나머지는 수소원자를 나타낸 표 I부터 주기율표(표 IV)까지 세 단계를 좀 더 자세히 설명할 예정이다. 표 III이 각 에너지 준위에서의 p 상태가 점유되는 정도를 어떻게 반영하는지와 이것이 모든 원소의 화학적 특성을 결정하는 방법을 알아보기로 한다. 그런 뒤에 14장에서 더욱더 많은 전자를 보유한 더욱 무거운 원소를 살펴보며 원자 내부에서 어떤 일이 일어나는지를 알아본다. 우선 표를 보면서 방금 말한 주기율표로의 발전 상황을 좀 더 설명한다.

나머지 원소의 원자로 안내하는 수소원자

표 I과 함께 시작한다. 수소원자 전자가 가질 수 있는 상태 중에 128개의 가능한 특성을 간결히 요약한 것이다. 이 128개가 에너지와 각운동량이 가장 낮은 상태다(이 상태들은 전자에 의해 점유되며, 자연적으로 전자는 가장 낮은 상태를 점유하는 경향이 있다). 표 I은 다음의 특성을 지닌다.

1. '상태states'라 표시된 각 칸은 전자가 점유할 수 있는 유일한 상

태를 나타낸다. 각 상태는 네 가지 양자수라는 특성 집합으로 나타낼 수 있는 유일한 곳이다.

이 상태는 네 개의 주요 블록을 이루고 있다. 각 블록은 왼쪽에서 오른쪽으로 연속되고 그런 뒤 위로 이어진다. 첫 번째 블록은 양자수 $\ell = 0$ 각운동량 상태인 s 상태다. 두 번째 블록은 양자수 $\ell = 2$ 각운동량 상태인 d 상태다. 세 번째 블록은 양자수 $\ell = 1$ 각운동량 상태인 p 상태다. 위의 네 번째 블록은 양자수 $\ell = 3$ 각운동량 상태인 f 상태로 표시된 칸들을 포함한다.

2. 각 블록은 반으로 나뉘어 왼편엔 +스핀인 상태들과 오른편에 -스핀인 상태의 칸들이 있다.

3. 각 블록은 열로 나뉘는데, 각 열은 자기양자수 m = 0, 1 또는 -1, 2 또는 -2 등의 상태를 나타낸다. 참고로, 각 m 값은 자기장의 방향과 평행(또는 역평행)으로 정렬되는 각운동량을 나타내는 구성 요소다.

4. 마지막으로 표의 오른쪽 끝 열은 해당 주양자수 n = 1, 2, 3, 4 등(표의 왼편과 같다)을 나타낸다. 각 n은 그 열 내의 모든 상태의 에너지 준위다.

5. 여러 상태의 확률 구름을 보여주고자 '상태' 표기 중 40개는 그 상태의 확률 구름 모양으로 대체했다(이 구름은 모두 칸에 맞춰 각기 다른 배율로 확대됐다. 이 그림 중 5개는 그림 3.8에 보이는 것과 동일한 배율이다).

일반 상태표에서 원소의 화학성에 대한 증거

다음으로 일반적인 표 II를 살펴본다. 전자가 하나 이상인 원자에서 가능한 전자의 상태와 특성을 (수소에 대한 표 I과 유사하게) 보여준다. 이 두 표는 다전자 원자의 상태에 대한 슈뢰딩거 솔루션과 수소원자의 솔루션이 거의 같기 때문에 유사하다.

그러나 표 II는 세 가지 면에서 표 I과 다르다. 첫 번째 차이는 바로 아래에서 설명하듯이 물리학의 차이에서 나타나는 결과이고 근본적으로 중요하다.

1. 표 II의 d 블록은 표 I의 d 블록보다 행이 한 칸(에너지 준위가 1) 올라가 있고, 전체 f 블록은 행이 두 칸(에너지 준위가 2) 올라가 있다. 이렇게 올라간 이유는 다전자 원자에는 존재하나 수소원자에는 존재하지 않는 물리적 상호작용이 있기 때문이다. 다전자 원자에서 각각의 전자는 가능한 확률 구름 어디에 있든지, 핵에 가깝게 놓여 있는 다른 전자 각각의 음전하 때문에 그 전자의 확률 구름의 세기만큼 핵의 양성자가 끌어당기는 힘으로부터 차단된다. 바깥쪽에 놓여 있을수록 더 차단된다. 바깥쪽 상태들은 에너지가 더 높고(더 음에너지가 낮고), 속박은 헐겁다. 특히 d 상태는 더 차단되고 음에너지를 덜 가져서 d 블록의 상태들은 같은 주양자수의 s와 p 블록보다 에너지에서(그리고 표에서) 더 높게 나타나며, f 블록의 상태도 이와 유사하게 d 블록의 에너지보다 높게 나타난다.

2. 두 번째 다른 점은 표 II의 각 블록의 왼쪽에 있는 표기다. 이 표기는 블록이 위로 이동하기 이전, 원래 각 열의 에너지 준위와 각운동량을 나타내고, 수소원자의 전자와 비교할 수 있게 해준다. 예를 들어 d 블록의 가장 아래 행은 표 II의 아래에서 네 번째 행인데 3d로 표기돼 있다. 이 상태가 표 I의 d 블록의 세 번째 행인 수소 상태와 어떤 면에서 같기 때문이다.

3. 마지막으로 표 II에는 어떤 확률 구름 그림도 보여주지 않는다. 그 이유는 한 원소 원자의 특정 상태(예로 $n=2$, $\ell =1$, $m=0$, +스핀)는 다른 원자가 같은 양자수를 가졌더라도 약간 다르며 이들의 구름 모양도 약간 다르기 때문이다. 이 표가 모든 다전자 원자에 적용되는 일반적인 표이기 때문에 어떤 특정한 원소의 구름을 보여주는 것은 부적절할 것이다. 표 I에 보이는 수소 전자의 확률 구름을 보면 이러한 상태가 어떻게 보일지 어느 정도 파악할 수 있을 것이다.

이렇게 해서 이 모든 상태와 관련 특성을 갖게 되었다. 그 다음은? 놀랍게도 (여러분이 곧 볼 것처럼) 각 원소의 화학적 성질은 대부분 '간단히 그 원자의 각 에너지 준위에서 전자가 점유한 상태의 수를 세어 보는 것'만으로 얻을 수 있다.

처음에 표 II의 (아래부터) 1행은 단지 두 개의 상태만 있다. 2행은 8개, 3행은 8개, 4행은 18개, 5행은 18개, 6행은 표의 맨 위 f 블록의 6행을 포함해 32개다. 이 '2, 8, 8, 18, 18, 32' 순서는 원자의 중량이나 원자번호 순으로 원소를 셀 때 '비활성' 원소 사이에 몇 개의 원소가 있는지와 일치한다. 그리고 이 상관관계는 진행해 나가면서 알겠지만 우연이 아니다.

반사교적 습성(배타)

이제 수소 이후 모든 원소들의 원자의 특성을 이해하는데 기본이 되고 주기율표 배열을 이해하는 데도 기본이 되는 지식을 논의하도록 한다.

처음에 볼프강 파울리가 가정한 배타원리를 기억하는가? 현재 '파울리의 배타원리'라고 부르며 보어가 원자모형을 가지고 원소와 주기율표를 설명하려고 세운 가설이었다. 당시에는 단지 가설에 불과했지만 이후 과학자들이 배타가 전자의 기본적 특성임을 파악했다.

공교롭게도 입자의 상태는 대칭적이거나 반대칭적인 파동함수로 설명할 수 있다(대칭성은 여기서 설명하는 범위를 넘어 수학의 범주에 속한다. 그러나 수학의 결과물은 심오하다!). 대칭적인 파동함수를 갖는 입자는 모두 정수 또는 0의 스핀을 가지며, 보손이라 부른다(9장에서 설명한 표준모형의 기본 보손을 기억해보자). 보손은 같은 상태를 점유할 수 있다. 반대칭적인 파동함수를 갖는 입자들은 모두 반 정수 스핀을 가지며, 페르미온 입자라 부른다(9장에서 설명한 기본 페르미온을 떠올려보라). 서로 다른 페르미온이라면 같은 상태를 점유할 수 없다. 이들은 같이 있을 수 없다(그렇다고 관찰되었다). 전자는 페르미온이다(사실상 기본 페르미온이다).

12장의 디랙의 계산을 더듬어 보면 전자는 고유한 각운동량을 갖는데, 스핀이라고 부르며 그 값은 +1/2이나 -1/2에 각운동량의 기초단위를 곱한 것이다. 전자는 반정수 스핀을 가진다! 또한 전자의 공간상태를 설명하는 파동함수는 불확실하고 퍼져 있다는 것을 참고하자. 전자는 같은 종류의 입자이기 때문에 '본질적으로' 구별이 불가하다. 그래서 어떤 두 전자도 같은 총 상태, 즉 파동함수가 상당히 겹치고(우리가 보기에 그러하고 수학적으로도 그러하다), 같은 에너지를 가지며, 같은 공간상태 각운동량을 가지며, 같은 각운동량의 자기 모멘트를 가지며, 그 스핀이 동시에 같은 방향(즉, 둘 다 +1/2나 둘 다 -1/2)을 가질 수 없다. 만약 이들의 다른 모든 특성이 같다면 전자는 같은 곳에 있을 수 없고 서로 떨어져 있다. 이것이 배타다.

우린 이제 둘 이상의 전자가 있는 원자 구조와 특성을 설명할 때 배타가 얼마나 중요한지 알게 됐다.

다전자 원자에서 배타의 작용방식

수소처럼 각 원자에는 전자가 점유할 수 있는 양자화된 상태의 집합이 무한하게 있다(이 중 128가지 상태가 표 II에 포괄적으로 나와 있다). 각 전자의 공간상태는 슈뢰딩거 방정식의 본질인 전자 구름의 모양처럼 복잡해 보이나, 다전자 원자라도 각 상태는 (수학적으로) 다른 어떤 공간상태와 겹치지 않는다. 그래서 한 원소의 전자는 분리된 공간상태에 있으므로 서로 떨어져 있다.

각 원소의 전자 수는 그 원소의 원자번호와 같다. 예를 들어, 수소는 전자 하나, 헬륨은 둘, 산소는 여덟, 네온은 열, 아르곤은 열여덟 등이다. 그리고 각 전자는 자연 대부분의 것처럼 그 특정 원소의 원자 내에서 가장 낮은 에너지 상태를 점유하려 한다. 그러나 배타 때문에 같은 총 스핀 및 공간상태를 점유할 수 없다. 그러므로 전자는 각 원자의 가장 낮은 에너지 상태, 그 다음으로 낮은 에너지 상태 등으로 상태당 하나의 전자를 연속해 점유할 수밖에 없다. 수소의 전자는 하나라 가장 낮은 에너지 상태를 점유하는 경향이 있다. 헬륨의 전자는 두 개라 가장 낮은 상태와 그 다음으로 낮은 에너지 상태를 점유하는 경향이 있다. 이런 식으로 계속된다. 중요한 점은 각 원소의 화학적 작용은 대개 (여러분이 보게 될 것처럼) 그 원자에서 마지막으로 전자가 점유된 상태와 점유 가능한 다음으로 낮은 에너지 상태에 의해 결정된다는 것이다.

다전자 원자의 상태 채움

이제 여러 원소의 전자가 어떤 상태를 점유하는지(와 결국 그것이 이들 원소의 특성에 어떤 의미를 갖는지)를 알 수 있다. 표 II와 관련해 다음과 같이 진행한다.

다음의 숫자가 붙은 단락에 몇 가지 세부 사항이 있다. 이 특정 예를 통해 양자물리학이 주기율표에서 얼마나 분명하게 자신의 특성을 드러내는지 볼 수 있다. 그러므로 인내심을 갖고 읽어주기를 바란다. 이 정보의 중요성은 나중에 분명해질 것이다.

① 전자는 가능한 가장 낮은 에너지 상태에 있으려는 경향이 있다. 각 원소의 '원자의 바닥상태'는 그 원자의 전자가 가장 낮은 에너지 상태를 점유해 생기는 결과이며, 이러한 점유의 범위는 배타로 허용되는 곳까지다. 원자는 대개 이 바닥상태를 유지한다.

② 원자번호 Z=1인 '수소' 원자의 전자 하나는 수소의 표에서 [1s, +스핀]이나 [1s, -스핀] 상태를 점유한다. [1s, +스핀] 상태는 표 I 또는 표 II의 아래쪽 좌측에 있다.

③ 추가 전자가 있는 원자에서 (배타 때문에) 두 개의 전자는 같은 총(공간 및 스핀) 상태를 점유할 수 없다.

④ 표 II에서 원자번호 Z=2인 '헬륨' 원자의 두 전자 중 첫 번째는 가장 낮은 에너지 [1s, +스핀] 상태를 점유하고 두 번째 전자는 다음으로 낮은 에너지 [1s, -스핀] 상태를 점유한다. 이것으로 표 (아래쪽) 첫 행의 가장 낮은 (음의) 에너지 상태가 모두 점유된다. 이를 헬륨원자에서 헬륨 상태의 1s 첫 번째 '껍질'이라고 부른다. 그리고 헬륨은 결과적으로 비활성이고 다른 원소와 상호작용하지 않는다. 이것은 이 장 뒷부분에서 설명된다.

⑤ (표 III에서) 원자번호 Z=3인 리튬 원자의 세 전자는 [1s, +스핀] 상태, [1s, -스핀] 상태, 그리고 그 다음으로 낮은 에너지 상태인 [2s, +스핀]을 점유한다. 그리고 원자번호 Z=4인 베릴륨 원자의 네 전자는 이러한 세 가지 전자 상태에 [2s, -스핀] 상태를 더해 점유한다. 이것으로 1s 껍질과 상태의 두 번째 행인 2s '하위껍질' 부분을 완전히 채운다(주어진 행 내에서 s, p, d, f 블록 중 하나가 모두 채워지면 하위껍질이 채워졌다고 한다).

⑥ Z=5인 붕소boron는 두 번째 행의 첫 +스핀 2p 상태를 포함하고, 거기까지 점유한다.

⑦ Z=6 탄소 원자와 Z=7 질소 원자는 추가적으로 2p 상태의 +스핀 상태를 각각 점유하며 포괄적 상태표인 표 II로도 확인할 수 있다.

각 에너지 준위의 각 상태 블록에서 +스핀 상태는 -스핀 상태를 점유하기 전에 점유되는 경향이 있다. 이는 동일 n, ℓ, m 양자수를 갖는 +스핀 상태와 -스핀 상태 모두를 함께 점유하기 시작하면, 두 개의 전자가 공간적으로 서로 거의 차곡차곡 겹치기 때문이다. 이러한 전자 각각은 -전하를 가지기 때문에 서로 밀어내는 경향이 있으나 그렇지 못하면 동일한 공간상태 구름에 갇히게 된다. 이러한 반발력은 에너지의 증가를 가져오며 자연은 에너지가 낮은 상태를 좋아하므로 가능한 한 그러한 에너지 증가를 피하려 한다. 그래서 배타에 종속된 전자는 각 블록 내에서 +스핀이나 -스핀 부분을 우선 채우려고 한다. 각 행의 가장 낮은 에너지 상태는 좌측이라고 우리는 이해하고 있기 때문에 +스핀 상태가 우선 채워지게 된다.

⑧ 원자번호 Z=8이며 2p 상태의 첫 -스핀을 점유(+스핀과 -스핀을 모두 가진 전자가 p 블록 공간상태를 처음 채우는 것이기 때문에)하는 '산소'는 예측과 달리(부록 D와 15장에서 논의된다) 기이한 화학적 특성을 갖는다.

⑨ 다음을 건너뛰면 Z=10인 '네온' 원자를 만나게 되는데, 그 상태는 10개의 전자가 2p 하위껍질인 '두 번째' 행의 상태껍질 전체를 점유한다(이것이 네온이 비활성인 이유이며, 이 또한 이번 장 뒤에서 논의된다).

⑩ 이렇게 나머지 원소의 원자 상태를 계속해서 채워 나갈 수 있다. 어떤 경우 이 원자의 하위껍질과 껍질이 전자로 '딱' 완전하게 채워진

다. 원자가 하위껍질이나 껍질을 딱 채운 이러한 원소는 (헬륨과 네온에서 이미 살펴본 바대로) 특별한 특성이 있으며, 반대의 스핀 상태를 채우기 시작하는 원자(산소에서 이미 보았듯이)의 원소의 경우도 그러하다.

주기율표를 만들기 위해 마지막 점유 상태 표시하기

우린 마지막으로 채운 전자를 기준으로 표 II의 칸에 그 원소의 원자번호를 삽입해 위치를 표시할 수 있다. 만약 우리가 모든 원소를 이렇게 한다면 결과는 표 III이다(그 외에는 표 II와 같다). 여기에 단지 ⓐ 표 III의 각 칸에 각 원소의 해당하는 이름과 기호를 추가하고 ⓑ 아래쪽 행 좌측 두 번째 칸(헬륨, Z=2)을 우측 맨 끝으로 이동시키면, 우리가 보던 주기율표인 표 IV(부록 B의 표 B.2와 동일)가 된다. 표 IV의 화살표는 헬륨 칸이 이동했다는 것을 나타낸다(이 이동의 이유는 곧 밝혀진다.)

원소의 전자 구조와 화학

주기율표인 표 IV는 부록 B에 설명한 대로 처음에 원소의 원소번호에 따라 배열하고 경험상 알게 된 화학적 특성을 열로 맞춰 순차적으로 배열했다. 이와는 대조적으로 표 III은 각운동량의 상태, 스핀, 그리고 자기장에 평행으로 정렬하는 각운동량을 따라, (순차적으로 더 높은 행을 따라) 점점 더 높은 에너지 준위를 점유한 마지막 상태를 표시한 것이다. '이 표의 유사성은 원소의 관찰된 화학적 특성(표 IV에 설명)과 이론적으로 도출된 전자 상태 구조(표 III에 설명) 간 연관이 있음'을 반영한다.

표 III은 물론 다전자 원자의 양자역학을 대략적으로 이해해 만들었다. 그러나 표 III으로부터 도출한 어떤 타입(s, p, d, f)부터 채워지는지, 각 타입에 얼마나 많은 상태가 있는지 같은 예측은 더욱 정밀한 방법에서 이루어진 측정과 잘 일치한다.[1]

실험을 통해 표의 아래쪽 세 블록의 75개 원소 중 66개 원소에 대한 예측은 '100퍼센트' 정확하다고 밝혀졌다! 그리고 나머지 9개 원소에 대한 예측도 정확함에 근접한다. 모두 (소위) 전이금속transition metals을 포함하며 중앙 블록에 위치한다. 이 전이금속은 s 상태를 채우기 전에 d 상태 중 일부를 채운다. 표 위쪽 f 블록의 원소는 상황이 더욱 복잡하다. 여러 타입 중 마지막에 채워지는 에너지가 뚜렷이 분리되지 않으며, 4f와 5f 상태 일부는 4d와 5d 상태가 모두 채워지기 전에 채워진다. 이러한 차이에도 불구하고 수소원자에서 우리가 알아낸 전자구조로 추정한 방식은 결국 상당히 성공적이었다.

비활성 기체 원소

이제 (표의 오른쪽 열에 있는 원소인) 비활성 기체의 전자 구조를 중요하게 살펴본다. 비활성 기체는 점유에 대한 우리의 추정이 100퍼센트 정확하다고 실험에서 밝혀진 원소다.

각 원소의 원자(표 III에 원소번호로만 표기됨)는 표 II에서 해당하는 지점까지 모든 칸, 모든 상태를 점유하는 전자로 구성된다(각 원소의 원자번호를 일반적으로 알파벳 Z로 나타낸다). 이제 표 III의 아래 좌측에서 두 번째 칸, 즉 1s를 Z=2인 헬륨 원소의 원자가 모두 채웠다는 것에 특히 주목하자.

나중에 좀 더 다루어 볼 내용이지만 아래쪽 첫째 행의 가장 낮은 두 상태를 채우면 결과적으로 아주 조밀한 원자가 돼 전자가 매우 단단히 속박되므로 다른 원자가 이를 뽑아갈 수 없다. 헬륨 원자는 다른 원소의 원자와 조합해서 전자를 얻으려고 하지도 않는다. 이것은 헬륨 원자핵의 양성자가 가진 두 양의 전하가 자신의 두 전자에 의해 거의 전체가 가려지기 때문이며, 새로운 전자가 들어갈 수 있는 가장 가까우면서 점유되지 않은 상태는 음 에너지가 워낙 약해 전자를 끌어당기거나 점유하지 않는다. 헬륨은 이와 같이 비활성이며 다른 어떤 원소와도 조합되지 않으려는 경향이 있다. 우린 헬륨에서 '첫 번째 껍질'이 자신의 두 전자에 의해 완전히 채워진 상태를 본다.

표 III과 IV의 맨 오른쪽 열의 원자번호 Z=10, 18, 36, 54, 86인 원소는 모두 껍질을 완전히 채웠다. 그 안의 전자는 모두 유사하게 비교적 단단히 속박되어 있다고 추정된다(14장에서 좀 더 논의할 예정이다). 이러한 껍질은 또한 양성자의 양전하를 거의 가려서 전자를 추가적으로 끌어당기지 않는다. 그러므로 이들 기체는 비활성이라고 할 수 있다. 그러나 이 비활성 기체의 무거운 원소 즉, 높은 원자번호를 가진 원소는 이들의 바깥쪽 전자가 껍질을 채웠음에도 불구하고 점점 덜 속박된다. 이 바깥쪽의 전자를 불소와 산소처럼 소유욕이 매우 강한 원소에

빼앗길 수 있다. 그렇기 때문에 이런 무거운 기체는 비활성이 아니다. 어찌 되었든, 표 III의 상태를 채우는 것(14장에서 좀 더 다루어 본다)부터, 앞에서 제기한 질문인 원소번호 Z=2, 10, 18, 36, 54, 86인 원소가 비활성 경향인 이유와 표 IV에 이러한 비활성 기체를 배치한 이유, 그 사이에 몇 가지 원소들의 특이하게 배치된 이유까지 답해 보았다. 즉, 주기율표의 각 행마다 원소 수가 2, 8, 8, 18, 18, 32인 이유를 답했다.

우린 이제 표 IV에서 Z=2인 헬륨의 칸을 표의 아래쪽 화살표처럼 왜 좌측에서 우측으로 움직였는지도 이해할 수 있다. 헬륨 원자는 이 표의 마지막 열에 나열된 비활성 기체 원자와 마찬가지로 완전히 채워진 상태 껍질을 가진다(그러나 전자 구조를 똑바로 유지하려면 헬륨의 두 전자 모두 s 상태에 있다는 것을 기억해야 한다. 헬륨이 표 IV에서 그룹 VIIIA 열인, 마지막으로 채워진 p 상태에 배치돼 있다고 할지라도 말이다).

'그룹'으로 분류된 원자의 전자 구조와 화학 반응

전자가 어떤 상태를 점유했는지에 따라 원소의 화학적 특성이 어떻게 다른지 우린 이제 알아가고 있다. 먼저 반응(조합)해 화합물 compound을 형성할 때, 하나 또는 여러 원자에 의해 획득 또는 공유되는 전자의 총수는 언제나 다른 원자가 빼앗거나 공유한 전자의 수와 같다는 점을 참고하기 바란다.

예를 들어 화합물인 물 H_2O는 하나의 산소 원자와 결합하기 위해 두 개의 수소 원자가 각각 전자 하나를 공유하고, 산소 원자는 두 개의 전자를 공유해 p 하위껍질과 n=2인 상태 껍질을 완전히 채운다. 원자가 전자를 획득하거나 포기하는 경향이 있는 원소의 성격은 표 IV의 배치에 내재하며 그 열의 이름으로 표시한다.

전자를 획득하려는 강도는 아래쪽 행일수록 (마지막 열을 제외한) 표의 우측 열일수록, 칸이 어둡게 음영 처리된 원소의 원자에서 높다. 이 원소가 전자를 획득하는 데 특히 적극적인 이유는 껍질이 완전히 채워짐(가장 낮은 에너지 배열)에 가깝기 때문이다. 이들은 비금속nonmetals이다. (예로 불소 원자[F, Z=9, 그룹 VIIA 바닥이며 우측으로부터 두 번째 열이다]는 반응성이 높아서 물에서 산소를 대체하며 불산HF을 형성하고, 반응성이 매우 높아 불소가 이산화규소SiO_2의 산소로부터 실리콘[Si, Z=14, 획득력이 훨씬 약한 그룹 IVA 열의 바닥에서 두 번째다]을 떼어내 유리에 흠을 낸다.)

역으로 p 블록의 행(원자가하위껍질a valence subshell이라고 부름)을 채우고 하나 더 넘치는 전자를 가진 원자는 원자가하위껍질을 정확히 채우기를 바라므로 마지막 전자를 '잃으려고' 강하게 반응하는 경향이 있다. 이것은 더 작고 본질적으로 구형인 채워진 하위껍질 내부의 음전하들이 하위껍질의 바깥쪽 전자를 핵의 인력을 못 받도록 가리기 때문이다. 이러한 종류의 원소는 표 III의 첫 번째 열에 표시되고, 주기율표의 첫 번째 열인 그룹 IA에 나열된다. 채워진 하위껍질보다 추가 전자를 두 개 더 가진 원소는 전자를 잃으려는 경향이 덜하며 표 III의 두 번째 열에 표시되고 주기율표의 두 번째 열인 그룹 IIA에 나열되어 있다. 원소가 전자를 버리려는 경향은 표에서 좌측으로 갈수록, 높이 올라갈수록 증가한다.[2] 전자를 잃으려는 경향의 원소는 표

IV에 음영 없이 보인다. 이러한 경향 때문에 이들은 금속metals으로 분류되고 우리가 알고 있는 금속성을 지닌다. 전기적 전도, 광택, 그리고 (대개는) 전성(구부러지거나 늘어지는 성질) 등이다.

（반응성 금속의 친숙한 한 예로 나트륨[Na, Z=11, 맨 왼쪽 그룹 IA의 바닥에서 세 번째다]을 살펴본다. 나트륨은 염소와 조합해 일반적인 식용 소금인 염화나트륨NaCl을 형성하는 것으로 잘 알려져 있다. 나트륨은 전성이 있는 금속이고, 금속성 광택을 지닌 전기 전도체. 그러나 물에 넣으면 나트륨은 수소 원자 하나와 하나의 산소를 빼앗아 수산화나트륨NaOH를 생성한다. 만약 충분한 나트륨이 있으면 열과 증기를 내며 격렬히 반응하고, 충분히 농축돼 공기 중의 산소와 만나면 수소를 방출하며 점화돼 타거나 심지어 폭발할 수도 있다. 칼륨[K, Z=19]이 NaOH의 나트륨을 대신할 수도 있고, 그 위인 루비듐도 마찬가지다. 반대 방향인 리튬과 수소 그리고 알칼리토금속 열인 그룹 IIA의 아래쪽 베릴륨은 그다지 반응적이지 않고 그저 금속성을 띨 뿐이다. 수소는 일반적으로 금속적 특성이 없는 기체로 간주하지만 이론상으로 충분한 압력과 적절히 낮은 온도라면 수소는 고체가 될 수 있고 전형적인 금속성을 띤다.）

표 III의 p 블록에 첫 네 열의 원소, 주기율표의 그룹 IIIA, IVA, VA, VIA 열의 아래쪽 좌측에서 위쪽 우측으로 사선으로 '연하게 음영처리'된 원자는 금속 원자와 비금속 원자 '가운데' 놓여 있는 특성을 띠며 뒷장에서 논의할 예정이다. 이들은 '준금속metalloids' 또는 '반도체semiconductors'로 알려져 있다(우린 실리콘과 게르마늄을 잘 알고, 현대 전기장치에 쓰이므로 친숙하다).

주기율표의 좌측 중앙에 표기된 로마숫자 다음의 알파벳 B는 전자가 p 블록 하위껍질을 완결하고 s 상태 이후 d 상태를 점유할 때 발생하는 추가 그룹(열)을 지칭한다. 이 그룹의 원소는 전이금속이다(이 중에 철, 니켈, 크롬이 있으며 강철을 만드는 데 사용되고, 원소 중 일부는 조합되지 않은 금속성 상태로 가끔 발견되기도 하며, 고대로부터 알려져 있다. 동, 은, 금이 그러하다).

표의 위쪽의 란탄 계열 원소 f 블록 6번 행은 '희토rare earth'로도 알려져 있는데 6번 행 Z=57인 란탄 뒤 전이금속 계열에 삽입된다. 표의 맨 위에 보이는 악티니드 계열 원소 f 블록 7번 행은 가장 무거운 원소로 알려져 있으며 7번 열 Z=89인 악티늄의 뒤의 전이금속 계열에 삽입된다(이들 중에는 원자력과 핵폭탄의 생산에 사용돼 우리에게 친숙한 우라늄과 플루토늄도 있다).

이전에 논의되었듯 각 행의 B형 그룹(열)을 가로지르는 일부 s와 d (그리고 6번 행과 7번 행의 f도) 원소의 전자 상태는 거의 비슷한 에너지를 가질 수 있어서 이들의 점유 순서는 A형 그룹의 원소만큼 명확하지 않다. 그리고 로마자의 유사성에도 불구하고, A형과 B형 그룹 원소의 전자적 구조와 특성은 가끔 매우 다를 수 있다. B 그룹은 A 그룹보다 두 개의 열이 더 있다. 표 IV의 중앙에 두 개 모두 VIIIB라는 이름에 들어 있다. 이 그룹 VIIIB 열의 어떤 원소도 비활성 기체 그룹 VIIIA와는 어떤 유사성도 없다. 특히 그룹 VIIIB의 이 세 개의 열의 가장 가벼운 전이원소인 4번 행은 철, 코발트, 니켈로서 이들은 모두 자성을 띠는 경향이 있다.

(부록 D에서 전이원소를 좀 더 서술하고 있다. 그러나 부록 D는 다음에 소개되는 다전자 원자에 대한 물리학을 전체 그림을 그려서 이해하고 난 다음 읽는 게 최선일 것이다.)

14장

원소의 화학적 성질의 토대 물리

원자의 전자구조를 이만큼 이해하게 된 것은 모두 양자역학의 시각으로 표를 원천부터 구성한 덕분이다. 구체적으로 ⓐ 수소원자에 대한 슈뢰딩거 방정식의 공간상태 솔루션(일부가 그림 3.8과 표 I에 보이는 '구름'으로 표현된다) ⓑ 디랙이 발견한 +1/2과 -1/2 전자 스핀 상태 ⓒ 배타 ⓓ 다전자 원자에서 다른 전자의 전하가 전자 하나를 핵전하로부터 차단한다는 것을 고려 대상에 넣은 것이다.

이번 장에서는 놀랍도록 다양한 원소의 화학적, 물리적 특성과 이들의 결합을, 양자역학이 이러한 표를 넘어 어떻게 설명하는지 알아본다.

이 장을 읽으면 여러분 대부분은 '놀라운 자연의 아름다움에 경이를 느끼게' 될 것이라고 자부한다. 그러나 그에 앞서 다전자원자에 대해 일반적인 물리와 화학 과정에서 배우는 개념 이상의 것을 논의한다는 사실을 밝혀야 할 것 같다.

이미 알아본 내용으로 여러분은 이곳의 자료를 이해할 만한 훌륭한 배경지식을 갖추었다. 하지만 내용이 약간 부담되거나 너무 세부적이라고 느껴진다면 여기에 제시된 것은 대략적으로만 살펴보길 권한다. 만일 그러기로 결정했다면 다음과 같이 한다. 일반적인 단락은 읽고 그림 14.1과 들여쓰기 된 단락은 건너뛴다. 그런 뒤 '종합', '부록 D 소개' 부분의 결론적인 섹션을 읽고 15장으로 넘어간다.

수소와 비슷한 다전자원자의 물리

여기선 원소번호가 연속해서 점점 커지는, 즉 전자를 점점 더 많이 갖는(물론 원자의 정의상, 그때마다 동일한 수의 양성자를 점점 더 많이 갖는) 원자를 살펴보면서 원자의 전자 상태에 벌어지는 일을 개념적으로 다룬다. 그런 뒤에 이 개념적인 뼈대를 사용해 원소의 물리적 크기와 화학적 특성을 측정해 이해한다. 주로 원소 그룹을 설명하지만 좀 더 흥미로운 원소 몇 개의 물리와 화학을 여기저기에서 집중해 알아본다.

어떤 원소의 원자에 있는 전자는 수소를 설명한 표 I과 유사한 상태 집합을 가지며, 각 집합은 그림 3.8에서 수소의 몇 가지 상태를 보여준 것과 유사하게 상대적 크기가 있음을 기억해 보자. 원리상 (그리고 어떤 원소는 실제로) 이러한 상태는 다전자 원자에 대한 슈뢰딩거 방정식의 솔루션이다. 이 솔루션은 음 전하를 띤 전자와 핵 안의 양 전하를 띤 양성자 간의 '정전기적 인력electrostatic attraction'을 추가로 고려하며, 방정식은 (전자와 핵 사이에 놓인 범위 안에서) 각 전자로부터 각 전자에 발생하는 '정전기적 차폐electrostatic screening'를 포함한다. 전 자에 효과를 미치는 핵전하는 양성자의 전하에서 우리가 주목하는 전자와 핵 사이에 놓여 있는 다른 모든 전자(가 점유한 공간상태)의 평 균 전하를 뺀 값이다.

13장에서 다전자 원자에 대한 포괄적 상태표인 표 II를 만들어 보 았다. 이 표는 전자가 다른 전자의 차폐를 관통하는 정도(즉, 우리의 전 자가 차폐에도 불구하고 여전히 보게 되는 핵전하의 일부)를 정성적으로 인식하고 전자가 s, p, d, f 형 중 어떤 상태인지에 따라 다른 에너지 준위로 이동하는지를 감안해 만들었다. 아래의 들여쓰기 된 단락에 서 이러한 일이 어떻게 일어나는지를 전자 상태와 에너지를 고려해 좀 더 자세히 살펴본다. 그 뒤에 나오는 일반적인 단락에서 그 결과 를 종합해 본다.

ⓐ 우선 수소원자와 연속적으로 원소번호가 높아지는 원자를 살펴보면서, 우린 연속적으로 무거워지는 각 원자의 '상태'가 각 원자핵에 추가된 양성자의 증가하는 인력 때문에 (앞선 원자에 비해) 더 낮은 에너지와 더 작은 크기로 내 려감을 알았다. 이를 증명하고자 양성자 Z개를 지닌 핵과 하나의 전자 사이의 인력을 살펴보는데, 다른 전자가 존재하면 발생하는 복잡한 차폐는 제외하기 로 한다(다른 전자에서 받는 효과는 나중에 삽입할 것이다). 전자 하나의 공간

상태에너지에 대한 슈뢰딩거의 방정식은 정확하게 해결되며 다음과 같은 공식이 나온다.

$$E = (-13.60 \text{ eV}) \times (Z)^2/(n)^2$$

여기에서 제곱인 $(Z)^2$은 큰 수의 양성자가 더욱 큰 음의 구속에너지(해당하는 더욱 큰 인력)를 가짐을 보인다. (이것은 11장에서 Z=1인 수소원자의 에너지 준위를 계산하고자 사용한 방식과 같으나 그곳에선 Z가 1이므로 그 공식에서는 Z가 보이지 않았다. 11장에서 수소원자를 설명한 것처럼, 각 에너지 준위 n마다 $2 \times n^2$ 개의 조합된 공간 및 스핀 상태가 있다는 것을 기억하자.)

그림 14.1은 단지 하나의 전자가 관련된 단순한 경우 세 가지에 이 공식을 사용한 결과를 보여준다.

①번은 Z=1 수소원자로, 물론 하나의 양성자로 된 핵 주위에 전자 하나가 있다. 전자 하나가 가장 단단히 속박된 상태이며, 가장 낮은 에너지이고, 음의 에너지 1s, n=1은 (위 공식에서 Z에는 1, n에는 1을 넣으면):

$$E = (-13.60 \text{eV}) \times (1)^2/(1)^2 = -13.6 \text{eV이며,}$$

그림의 첫 번째 열의 직선 중 가장 아래 것이다.

수소 전자의 더 높은 n, 즉 더 높은 에너지상태 몇 개도 이 첫 번째 열에 보인다(앞서 11장에서도 이 에너지 준위를 계산하고 표로 만들어 보았다). 그림 14.1에는 이 에너지 준위 중 n=1, n=2, 그리고 n=n번째만 표기돼 있다. 에너지 준위가 0으로 접근할수록 서로 점점 다닥다닥 붙으므로 표기할 공간이 없기

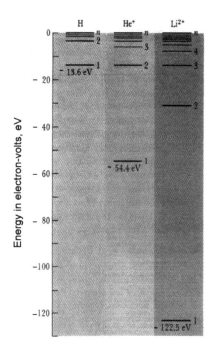

그림 14.1 전자가 하나인 원자 및 이온의 에너지 준위: Z=1 수소원자 (첫 번째 열), 홀 이온화된 Z=2 He+ 이온(두 번째 열), 쌍 이온화된 Z=3 Li2+ 이온 (세 번째 열). 두 이온이 n=1, 2, 3, …등의 모든 레벨에서 각각 4배와 9배 낮은 에너지가 됨을 주목한다. (Figure 14-11 from Fine and Beall, Reference E, with permission from Dr. Leonard W. Fine.)

때문에, n 상태는 무한한 상태 중 단지 몇 개만 보여준다. 가장 위 n번째에 무한히 더욱더 많은 상태가 있고 n이 무한으로 접근하면 결국 0 에너지 준위로 극미하게 가까워짐을 나타낸다. 0 에너지에서 전자는 자유롭게 풀려나며, 원자에 더 이상 붙어 있지 않는다. n이 무한으로 접근하고 상태 에너지 준위가 0으로 접근하면 이 전자는 점점 더 속박이 약해지고, 확률 구름은 크기가 점점 더 커진다(그러다가 그 전자의 확률 구름이 본질적으로 모든 곳으로 퍼지고 그 전자가 거의 어느 곳에든 있을 수 있게 되면, 더 이상 속박되지 않고 원자로부터 풀려난다).

②번은 Z=2인 '홀 이온화된 He+ 헬륨 이온', 즉 헬륨 원자에서 전자 하나가 제거돼 결과적으로 두 개의 양성자를 가진 핵 주위에 하나의 전자가 있는 이온

이다. (원자번호와 함께 이온을 표기한다는 점을 참고하자. 또한 이온의 전하는 원소 기호 다음에 위첨자로 나타낸다['원자가valence']. 일반적으로 원자가는 이온의 전하 불균형을 나타내는데, +옆에는 이온의 핵에 있는 양성자 수에 비해 부족한 전자수, – 옆에는 핵에 있는 양성자 수를 초과하는 전자수를 표시한다.) 헬륨 이온의 전자 상태를 계산한 에너지가 그림 14.1의 두 번째 (연하게 음영처리된) 열에 보인다. n=1, 1s, 가장 낮은 에너지 상태는

$$E = (-13.60eV) \times (2)^2/(1)^2 = -54.4eV$$이며,

수소원자의 해당 전자 상태의 네 배다.

③번은 'Z=3 쌍 이온화된 Li^{2+} 리튬 이온'으로, 전자 두 개가 제거돼 결과적으로 세 개의 양성자를 가진 핵 주위에 하나의 전자가 있는 이온이다. 이 전자에 가능한 상태를 계산한 에너지는 그림의 세 번째 열에 보인다. 이 경우 n=1, 1s, 가장 낮은 에너지 상태는

$$E = (-13.60eV) \times (3)^2/(1)^2 = -122.4eV$$이며,

수소원자의 해당 전자 상태의 음에너지의 아홉 배다.

ⓑ 각 양자수 n의 에너지 준위를 비교해 보면, 그림 14.1의 원소의 에너지는 핵의 양성자 수의 제곱에 비례해 연속적으로 낮아진다.

이것은 세 가지 경우의 n=1 에너지 준위를 비교해 보면 쉽게 알 수 있다. 전자와 핵 사이의 정전기적 인력이 커지면, 결과적으로 전자가 더욱 단단히 (확률 구름 크기는 더 작아지며) 속박된다. 그리고 이것은 무거운 원소에서 계속

된다. Z=29인 동 원자와 Z=74인 텅스텐 원자에서 일어나는 높은 에너지 준위에서 몹시 낮은 에너지 준위로의 전이는 극적으로 X선을 생성한다(부록 E에서 설명하고 있다).

ⓒ 헬륨과 리튬 이온의 제거된 전자가 채워져 이들이 각각 두 개와 세 개의 전자를 가진 원자가 되면 그림 14.1의 두 번째와 세 번째에 보이는 에너지 준위는 이 추가된 전자의 상호 차폐가 핵의 전하가 더 작아지도록 효과를 미쳐 (직선이) 위로 올라갈 것이다('차폐'의 의미는 다른 전자가 우리 전자[평균적인 그 자체의 확률 구름의 어디에 있는지]와 핵의 사이에서 보내는 시간을 평균 낸 것이고 그 시간에 우리 전자에 양전하가 적게 영향을 미친다는 것이다. 그래서 우리 전자는 양전하인 양성자에서 다른 전자의 음전하가 간섭하는 부분을 뺀 양성자를 본다).

ⓓ 유사한 양성자 인력과 차폐 효과가 더 높은 원소번호의 다전자 원자, 즉 나머지 원소에서도 발생한다.

종합

이렇게 해서 우린 점점 더 높아지는 원소번호를 가진 원자에서 일어나는 일에 대한 '전체적인 그림'을 그렸다. 자연은 항상 가장 낮은 에너지를 찾는 경향이 있다. 연속해서 높아지는 원자수의 원소마다, 전자는 가장 낮은 곳부터 시작해 더 높은 상태를 점유하고, 점점 더 높은 에너지 준위(음이 적어지는)로 확장하며, 각 원자의 에너지 준위 사다리 내에서 상대적으로 커진다. 동시에 전체 에너지 준위 사다리는 핵에 더해지는 양성자 때문에 더 낮은 에너지와 더 작은 크기로 내려간다. s, p, d, f 하위껍질상태가 균등하게 채워지지 않듯이 차폐도 균등하지 않기 때문에 이 과정 역시 균등하지 않다. 그것은 마치 각 연속되는 원소 전자가 다음의 불균등하게 배치된 사다리의 (에너지) 가로대에 닿는 것과 같다. 동시에 에너지 준위의 전체 사다리는 아래로 내려지고 약간 늘려진다. 이는 그 핵에 추가된 양성자의 차폐전하가 더해졌기 때문이다. 그래서 어떤 원소의 사다리 꼭대기에 있는 전자는 그 이전 원소의 사다리 꼭대기 전자에 비해 에너지가 훨씬 높지도 않고 크기도 많이 크지 않다(만일 조금이라도 에너지가 더 높고 크다면 말이다). 이것은 비록 연속되는 원소가 전자를 더 가지고 있고, 이 전자가 사다리의 더 높은 단계의 에너지 준위에 있다고 할지라도 그러하다.

여러분이 보는 것처럼 복잡하다. 몇 개 이상의 전자가 있는 원자에 대한 슈뢰딩거의 방정식을 푸는 게 어려웠던 것도 당연하다. 심지어 강력한 현대 컴퓨터를 사용해 대략적인 값을 구하더라도 말이다.

부록 D 소개

운 좋게도 부록 D에서 밝히고 있는 것처럼 모든 원소의 가장 바깥쪽을 점유한 상태의 에너지 준위를 직접 측정하는 방법이 있다. 이러한 측정으로 원소의 화학적 특성, 원자의 크기 그리고 주기율표 배열 대부분이 설명된다(그리고 또한 주기율표의 각 주기 내에서 점점 더 많은 전자를 가지는 더 무거운 원소를 연속해서 측정하면 원자의 크기가 실제로 왜 점점 더 작아지는지 알 수 있다. 주기율표에서 각 주기는 한 행이다). 부록 D는 놀랍고, 일부는 시각적이며, 성공적으로 우리가 지금까지 알아 온 모든 것의 결론을 내려주는 것이다. 그러나 여기에는 좀 상세한 내용도 있다. 이 책에서는 상세한 내용을 뺐지만 그럼에도 거기에 무엇이 담겨 있는지 대략적이나마 살펴볼 것을 여러분께 강력히 권장한다.

그리고 (이 책의 앞부분과 이번 장의 양자적 뼈대로부터) 여러분은 이러한 측정치를 얻게 된 이유 및 관련된 화학 작용을 이미 깊이 이해했다. 특히 지금까지의 독서를 통해 전자가 어떠한 것인지를 볼 수 있는 시각을 얻었다. 전자 상태가 어떻게 그 크기, 모양, 바깥의 에너지를 갖게 되었는지, 그리고 점점 더 연속적으로 높아지는 원소번호를 따져볼 때 에너지 및 관련된 화학적 특성이 왜 주기별로 다양한지가 그것이다.

다음은 원자의 바깥쪽 전자의 특성이 어떻게 원자 사이의 화학적 결합을 결정하는지를 익숙하고 흥미로운 금속과 그러한 결합의 결과인 화합물의 예시를 몇 가지 사용해 알아본다.

15장

화학적 결합의 몇 가지 형태, 예시

"원자가 결합해 분자를 이루는 방식과 그러한 분자가 독특한 형태를 갖는 이유를 설명해 준 일이 양자역학의 주된 성과 중 하나다."

—레오나드 파인Leonard W. Fine, 허버트 비얼Herbert Beall,

『엔지니어와 과학자를 위한 화학Chemistry for Engineers and Scientists』

(레퍼런스 E, p. 544)

결합과 함께 화학 영역으로 들어선다. 화학이란 원소가 어떻게 조합되는지를 따지는 것이다. 이 책에서 화학에 관심을 갖는 이유는 형성될 수 있는 결합bonds의 여러 방식이 원자의 전자 구조와 관련돼 있으므로 양자역학으로 설명할 수 있기 때문이다.[1] 결합 형태, 분자 형태, 분자 및 분자 간 결합의 편광, 그리고 원자에서 형성될 수 있는 액체 및 수정 구조의 특성과 고체의 역학적 특성이 모두 전자 구조에 의해 결정되거나, 영향받는다. 그래서 화학을 조금 이해하고자 결합에 대한 지식을 단순화해 약간 제공하려 한다.

먼저 이온결합, 공유결합, 금속결합의 본질적 정의를 아주 간단히 설명한다(이러한 결합을 좀 더 잘 이해하려면 부록 D 두 번째 섹션인 '결합의 경향'을 읽어보면 도움이 될 것이다). 그리고 나서 몇 가지 예시를 설명한다. 주로 세 개 원소의 원자를 살펴본다. 수소 원자와 분자적으로 조합되는 산소와 탄소 원자다.

결합형

'이온ionic결합'은 원자가 하나 또는 그 이상의 전자를 잃어 양이온cation이 되고 다른 원자가 앞의 원자로부터 전자를 획득해 음이온anion이 되고 난 뒤, 양이온과 음이온이 정전기적 인력에 의해 서로 끌어당겨져 분자를 만드는 결합이다. 나트륨과 염소가 화합해 일반적인 식용소금인 염화나트륨NaCl을 형성하는 결합을 예로 들 수 있다.

14장에서 설명한 것처럼, 결합을 이끄는 것은 모든 에너지에서의 환원 반응이다. 원자가 전자를 획득하거나 잃어서 낮은 에너지의 전자껍질을 꽉 채울 때 이온이 생긴다(그리고 자연에서 사물은 가장 낮은 에너지 상태로 있으려고 한다는 점을 기억하자). 양이온을 형성하며 원자가 잃은 전자의 수가 음이온을 형성하며 원자가 얻은 전자의 수와 같다면 양이온과 음이온 여러 개는 화합할 수 있다. 예를 들어 알루미늄 원자 두 개는 각각 전자 세 개씩을 잃으며 양이온이 되고 산소 원자 세 개와 반응한다. 산소 원자는 각각 전자 두 개씩을 획득해 산화 알루미늄Al_2O_3 화합물을 형성한다(극소량의 다른 전이금속 불순물이 약간의 알루미늄 원자를 대체하면 화합물은 푸른색을 띠며 사파이어를 형성하거나 붉은색을 띠며 루비를 형성할 수 있다).

어떤 원자는 다른 원자와 공유하길 좋아해 '공유covalent결합'을 한다. 예를 들어 수소 원자 두 개가 결합해 수소 분자를 형성하는데, 이 분자가 수소 기체를 구성한다. 이 경우 수소 원자 각각은 헬륨처럼 완전한 첫 번째 껍질을 완성하는 전자 두 개를 가진다고 '스스로' 여긴다.

모든 결합은 이온결합과 공유결합이 어느 정도로 조합된 것이다. 그러나 여기엔 훨씬 더욱 많은 결합이 있으며 초단순화한 것이다. 예를 들면 금속metallic결합이 있다. 금속성 고체(또는 수은과 같은 액체)의 수십억 개 원자는 액체 또는 고체의 모든 원자 바깥 전자의 '바다'에 묶여 있다. 많은 전자가 국소적으로는 각 원자핵의 양성자의 양전하와 균형을 이룰지라도, 각 원자의 바깥쪽 전자는 본질적으로 고체나 액체 내에서 자유롭게 움직이며, 바로 이 전자가 전류를 운반한다.

그리고 설명하지 않은 다른 결합 메커니즘이 있다. 원소의 전자 구조의 전체 스펙트럼에 갖가지로 적용되는 많은 메커니즘이 펼쳐진다. 이곳은 자연과 화학자가 함께 노력해 화합물을 만들고 우리를 둘러싼 물질을 만드는 거대한 팔레트다(우리를 둘러싼 대부분은 화합물이다). 이제 원자의 결합과 분자의 화학성에 관한 몇 가지 예를 짧게 알아본다.

카멜레온과 같은 탄소!

탄소는 아마도 원소 중 가장 다재다능할 것이다. 주기율표(표 IV)의 그룹 IVA의 아래쪽에 비금속으로 어둡게 음영 처리돼 있다. 탄소는 그럼에도 금속이나 비금속 중 하나에 결합하는 경계 원소다.

탄소 원자는 양성자 여섯 개와 중성자 여섯 개로 된 핵 둘레에 1s 전자 두 개, 2s 전자 두 개, 그리고 2p 전자 두 개가 있다. 어떤 동위원소는 중성자를 더 많이 가진다. 2s와 2p 상태는 에너지상 매우 밀접해서 전반적으로 일그러져 '혼합hybrid² 상태'를 형성하므로 특정 결합 상황에 적합하다. 그리고 탄소 원자는 다른 탄소 원자와 쉽게 결합한다. 이러한 이유로 탄소는 다른 어떤 원소보다 화합물을 더 많이 형성한다. 탄소는 유기 화학의 중심 원소이며 생명 활동과 모든 생물의 핵심 원소다.

탄소가 가장 풍부하게 자연적으로 발생하는 형태(동소체allotrope)는 흑연이나 유사흑연이다. 각 탄소 원자는 다른 세 개와 결합해 연결된 6각형 판이 되며, 탄소 원자는 6각형의 각 '모서리'에 있다. 이 판을 떼어내면 '그래핀graphene'이 된다. 관련된 '풀러렌', 버키볼, 그리고 나노튜브와 함께 22장에서 설명한다. 판 내의 탄소 원자는 2s 전자 하나와 2p 전자 두 개가 '혼합'돼 이웃하는 탄소 원자와 동등하게 연결되므로 단단하게 결합된다. 흑연은 부드럽고 미끌거리는데 판이 서로를 타고 미끄러질 수 있기 때문이다. 한편, 각 탄소 원자의 네 번째 n=2 준위 전자는 자유롭게 방황할 수 있는데, 전지나 다른 전압원으로 유도되면 전류를 운반한다. 그래서 흑연은 전기적으로 도체다.

이와 반대로 고온, 고압에서 탄소 원자의 2s 전자 두 개와 2p 전자 두 개는 얇은 4면체 배열로 혼합하는데, 각 탄소 원자가 다른 탄소 원자 네 개와 결합해 다이아몬드를 만든다. 다이아몬드는 가장 딱딱한 물질로 알려져 있으며 또한 완벽한 절연체이기도 하다(자유로운 전도 전자가 없다). 이러한 4면체 결합이 메탄CH₄ 화합물에서 명백하게 나타난다. 메탄은 천연가스의 주요 구성물로, 수소 원자 네 개가 각각 그 전자를 동일한 간격에 있는 네 개의 혼성 탄소 상태의 4면체 엽상 lobes과 공유해 결합한 화합물이다.

굽은 연결

액체 상태나 고체 상태인 H₂O 분자는 그 이웃과 비공유결합 관계에 있는 수소의 도움으로 사각형tetragonal 배열을 이루려는 경향이 있는 반면, 독립된 H₂O 분자는 거의 직각으로 굽는다. 즉, 그림 15.1 ⓒ에서 볼 수 있듯 수소 원자 두 개는 산소 원자에 상대각 104.5도로 붙는다(다른 많은 분자도 이상한 각도로 연결된다).

이러한 굽은 구조는 노벨상 수상자인 화학자 라이너스 폴링Linus Pauling이 화학적 결합의 본성에 대한 그의 연구에서 처음으로 설명했다.[3] 덤벨 모양의 산소 2p 공간상태가 수직을 이루려는 경향(가령, 그림 3.8의 두 번째 열 아래에 보이는 수소 원자의 2p 공간상태와 같은)이 이러한 굽은 모양의 근원적 이유다. 그림 15.1은 산소 원자를 보여준다. 좌측 아래부터 산소 2p 상태 두 개를 좀 더 간단히 '명확히unfuzzy' 묘사한 것으로서 그 잎이 x축 위에 있고, 하나는 그 잎이 y축 위에 있다. 설명에 나와 있는 ⓐ, ⓑ, ⓒ 단계는 굽은 분자의 형태를 보여주고 있다(좀 더 최근의 계산으로는 결합에 대한 이 그림이 그다지 정확하지는 않다.[4] 결합에 관련된 산소 상태는 2s 상태와 어느 정도 '혼성된다hybridized'.[5] 그러나 결합에 방향성을 제공하는 2p 상태의 영향력은 여전히 존재한다).

많은 화합물의 분자 구조에 이상한 각도가 생기는 것은 슈뢰딩거 방정식의 양자역학적 솔루션의 결과로 알 수 있는, 여러 원자의 공간 상태의 이상한 모양으로 설명된다. 이러한 각도는 고전적으로 설명할 수 없다.

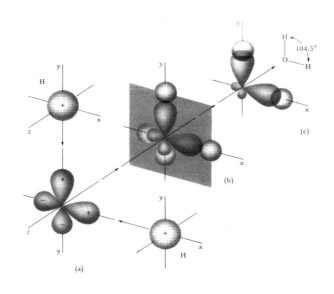

그림 15.1. 독립된 H_2O 물 분자의 굽은 모양. ⓐ 구형으로 대칭적인 공간상태를 가진 수소 원자가 x축과 y축 위에 두개의 수직적인 덤벨 모양의 2p 공간상태를 가진 산소 원자에 접근한다. ⓑ에서 상태가 합쳐지고 ⓒ에서 이들의 공간상태는 겹치기 시작한다. ⓒ에서는 또한 수소 원자를 향해 움직이는 전자구름의 상호 반발로 각도가 90도에서 104.5도로 퍼진 것을 볼 수 있다. (Figure 18-2 from Fine and Beall, Reference E, with permission from Dr. Leonard W. Fine.)

16장

고체 물질의 구성

5부에서 나오는 많은 응용품을 논하기 전에 배경지식이 되는 놀라운 여러 가지 고체 구조를 살짝 알아본다. 모든 물질의 기초 구성요소인 '원소'의 '원자'부터 시작한다. 어떤 원소의 원자는 (논의한 것처럼) 화학적으로 정해진 비율로 결합한다. 알루미늄과 산소의 원자가 각각 2개와 3개가 결합해 산화알루미늄Al_2O_3을 만들 듯이 분자화합물을 형성한다는 말이다.

대부분의 고체는 '결정질'이다. 결정질이란 원자 혹은 분자가 그들끼리 쌓여 있는, 같은 크기의 오렌지로 조심스럽게 빼곡히 채운 상자와 같은 것이다. 석영은 유리와 같은 화학 구조지만 결정이다. 다이아몬드는 탄소 원자의 결정이다. 사파이어와 루비는 Al_2O_3 분자의 결정으로, 비교적 적은 불순물이 섞여 다른 색을 띠는 결정이다. '보석'

은 같은 순서와 같은 방향을 가진 커다란 하나의 결정을 자르거나 쪼갠 것이다.

가끔 '다결정질polycrystalline'일 때가 있는데, 용해된 물질이 함께 고체화된 작은 결정질 알갱이 수백만 개로 구성되며, 각 알갱이에는 원자가 동일하게 쌓여 있으나 다른 방향성을 가진다.

어떤 경우엔 원자가 가장 가까운 이웃과 같은 방식으로 결합돼, 절연체 경향이 있는 딱딱한 결정을 가끔 형성한다. (하나의 금속성 원소로 구성된) 금속은 '금속결합'으로 고체나 액체로 묶여 있는데, 그 안에는 근처 핵에 끌리긴 하지만 어느 특정한 원자에 붙어 있지 않은 전자의 '바다'가 퍼져 있다. 많은 고체 금속에서 원자는 트럼프 카드처럼 쌓여 있는데 겹쳐 있으므로, 펴서 늘릴 수 있으며, 연성이 있어서 말거나 밀거나 때려서 여러 모양으로 만들 수 있다. 이렇게 하면 전단을 방지하는 알갱이 내에 구조적 결함이 생겨 금속을 가공 경화한다work-harden(금속 옷걸이를 앞뒤로 굽혀서 경화하고 탄성을 떨어뜨려 부러뜨려 보았다면 가공 경화를 실제로 해본 것이다). 금속은 더 큰 크기로 새로운 알갱이가 생기는 온도까지 열을 가해(녹지 않더라도) 어닐링(풀림)할 수 있다. 그 과정에서 경계에 있던 알갱이부터 원자를 받아들여 알갱이 간 경계가 이동한다. 이러한 방법으로 결함이 있는 알갱이는 새로 커지는 알갱이에 원자를 잃어 결국엔 사라지며 비교적 부드러운 금속을 다시금 만들게 된다.

결정질 고체 '화합물'의 분자는 깔끔하게 쌓여 있을 뿐만 아니라 딱딱하고 부서지기 쉬우며 분자와 분자가 함께 결합하려는 경향도 있다.

다른 고체는 '비결정질'이다. 고체를 구성하는 원자나 분자가 쌓이는 순서가 특별히 정해져 있지 않다. 이들은 아주 걸쭉한 액체와 같아서 자신의 모양을 유지하려는 경향이 있다. 유리가 그 좋은 예다. 만일 충분히 기다리면 판유리는 결국, 아주 천천히 액체처럼 흘러 물웅덩이처럼 될 것이다.

고체, 액체, 기체는 물질의 다른 상phases이다. 어떤 고체 물질의 원자나 분자는 둘 이상의 다른 기하학적 배열로 쌓일 수 있다. 이렇게 다르게 쌓임을 그 물질의 다른 '고체 상solid phases'이라고 말한다. 쌓인 순서가 다른 고체는 '액체 상'이나 '기체 상'과 같이 명백히 다른 물질의 상이다(여러분이 이러한 사실 때문에 당황하지 않기를 바란다!).

금속성 원소 하나 이상으로 된 원자들을 '합금'이라고 한다. 이것은 원소가 함께 녹아 '용액'을 형성(설탕이 물에 용해되는 것처럼)하는 방식으로 자주 이루어진다. 합금의 경우 가끔 한 상인 '고체 용액 단일상고용체single-phase solid solution'로 고체화되기도 하나, 주로 둘 또는 그 이상의 상으로 고용체가 만들어지는 방식으로 고체화되는데, 각 상은 원소 자신만의 개별 비율과 쌓이는 형태가 있다. 만약 합금이 녹거나 강화된 상태에서 충분히 빠르게 냉각하면 이 두 번째 형태가 형성되지 못하기도 한다. 나중에 합금을 열처리(가열되나 녹지는 않음)하면 나타나는 이유다. 예를 들어 청동은 구리, 주석, 아연의 합금이다. 가끔씩 합금은 비금속원소를 포함하고, 어떤 상은 다른 분자의 쌓임(앞에서 설명한 Al_2O_3 화합물에서 분자의 쌓임과 유사함)을 포함한다. 예를 들어 강철은 철과 탄소 그리고/또는 다른 원소(예로 스테인리스 강의 크롬과 니켈)의 합금이다.

잠시 '현대의 인공 재료가 얼마나 세련'됐는지 보이고자 강철을 논의해보기로 한다. 강철은 보통 여러 개의 고체 상을 섞는데, 각 상은 강철 합금의 처음 화학적 구성, 몇 번을 어떻게 녹였는지, 냉각률, 그리고 열처리에 따라 다른 성질이 있다. 예를 들어 금속공학자들은 쉽게 얇은 판으로 펴서 면도날과 같은 형태로 자를 수 있는 강철을 만들어 내고, 다음에 일부분을 나누어 침전물이 드러나도록 열처리한다. 이러한 침전물이 합금을 딱딱하고 뻣뻣하게 한다. 예를 들면 면도날은 강철로 만드는데, 부드러운 강철을 얇은 판으로 눌러서 자르지만 일부분을 열처리해 날을 만든다. 날 부분은 날카롭게 만들 수 있고, 잘 닳지 않는다.

어떤 형태 변화는 가열 없이 (결정 격자의 한 형태의 전단되면서) 저온에서 갑자기 발생할 수도 있다. 제2차 세계대전 동안 화물을 운반하던 리버티선 몇몇이 쪼개졌던 이유가 (강철을 잘못 제조한) 선체가 몹시 추운 북대서양에 노출돼 탄성저하 물질로 변형되면서 예기치 못하게 상이 변했기 때문으로 밝혀졌다.

다음 장에선 고체의 전기적 특성을 다룬다. 이 책의 5부에 설명하겠지만 새로운 물질과 기기를 발명할 때는 자주 전기적이고 역학적인 특성이 모두 고려된다.

17장

절연체, 그리고
보통 금속과 반도체의 전기적 전도

찰스 키틀은 자신의 책 『고체 물리학의 소개Introduction to Solid State Physics』에서, "좋은 전도체와 좋은 절연체 사이의 차이는 놀랍다. 순수 금속의 전기 저항률resistivity은 10^{-10}옴센티미터ohm-cm(비저항)까지 낮아질 수 있고 (…) 좋은 전도체의 저항률은 10^{22}옴 센티미터까지 높아질 수 있다. 10^{32}라는 이러한 범위는 고체의 일반 물리적 특성 중 가장 넓을지도 모르겠다"[1]고 언급하고 있다. 이토록 특별하다는 특성의 범위도 우리가 '보통' 물질이라고 부르는 것의 특징일 뿐이다. 19장에서 나오는 초전도체까지 논하면 이 범위는 더욱 넓어진다. 하지만 초전도체를 제대로 알려면 우선 금속, 절연체, 그리고 반도체를 이해할 필요가 있다.

금속

13장의 표 IV 또는 부록 B의 표 B.2에서 좌측 꼭대기 방향으로 나열된 원소(음영이 없는 구역의 원소)는 모두 금속으로 분류된다. 고체나 액체 형태(후자의 예는 수은이 있다)로 된 이 원소 대부분은 전류를 운반한다.

또한 앞에서 언급했듯 고체나 액체 형태 금속의 원자는 바깥쪽 모든 전자 '바다'에 묶여 있다. '고전적'으로 생각해 보면 이러한 전자는 본질적으로 고체나 액체 내에서 자유롭게 돌아다니고, 전류를 운반할 수 있다. 전자는 금속 전체에 다소 균일하게 퍼져 있으며, 이들의 전하가 원자로부터 전자가 자유롭게 돌아다니려고 빠져나올 때 뒤에 남은 이온의 양전하를 국소적으로 끌어당겨 균형을 잡는다.

이 금속 중 어떤 것은 늘어지기 쉽고 연성이 있으므로 압축해 모양을 만들 수 있고, 선처럼 뽑아낼 수도 있다. 전기적으로 사용될 때 전선은 대개 다른 전기 부품과 연결된다. 부품 중에는 전자가 회로 전체에 흐르도록 힘을 주는 전력원도 포함된다. 예를 들어 손전등에서 전자는 건전지의 음단자negative terminal 끝에서 밀려나 전선과 전구(회로소자)를 통과하고, 다른 전선을 통해 끌어당기는 건전지의 양단자positive terminal로 돌아간다.

이러한 고전적 관점을 사용하는 것이 유용할지 모르나 한 가지 문제가 있다. 입자로서의 개별 전자는 서로 간에 그리고 이온의 격자 배열과 충돌할 거라 예측되며, 만약 그렇다면 금속은 실제보다 전류 흐름에 훨씬 더 높은 저항을 보여야 한다.

전기적 전도의 양자적 관점: 금속, 절연체, 그리고 반도체의 정의

양자적 관점에서 모든 전자는 하나씩 구별되지 않으며 어떤 전자가 어디에 있는지 알기란 정말 불가능하다. 단지, 전하 하나인 e의 정수 배가 건전지의 음단자로부터 움직인다는 것과 같은 양의 전하가 동시에 회로의 다른 끝에 있는 건전지의 양단자로 움직인다는 사실만 안다. 슈뢰딩거의 방정식으로 모든 원자와 전자의 집합은 해결했지만 그 결과는 매우 가깝게 배치된 아주 많은 에너지 준위에서 '상태의 밴드band'(에너지 띠)가 나타난다는 것이다.[2] 개개의 원자에서 그랬던 것처럼 전자의 구별불가성과 이들의 1/2 스핀 때문에 어떤 두 전자도 같은 상태에 있을 수 없다. 금속의 모든 전자가 상태당 전자 하나씩 가장 낮은 에너지 상태에 자리 잡으면, 그 밴드는 '페르미 준위Fermi level' 상태가 된다.[3] 이 상태에서 각기 다른 방향으로 움직이는 전자의 상태도 동일하게 점유하므로 전자의 어떠한 순 흐름도 없다.

전위an electric potential, 즉 전압이 금속에 적용되면 어떤 전자는 페르미 레벨 위쪽 상태로 전이하며, 방향성이 있는 움직임이 생긴다. 그리하여 그 방향으로 전자의 순 흐름과 '전류current'의 전도가 있게 된다.

그러나 이온의 격자는 가능한 상태의 밴드 안에 틈인 밴드갭band gaps을 유발한다. 이곳은 슈뢰딩거 방정식의 솔루션이 없는 에너지 구역이다.[4] 쉽게 말해 밴드갭에는 전자가 없다.

만약 전자가 이러한 밴드갭 근처에 있는 페르미 레벨의 상태를 가능한 점유한다면 순 운동의 상태 이동은 쉽게 발생할 수 있다. 이러한 페르미 레벨 근처의 전자들은 전도밴드conduction band에 있는 다고 말하며 이온 격자에 영향을 받지 않는다. 전자는 또한 배타의 대상이고 분리된 상태이기 때문에 서로 간섭하지 않으려 한다.[5] 전도는 쉽게 발생할 수 있으며 이것이 금속을 이루는 성질이다.

만약 전자가 이러한 밴드갭에 맞닿은 페르미 레벨까지만 가능한 상태를 점유한다면, 그리고 만약 갭이 충분히 크다면(적용되는 전압보다 커서 전압이 전자를 갭 위 상태 에너지까지 올릴 수 없다) 밴드의 이 부분은 근본적으로 막혀 있으며, 전자가 전이할 상태가 없고 전도도 없으며 '절연체'를 이룬다. 이들이 채운 밴드의 전체 조합 부분을 '충만밴드valence band'라 부른다.

만약 전자가 밴드갭 중 근처의 페르미 레벨까지 가능한 상태를 점유한다면, 즉 충만밴드의 맨 꼭대기이거나 전도밴드의 바닥에 있다면, 또는 만약 갭이 너무 크지 않아서 갭을 지나 위의 전도밴드에 전압을 줘서 전자가 열적으로 들뜰 수 있으면, 제한적으로 전도되며, 23장에서 설명할 특성을 지니는 '반금속semimetal' 또는 '반도체semiconductor'라고 한다.

직류(DC), 교류(AC), 저항, 그리고 온도

다시 고전적으로 생각해보자. 건전지의 -단자부터 +단자까지 회로를 통해 흐르는 수십억 개의 전자를 시각화할 수 있다. 그러나 전자는 음전하를 띤다. 만약 음전하가 한 방향으로 흐르면 그것은 양전하가 다른 방향으로 흐른다는 것과 전기적으로 같다. 그래서 '직류DC' 가 (건전지에 의한 전압으로 화학적으로 제공된 전기적 압력, 즉 11장에서 설명된, '전위'의 영향하에) 건전지의 양단자로부터 회로를 통해 음단자로 효과적으로 흐른다고 말한다. 전기적 압력이 처음에 한 방향으로 그런 뒤에 다른 방향으로 전류를 유도할 때, 즉 멀리 떨어진 발전기로부터 (사이에 변압기와 전송선을 사용해) 벽의 콘센트로 제공된 전압을 사용할 때, 우리는 '교류AC'를 가졌다고 말한다.

'보통 금속'에서 전자의 흐름은 (금속의 이온과 달리 균일한 크기와 전하가 아니거나 정규적인 격자가 아닌) 금속의 불순물과 다른 결점과 '충돌'하기 때문에, 불순물과 결점은 이에 떠밀리고 그에 따라 이들은 금속의 이온을 떠밀게 되고 전체 결정질 격자에 진동을 일으키게 된다. 우린 전자의 흐름을 저해하는 이러한 충돌의 집합적 효과를 '저항resistance'이라고 부른다.

격자가 이렇게 밀쳐지는 현상을 '가열'이라고 한다. 원자가 자신의 격자 위치에서 밀쳐지는 정도를 온도로 측정한다. (물론 더욱 빠르게 움직이는, 즉 더 뜨거운 오븐의 공기 속 분자와 접촉시키거나, 그 더욱 높은 에너지[곧 더 높은 온도의]로 원자가 이미 떠밀리고 있는 다른 더 뜨거운 물질과 금속을 접촉시키거나, 즉 금속을 가열해 밀침을 유발하거나 증가시킬 수 있다. 원자가 충분히 밀쳐져 결정 격자가 깨지고 원자가 계속해서 새로운 위치로 튕겨질 때, 고체가 '녹아' 액체가 된다고 말한다.)

구리선을 좋은 전도체로 간주하지만 구리 및 보통 금속선의 전기적 저항은 충분히 높아서 몇 킬로미터 떨어져 있는 전기 발전기, 전송선, 그리고 변압기의 선에서 많은 양의 전기에너지를 열로 잃는다.

금속 내부의 모든 결함이 제거될 수 있다 하더라도 금속에서 가열은 여전히 발생한다. 왜냐하면 주변(일상의 외부 또는 내부) 온도에서 일어나는 일반적인 원자의 밀침이 원자의 결정 격자를 왜곡하기 때문인데, 결함에 부딪치는 것과 유사하게 전자 전도를 방해하는 충돌을 일으키기에 충분하다. 냉각은 밀침을 줄여 이러한 손실을 감소할 수 있으나 냉동 비용이 엄청날 것이다.

그래서 아무리 최고의 금속이라도 저항, 그리고 관련된 에너지 손실에 묶여 있는 듯하다. 그러나 자연적인 밀침과 가열을 피하는 방법이 있다. 초전도라는 양자 현상을 19장에서 곧 설명한다.

크고 작은 재료와
기기에서 양자 불가사의

18장

나노기술과 5부 소개

이 책은 지금까지 과학 영역에서 탐구했다. 원자를 이해하고 화학의 뿌리를 찾는 물리학이 그 영역이었다. 이제 우린 응용과 발명의 영역으로 들어간다. 응용물리학, 화학, 재료과학, 공학, 금속학이 그것이다.

여기 5부에서는 양자역학의 지식을 바탕으로 고안된 (혹은 발명 이후 양자역학에 대한 지식으로 이해하게 된) 많은 재료와 기기 중 일부를 언급하거나 설명한다. 물리학 기반의 발명을 주로 다루지만, 22장에서 새로운 형태의 탄소를 사용한 최근 발명품도 예시로 들며 설명한다. 탄소와 그 화합물을 논의한 15장부터 이어진다. 나노튜브, 탄소섬유 합성물, 그리고 이러한 재료를 비행에 활용하는 '꿈의' 응용품이다.

고대로부터 여러 물질이 개발돼 많은 방식으로 사용됐고, 완벽하게 이해하지 못했음에도 불구하고 많은 발명이 이루어진 반면, 현대로 오면 고전 개념과 양자역학 모두에 의해 더욱 많은 발명이 빠르게 이루어진다. 이 책의 서문에서 말한 바와 같이 미국 경제의 무려 3분의 1이 양자역학에 근거한 제품과 관련돼 있다.[1] 현대 화학과 생물학에 응용한 것은 플라스틱, 폴리머, 코팅, 페인트, 화장품, 의약품처럼 너무도 많아 이루 다 말할 수 없다. 그러나 양자역학의 영향력은 재료와 전자기기 물리학 영역에서 가장 직접적으로 느껴지며, 지금은 좀 더 물리학에 기반한 영역에 집중하도록 한다. 이 논의에 대한 배경지식으로 16장과 17장에서 고체의 구조와 이들의 전기적 특성을 설명했다.

수많이 응용되는 놀라운 '양자 광학 기기'인 레이저는 4장에서 설명했다. 20장에서 융합 발전에 레이저를 어떻게 응용하는지 논의하기로 한다. 우리가 다룰 기기와 나머지 대부분의 현대 불가사의는 전기 전도와 관련된다. 19장에서는 '영구 기관'과 유사한 느낌인, 전기 전도에 대한 환상적인 양자 메커니즘인 '초전도현상superconductivity'을 논의한다(우리 대부분은 이를 깨닫지 못했지만 현대적인 기기로 광범위하게 사용해 왔다).

초전도 기기는 대개 아주 작거나 약한 자기장을 감지하거나 아주 크고 강한 자기장을 만들어 내는 데 사용한다. 아주 큰 자기장이 필요한 개발품은 초전도 자기부상열차인데 그림 19.1에 나와 있다(19장에서 이 내용을 좀 더 설명한다). 21장에서는 자기학, 현대의 자기 물질 및 그 응용, 그리고 '고' 자기장, 즉 개구리를 공중에 띄울 수 있을 정도의 자기장에 어떤 의미가 있는지 다룬다.

우리 대부분은 현대의 전자장치에 익숙하며, 이 발명품 대부분이 반도체와 관련돼 있다. 하지만 이러한 전자 기기가 어떻게 작동하는지, 또는 작은 우표 한 장 크기의 칩에 어떻게 수십억 개의 전기 회로 소자를 박아 넣는지(그래서 컴퓨터는 엄청난 양의 정보를 저장하고 빠르게 처리할 수 있다)를 어렴풋하게라도 알고 있는 사람은 거의 없을 것이다. 23장에서 이 내용을 알아본다.

24장에선 초전도 현상으로 돌아와서 초전도체의 광범위한 응용을 생각해 본다. 힉스입자의 탐색, 새로운 전력 개발 및 전력의 생산 및 전송에 필요한 부품의 기능과 효율성을 개선해 심지어 대도시들에 빛을 공급하려는 노력을 예로 들 수 있다. 나는 바로 이 초전도체와 초전도기기 분야에 발명자, 물리학자, 재료과학자, 금속공학자, 공학자, 프로젝트 담당자로서 40여 년 동안 기여해 왔다. 그리고 스스로 경험한 발명품과 개발품 몇 개를 이곳에서 다루어 본다.

참고로, 이어지는 많은 장에서 '나노기술'이라고 하는 것을 가끔씩 살펴볼 예정이다. 대략 원자크기의 10~100배 정도인 나노미터(십억분의 1미터) 범위에 있는 개체를 가지고 작업하는 기술상의 혁신을 말한다. 이 범주에 드는 최근의 두 가지 혁신만을 이곳에선 언급할 텐데, 해당하는 장의 주제에서 좀 벗어날 수도 있다. 그것은 고체의 강도와 무게에 영향을 미치는 혁신이다.

캐더린 부자크Katherine Bourzac는 <MIT테크놀로지 리뷰MIT Technology Review> 2015년 3/4월호에 캘리포니아 공과대학 줄리아 그리어의 획기적인 연구를 소개하고 있다. 그리어가 이루어 낸 일은 이렇다.

지금까지 만들어진 가장 튼튼하고 가장 가벼운 세라믹이다. 또한 잘 부서지지도 않는다. 그리어가 만든 동영상에서, 실험장치가 그 물질로 된 큐브를 세게 누르니 약간 흔들리고 [큐브는] 붕괴된다. 압력이 제거되었을 때 그것은 '마치 상처를 입은 병사처럼' 다시 일어선다.[2]

줄리 샤피로는 <타임> 2015년 11월호에서 '돌파구: 공기보다 (거의) 가벼운 금속Breakthrough: 'A Metal That's (Almost) Lighter Than Air'이란 제목으로 이렇게 언급하고 있다.

세상에서 가장 가벼운 금속은 금속을 거의 함유하지 않는다. 실제로 99.99% 공기로 구성된다. 미세격자microlattice라고 하는 이 물질은 스티로폼보다 최대 100배까지 가벼워질 수 있는 작은 튜브로 이루어져 있는 3차원 격자다. 그리고 이 물질이 비행 방식에 혁신을 일으키려 하고 있다.[3]

여러분을 놀라움이 가득한 5부로 초대한다.

19장

초전도체 I
– 정의 및 수송, 약품, 컴퓨터 분야에서의 응용

초전도체는 일반 도체가 할 수 없는 일을 가능케 하는 두 가지 특별한 성질이 있다. 모두 양자역학으로만 설명되는 현상에 기인한다. 하나는 자기장의 양자화와 관련된다. 두 번째는 '초전도체'란 이름에 걸맞게 아무런 전기적 저항 없이 전류를 운반하는 능력이다.

초전도성

충분히 낮은 온도로 냉각되면 금속, 금속합금, 그리고 화합물 중 어떤 것은 특정 '임계온도(T_c)'에 이르면 갑자기 모든 전기적 저항이 사라진다. '초전도성'이라고 하는 이 현상은 네덜란드 과학자 카메

를링 오네스Kamerling Onnes가 액화 헬륨으로 냉각한 수은에서 1911년 발견했다. 물리학자 존 바딘, 리언 쿠퍼, 그리고 로버트 슈리퍼는 1957년 연구를 인정받아 'BCS 이론, 즉 초전도성이론을 공동으로 발전시킨 공로'로 1972년 노벨물리학상을 수상했다.[1] 이 이론은 더 높은 임계온도에서 초전도체를 찾는 데 상당한 도움이 되었다. 하지만 새로운 고온[2] 초전도체(설명할 예정이다)에 대해선 추가 이론이 필요하다.

임계온도 아래에서, +1/2 스핀의 전자는 또 다른 -1/2 스핀의 전자와 '짝을 이루어' 순스핀 0인 준입자quasiparticle를 (복잡한 방식으로) 형성한다고 설명한다. 0 스핀인 입자 또는 준입자는 1/2 스핀인 입자와는 달리, 배타가 없다. 이들은 최저에너지 초전도상태를 집합적으로 점유하는 경향이 있다. 전체 전자의 바다가 동시에 이 상태에 있으면 초전도가 가능하다. (격자를 왜곡하는 불순물과의) 충돌이 영향을 주려면 쌍을 이루는 입자 전체의 집합을 분리시킬 만한 충분한 에너지가 있어야 한다(마치 경찰 한 부대가 서로 팔짱을 끼고 거리를 행진하는 것과 같다. 행진을 방해하려고 이 팔짱을 동시에 모두 푼다는 것은 어려운 일일 것이다). 그리하여 전체 전자의 집합은 불순물과의 충돌에 영향을 받지 않는다. 그리고 일반적으로 전기적 저항을 일으키는 격자 진동에도 영향을 받지 않는다. 물론 초전도체가 자신의 임계온도와 특정 '임계 전류electric current' 수준 아래로 유지되는 경우에 한해서다.[3] 초전도상태에서는 어떠한 저항도 없다. 즉, 어떠한 열도 발생하지 않는다. 바깥세상에서 차가운 영역으로 새어 들어오는 열기를 제거하는 비교적 적은 냉각(보온병과 같은 형태의 단열을 통해)만 필요하다.

MAGLEV - 자기 부상 열차

초전도성을 흥미롭게 상업적으로 이용한 부문은 자기부상열차다. 영구자석과 전자기 기술을 사용한 열차를 개발해 왔고, 일부는 이미 가동 중이다.

일본은 유명한 신칸센(탄환열차)의 후임으로 세계에서 가장 진보된 초전도 자기부상열차를 개발 중이다. 야마나시 시험철로에 있는 자기부상열차 한 대가 그림 19.1에 보인다. 또 다른 자기부상열차는 시속 361마일(581km/h)로 달리는 고속열차로서 (2003년에) 세계기록을 세웠다.

'철로'는 고전적 의미에서의 철로가 아니다. 열차에는 느린 속력일 때 필요한 바퀴가 있다. 하지만 일단 열차가 움직이면, 열차 차량 아

그림 19.1. 일본의 야마나시 시험 '트랙' 위에 있는 다섯 량의 초전도 자기부상열차 (maglev). 2013년 9월 5일 (사진 출처: Wikipedia Creative Commons; file: SCMaglev Series L0.jpg; author: Saruno Hirobano. Licensed under CC BY-SA 3.0.)

래에 설치된 초전도 자석이 강하고 지속적인 자기장으로 전도체인 가이드웨이의 전류를 유도한다. 유사한 힘이 열차가 좌우로 벗어나지 않고 가이드웨이 중앙에 머물도록 하며 전기 리니어 모터쌍이 자기적으로 가이드웨이에서 열차를 추진한다.

자기 부상과 자기 추진으로 고전적인 열차에서 겪는 탈선의 위험을 피하는 동시에 더욱 부드럽고, 조용한 승차를 가능하다. 만일 기존 열차가 시속 300마일로 달린다면 균형을 잡고 철로를 관리하는 데 막대한 비용이 들 것이다.

일본은 도쿄, 나고야 간 선로의 건설을 2014년에 시작해, 2025년에 자기부상열차를 상업적으로 가동한다는 계획을 2011년 인가 했다.[4] 이후 오사카까지 확장되며 완공은 2045년이다. 도쿄에서 오사카까지 272마일(438킬로미터)로 달린다면 예상 여행 시간이 67분밖에 되지 않으며, 현재의 신칸센보다 44퍼센트 빨라진다.

MRI - 자기 공명 영상

로젠블럼과 커트너는 MRI(이에 대해 2009년 노벨물리학상을 수상했다)를 "핵자기공명NMR, 초전도성, 그리고 트랜지스터의 근원인 양자 현상이 모여 가능하게 된 것이다"[5]라고 요약했다. 우리 몸속 특정 원자핵 안에 있는 양성자의 양자 스핀 상태는 이를 둘러싸고 있는 세포 조직의 상태에 민감한데, 이것을 공명 라디오 전파를 사용해 탐지하기 때문에 핵자기공명이 연관된다. 반도체가 작동하는 기초원리와 자기공명으로부터 이미지를 만드는 강력한 컴퓨터는 17장과 23장에서 설명했다. 그리고 MRI에 필요한, 매우 높은 안정성을 지닌 자기장을 제공하는 초전도성의 역할은 이곳에서 설명한다.

초전도체를 현재 가장 성공적으로 상업화한 것이 의료 진단용 영상에 사용되는 MRI 스캔이다.[6] 환자는 자기장을 생성하는 원통코일형 자석으로 둘러싸인 커다란 관tube으로 미끄러져 들어간다. 이 원형 코일형 자석의 외부는 단열 처리된 진공 자켓으로 덮여 있다. 이 자석은 촬영할 신체 부위에 높고 균일한 자기장을 생성한다. 자석은 수 마일 길이의 나이오븀-티타늄 합금 초전도체 선으로 감겨 있고, 영하 269도의 액체 헬륨에 담겨서 작동한다. 이 온도에서 공기와 다른 모든 물질은 얼어붙는다.

(섭씨 눈금은 우리가 실제 경험하는 온도로 되어 있기 때문에 편리하다. 0도가 얼음이 녹는 점, 100도가 물이 끓는 점에 맞춰져 있다. 그러나 아주 낮은 온도를 따질 때는 켈빈 온도를 사용한다. 온도의 각 도는 섭씨 눈금과 동일한 크기로 되어 있으나 이론상 가장 낮은 온도인 섭씨 -273도가 켈빈 눈금의 시작점이며, 0켈빈도라고 한다. 그래서 켈빈도에서 온도를 측정할 땐 0부터 위로 올라간다. 나이오븀-티타늄의 임계온도는 약 9켈빈도이며 이 합금을 사용해 만든 자석은 대개 표준 대기압에서 4.2 켈빈도에서 끓는, 액체 헬륨에 담겨져 작동된다. 켈빈 눈금에서는 얼음이 273도에서 녹으니 짐작할 수 있을 것이다. 4.2 켈빈은 꽤 추우며, 액체 헬륨 외에 모든 것이 얼어붙는다!)

코일에 전압을 가해 전류가 증가하고 이를 통해 에너지를 얻은 MRI 자석은 진공 자켓으로 싸인 자석 내의 구멍(환자 구역)에다가 균일하고, 높은(~2 테슬라) 자기장[7]을 만들어 낸다. 그런 뒤 자석의 단자를 가로지르는 초전도체 조각을 냉각해 초전도적인 '단락short'을 형성하며, 외부와의 모든 전기적 연결은 제거된다. 자석과 그 단락은 거의 완벽한 초전도 접합부로 연결돼 완전히 초전도적이기 때문에, 전기회로에는 본질적으로 어떤 저항도 없고 전류는 영속적인 움직임에 아주 근접해 계속 순환한다. 이렇게 해서 자석은 안정되고 정확한 자기장을 유지한다(자기장은 사실 연간 백만분의 1퍼센트보다 적은 정도로 아주 약간 떨어진다. 이것은 자석의 전선부와 단락을 연결하는 접합부에 작은 저항이 있어 자기장에 저장된 에너지 중 일부를 열로 전환하기 때문이다).

이렇게 초전도체 부분과 단락을 연결하는 접합부에서의 저항 때문에 생성되는 아주 적은 양의 열기 외에는 어떤 열도 초전도 코일에서는 발생하지 않는다. 그러나 진공 자켓 밖에서 열이 스며들려고 한다. 여러분이 들어보았을 수도 있는데, 계속해서 딸깍거리고, 툭툭거리거나, 주기적인 쉭쉭 소리 같은 배경음을 만들어 내는 소형 극저온 냉동기를 사용해 이러한 열 대부분을 차단한다.[8] 진공 자켓을 통과해 냉동기를 지나간 소량의 열은 액체 헬륨을 증발시킨다(헬륨은 물처럼 가열되면 완전히 증발될 때까지 끓는점에서 온도를 유지한다). 현대의 MRI 시스템은 리필 주기가 3년에 한 번이다.

의료, 과학, 상업에서의 다른 응용

현재까지 초전도체를 상업적으로 응용한 제품은 방금 설명한 것처럼 MRI 자기 시스템이 유일한 듯싶다. 하지만 초전도체는 고급 백색 자기를 생산할 때 점토에서 (어두운 색깔의) 자기적 불순물을 강하게 흡입하는 자기장을 만들어 내는 데에도 사용된다. 초전도 양자간 섭기기SQUID 자력계[9]도 개발해 과학적, 상업적 분야 모두에서 초정밀 자기장을 측정하고 있다. 자력계 판매 사업은 비교적 작은 사업이긴 하나 SQUID 자력계를 사용해 발견해 내는 광석의 가치는 수백억 달러에 달한다.

생체의학적 응용 분야에는 신경과학[10]과 암진단[11]이 있다.

SQUID와 관련해서 특별히 언급할 만한 가치가 있는 개발 분야가 있다. 안전한 10분간의 비침습적 검사로 심전도 검사보다 훨씬 더 정확하고 우수하게 심장 문제를 조기에 빠르게 발견할 수 있는 방법을 뉴욕주 래섬 소재의 카디오맥 이미징Cardiomag Imaging사가 개발했다. 심장 근육을 움직이는 작은 전류가 생성하는 아주 약한 자기장을 SQUID를 배열해 측정하는 기술이 사용된다. 이 방법은 FDA 인증과 다른 규정의 승인을 받았으나 아직 보험회사로부터 지급 상환 코드를 얻지 못했다. 카디오맥은 이 코드를 획득해, 자사의 이미징 시스템을 대규모로 제조하고 마케팅하려고 필요한 자금을 준비하고 있다. 일단 필요한 재정을 확보하고 이 혁신적인 진보가 광범위하게 사용된다면 수십만 명의 생명을 구하고 매년 수백억 달러의 건강관리 비용 지출을 막을 수 있을 것이다.[12]

초전도 전자기기는 칠레의 높은 아타카마 사막에서 아펙스Atacama Pathfinder Experiment와 알마Atacama Large Millimeter Array 전파망원경이 우주를 탐색하는 데 도움을 준다.[13] 마지막으로 더욱 빠르고 더욱 소형의 컴퓨터를 만드는 작업에서 주요 장애물이던 열을 줄이는 데 초전도체를 사용하는 실험이 1960년 이후로 중단과 진행을 반복해 왔다는 점을 덧붙인다. 이와 관련해 2014년 12월(미국가정보국 IARPA의)에 자세히 발표되고 2015년 8월에 업데이트[14]된 다년간의 초전도 컴퓨터 개발 프로젝트[15]를 이 책에 언급해둔다. 아주 최근의 일이고 매우 흥미로운 개발은 양자컴퓨터다. 양자컴퓨터에는 양자와 관련된 저장 공간이 필요한데 이를 '큐비트'라고 부르며 죠세프슨 접합Josephson junctions(SQUIDS와 관련된 핵심 초전도 요소)[초전도체와 초전도체 사이에 부도체를 넣은 연결. 부도체가 있으면 전기가 흐르지 않아야 하지만 양자적 현상에 의해 전기가 흐르기도 한다 - 편집자 주]을 응용한다. 8장과 이와 연관된 부록 C에서 양자컴퓨팅 개발을 좀 더 언급한다.

20장

✦

핵융합 발전과
국방에 사용되는 레이저

이 책 전반에 걸쳐 원소의 핵을 둘러싼 전자와 (핵보다는) 전자의 '화학적' 특성에 적용되는 양자역학에 주로 관심을 두었다. 그러나 이 장에서는 원자의 핵과 관련한 대규모 핵융합에너지에 접근해본다. 이 장에서는 핵융합에 사용되는 양자 기반의 핵반응과 기술을 다룬다. 그리고 핵융합 발전에 사용되는 레이저를 소개하며, 또한 몇 개의 레이저 기반 군사용품을 언급한다.

핵분열과 핵융합 같은 핵반응은 원자핵 내부에서 일어나는 일을 탐구하는 양자역학으로 이해할 수 있다. 이 과정에서 동위원소를 다룬다. 원자번호가 같지만(즉, 핵 안의 양성자 수가 같지만) 핵 안의 중성자 수가 다른 원자가 동위원소다. 대부분의 원소에는 여러 가지 형태의 동위원소가 있다.

핵분열과 원자로

일반적으로 '원자력atomic energy'이라 알려진 힘을 생성하는 법은 더 무거운 원소의 동위원소(235개의 양성자와 중성자의 원자 중량을 지닌 우라늄 동위원소, U235, Z=92와 같이)를 더 가벼운 원소의 원자로 나누는 것이다.

핵분열을 하는 동위원소는 '방사능radioactive'을 방출한다. 현재 핵발전소에서는 에너지의 이러한 방사능 방출을 조심스럽게 제어한다.

(동위원소의 핵분열이 제어되지 않고 '연쇄 반응'해 더 많은 핵분열을 일으키는 중성자가 방출되면 '원자폭탄'만큼의 에너지가 생성된다.) 체르노빌과 후쿠시마에서 발생한 일과 같이 핵분열로에서 걷잡을 수 없는 상황이 일어날까봐 공포를 느낀 나머지 불행히도 현재 전력 생산하는 비용이 가장 낮고 게다가 탄소배출이 없는 이 방식[다음 * 참고]을 줄이고 있다. 그것은 아주 불행한 사고였으나 현대의 반응로는 안전하다고 간주해도 좋다. 그리고 내재적으로 좀 더 안전하고 더 작으며 덜 비싼 핵분열로를 개발하려는 노력이 한창이다(캐나다 온타리오주 미시소가의 테레스트리얼 에너지 사는 냉각수로 물이 아니라 용융염을 사용해 본질적으로 노심용융 방지meltdown-proof가 되는 핵분열로를 개발 중이다.[1])

* 이 장의 후반에 인용되는 논문에서[2] 레브 그로스먼은 발전소를 짓고 유지하는 데 드는 달러당 생산 에너지에 대한 연구결과를 보여준다. (만들어질 것으로 예상하는) 핵융합이 27로, (현재의) 가스 5, 석탄 11, 핵분열 16에 비해 우세하다.

에너지원의 '성배'인 핵융합을 도시 규모로

앞에서 언급한 것처럼 핵융합 과정은 우리의 태양이 에너지를 발산하는 과정과 같다. 연료는 담수나 해수에서 방대하게 발견할 수 있는 수소 동위원소이기 때문에, (필요한 양과 비교했을 때)본질적으로 연료 공급은 제한이 없다. 원자폭탄의 에너지가 거대할지라도 수소폭탄에서 방출되는 핵융합에너지와 비교하면 적다. 만일 어떤 문제가 발생하면 핵융합로는 반응을 멈추는 경향이 있으며, 저장하거나 처리할 방사능을 내뿜는 핵연료도 없기 때문에 핵융합은 내재적으로 안전하고, 탄소배출이 없어서, 우리 지구를 위한 에너지원이다. 이러한 요소에 더해 소비 비용 대비 제공되는 전력(위에서 제시) 면에서 핵융합은 에너지원의 '성배'나 다름없다.

핵융합 과정에서 가벼운 원소의 원자핵이 융합해 더 무거운 원소를 만들며 그 과정에서 엄청난 양의 에너지를 발산한다. 삼중수소인 트리튬tritium은 수소 Z=1의 동위원소로서 수소처럼 양성자 하나와 전자 하나를 가지고 있으므로 '화학적으로' 같은 작용을 하고 주기율표에 새로운 자리를 만들어 내지도 않는다. 하지만 핵에 하나의 양성자와 중성자 두 개가 있다. 중성자의 무게는 대략 양성자와 같으므로 트리튬은 수소보다 세 배 무겁다. '중수소'로 알려진 듀테륨deuterium은 그 핵에 양성자 하나에 추가해 중성자 하나가 있으며, 그래서 수소보다 두 배 무겁다.

각 트리튬 핵이 듀테륨 핵과 융합해 헬륨 핵을 형성할 때 매우 강력한 중성자를 내놓으며 매우 많은 양의 에너지가 방출된다. 이 에너지를 붙잡고 중성자가 그 주변에 발산되어 소멸되지 못하게 막는 '장막'에서 이러한 중성자가 리튬의 핵과 합쳐져 연료로 사용하기에 충분한 양의 트리튬을 생성한다. 그러므로 이 장막에 부딪치는 중성자의 반응으로 연료를 생산하는 셈이다. 위에 언급된 대로 듀테륨은 거의 무제한의 양이 해수에 존재하므로 듀테륨을 충분히 얻는 데는 문제가 없다.

그리고 그 과정이 안전하다. 토코막tokomak(핵융합 실험로)에서는 핵융합 플라스마가 자기적 구속을 잃으면, 핵융합 과정이 즉시 멈춘다. 레이저 핵융합에 트리튬과 듀테륨 연료는 자그마한 펠릿pellet 크기의 분량으로 제공되기 때문에 각 레이저 펄스마다 제한적인 양의 연료만 사용 가능하다. 만약 무언가 잘못된다면 이 펠릿이 공급되지 않거나 레이저가 운반한 에너지가 반응을 일으키기에 충분치 않게 된다.

거대한 초전도 도넛형 핵융합로, 토코막

핵융합 발전을 선도하고 있는 토코막은 효율성을 얻으려고 초전도성이란 양자현상에 의존한다. 수소 동위원소의 플라스마plasma가 '토코막'('자기 구속 핵융합'에 도넛 모양으로 장을 배열하는 실험을 처음 시행한 러시아인의 이름을 따서 명명)의 자기장에서 가열된다. 마치 자기magnetic 병에 가둔 것처럼 뜨거운 플라스마를 유지하는 자기장이 겨우 여섯 개의 D자 모양 초전도 코일에 의해 공급된다. D의 직선 부분이 서로 등을 대고 있는 것처럼 둥글게 서 있어서 도넛 모양의 자기장이 D의 빈 중심부를 돌며 전체 공간을 채운다(초전도체의 설명은 19장과 24장에 있다). 이렇게 16메가와트의 핵융합력을 이미 생성했으며, 이는 플라스마를 점화하는 데 필요한 힘에 근접한다. 핵융합 과정을 시작시키려고 가한 에너지보다 더 많은 에너지가 생산되는 시점을 '점화'라고 한다. 토코막의 권선이 초전도성이 아니라면 도넛 모양 자기장을 경제적으로 생성하는 일은 훨씬 어렵고 불가능한 프로젝트가 되었을 가능성이 높다(21장에서 설명할 훨씬 더 작은 구리합금 비터Bitter 자석에 소비되는 일률과 막대한 냉각수를 한번 살펴보라!)

또 각광받고 있는 다른 핵융합 형태는 매우 큰 규모와 비용을 들여 세계의 선진국이 공동으로 탐구 중이다. 다음으로 큰 실험 기기인 ITER(국제 열핵 실험 반응로)은 예상 총비용 200억 달러로 프랑스 남부에 벌써 한창 건설 중이고 2020년에 가동을 시작하며 시험로는 2024년에 가동할 예정이다. 상업적 토코막 반응로의 전체 규모는 높이 50피트(약 15미터), 토러스torus 전체 직경도 50피트로 예상된다. 미국물리학계 잡지인 <피직스투데이Physics Today>에 ITER 프로젝트 개발이 업데이트되고 있다.[3]

자기 구속 핵융합을 대체할 접근법을 탐구하는 여러 프로젝트 역시 전 세계적으로 진행 중이다. 예를 들어 2016년 1월, 스텔라레이터Stellarator 방식으로 자기 구속 시스템을 구성한 '벤델스타인Wendelstein 7-X'가 18년간의 건설을 마치고 막 가동을 시작했다고 발표했고 첫번째 단계인 플라스마 생성을 완료했다.[4] (별 내부 조건을 만들어 낸다는 의도를 반영해 명명한 '스텔라레이터'는 계자권선field windings의 구조가 여러 가닥으로 된 후프를 하나로 땋은 것처럼 만들어 플라스마를 꼬이게 하는 기하학적 구조다.)

더 작은 규모의 핵융합을 위한 최근 디자인

실험중인 다른 몇 가지 핵융합 방식에 대한 기사가 <타임> 2015년 11월호에 실려 있다.[5] 레브 그로스먼은 캘리포니아 오렌지카운티의 트라이알파 에너지Tri Alpha Energy사라는 5억 달러 규모의 스타트업 컴퍼니가 시도하고 있는 혁신적인 핵융합 방법을 기사화했다. 그로스먼은 이것이 핵융합의 문제점에 맞서는 수많은 작은 상업적 시도 중 하나라고 설명하며 이야기를 시작한다. 여기에 밴쿠버 외곽의 제너럴 퓨전General Fusion사와 워싱턴주 레드먼드의 헬리온 에너지Helion Energy사에서 기울이고 있는 노력도 요약했다.

핵융합 과정에서 과제는 플라스마를 충분히 뜨겁게 만드는 문제와 충분히 오랫동안 유지하는 문제다. 트라이알파 에너지 반응로는 '그 자체가 뜨거운 플라스마 링인 연기 링'[6]을 발사하는 두 개의 대포가 있는 모양새다. 대포는 "거의 시속 백만 킬로미터로 서로에게 링을 쏜다. 합쳐진 플라스마는 두 링이 충돌하는 힘으로 섭씨 1000만도까지 가열되고, 링은 가운데 구멍이 있고 직경이 80센티미터 정도 되는 미식축구공 모양과 유사한 플라스마가 돼 조용히 그 위치에서 회전한다. 플라스마 자체가 유지하는 데 필요한 자기장을 생성한다." 6월에 반응로는 안정됐다고 인정되는 5밀리초milliseconds 동안 플라스마를 유지했다.

거대한 레이저 생성 핵융합

레이저는 양자기기지만 크기가 작지는 않다. 중기 계획으로 운영되는 30억 달러짜리 실험은 여러 방향에서 대략 후추 한 알 정도의 크기인 펠릿에 한 펄스 동안 동시에 집중하고자 192개의 거대한 레이저를 결집시켰다.[7] 목표는 (4장에서 설명한 것처럼) 레이저의 힘과 결맞음을 응용해 팽창하는 증기가 안에 들어 있는 트리튬과 듀테륨을 압축하고 가열해 핵융합을 '점화'하는 데 필요한 엄청난 압력과 온도를 제공하도록 펠릿을 기화하는 것이다.

레이저 핵융합 개념은 미시간주 앤아버의 KMS 인더스트리즈 사에서 1970년에 처음 실험했고, 이 실험은 1980년대를 시작으로 미국 정부소속 로렌스 리버모어 연구소(샌프란시스코에서 동쪽으로 약 한시간 거리에 있다)에서 계속 이루어졌다. '레이저 핵융합 국립 점화 단지' 건설이 1997년 로렌스 리버모어 연구소에서 시작됐다. 이 기기는 축구장 세 개의 면적을 차지한다.

2012년 7월에 이 레이저시스템은 최고점에서 500조 와트라는 엄청난 전력을 기록했다.[8] 2013년 9월에 레이저가 펠릿 안에서 핵융합을 일으켜 사용한 전력 이상에 도달했지만, 이 융합에너지는 우리가 원하는 '점화'에 필요한 에너지로는 턱없이 부족했다. 현재 이 기계는 다른 목적으로 사용되고 있다.[9]

핵융합력의 확률과 일정

비록 점화를 달성해도 공학적으로 여전히 풀어야 할 숙제가 있으며 어떤 접근법이든 상업적 핵융합 반응로 건설과 성공적인 가동은 요원한 듯 보인다. 아마도 2050년 이전에는 불가능할 것이다(비록 스타트업 컴퍼니가 작은 규모로 훨씬 이전에 이를 달성하려는 목표를 세우고 있더라도 말이다). 어떤 경우든, 안전하고 무제한의 에너지를 공급해줌으로써 (제한된 에너지 자원을 두고 덜 싸우는) 더욱 안전한 세계가 될 것이라는 기대 때문에 현재 진행 중인 개발 노력은 한층 가치 있다.

국방 분야에서의 레이저

4장에서 설명한 레이저빔의 발생과 결맞음은 대단한 힘을 낼 뿐 아니라, 보통 빛처럼 퍼져서 분산되지 않고 먼 거리에서도 강도를 온전하게 유지할 수 있도록 한다. 이 특성은 레이저를 유도 무기와 잠재적인 대미사일 무기로서 매력 있게 했다. 레이저는 강렬하게 방출돼 광속으로 먼 거리를 날아가 다가오는 미사일을 파괴할 만한 잠재력이 있다. 국방부는 또한 핵폭탄이나 미사일의 핵탄두가 폭발하는 동안 어떤 과정이 일어나는지 검사하는 데 레이저를 사용한다. 위에서 언급한 것처럼 더욱 평화로운 세계를 위해, 무제한의 핵융합 발전을 개발하는 데 목표를 둔 로렌스 리버모어 연구소가 거대한 레이저 시스템을 두 가지 용도로 병행해 사용하고 있는 것이다.

21장

자성, 자석, 자기물질, 그리고 그 응용

원자나 분자는 가능한 에너지 준위를 전자가 채우는 방법과 하위 껍질을 채우는 정도에 따라 순자기모멘트net magnetic moments를 가진다(12장에서 전자는 작은 막대자석을 닮은 자기모멘트를 띠는데 전자의 고유한 스핀이나 공간상태 각운동량의 자기적 성분 중 하나(또는 모두)에서 발생되는 자기모멘트에서 기인한다고 했던 점을 기억해 보자). 이러한 모멘트는 전자가 점유하는 +나 − 스핀 및/또는 각운동량 상태에 따라 자기장 방향을 향하거나 거스르는 경향이 있다.

반자성

원자가 어떤 순자기모멘트도 갖지 않는 물질을 반자성체diamagnetic substances라 부른다(일반적으로 자성이 없는 물체라고 할 것이다). 사실 모든 물질은 자신의 자성에 대한 작은 반자성 성분이 있다. 어떤 자기장이 물질에 적용되면 그 물질의 원자의 양자 공간상태에서 전자의 반응이 유도되고 여기서 반자성이 유발된다. 고전적으로 원자 내에 유도된 소량의 전류가 자기장 변화와는 반대 방향의 자기장을 생성하는 것을 생각해 볼 수 있다. 원자에 유도된 소량의 자기장이 적용된 자기장과 반대 방향이기 때문에 자기장에 원자가 반발한다. 그리하여 만약 이들에 가하는 자기장에 변화가 생기면 반자성체는 아주 약하게 반발한다.[1]

물질 대부분은 반자성체다. 생물체는 반자성적인 경향이 있다. 그래서 과학자들은 세상에서 가장 강력한 자석으로 만든 자기장을 이용해 개구리와 다른 작은 생물체를 밀어내 공중에 띄우는 실험을 하기도 했다.

자석과 자기장

다음 단락에서 자기장의 강도를 설명할 메커니즘으로 '개구리 부양'을 예로 든다. 또한 자기장을 생성하고 사용하는 여러 기기를 이야기할 텐데 자기장을 생성하거나 나르는 주변 재료를 설명할 것이다.

앞에서 언급한 개구리를 띄운 자기장은 네덜란드의 네이메헌 고자기장연구소에 있는 1.25인치 구멍bore의 16테슬라의 비터 자석을 가지고 일으켰다(구멍은 원통형의 가운데가 개방된 공간으로 환자나 표본이 놓일 수 있다). 16테슬라[2]는 매우 높은 자기장이다. 지구 자체 자기장의 약 32만 배, 냉장고 문에 달린 것 같은 가정용 영구자석의 자기장의 약 100배, 가장 강한 영구자석 자기장의 약 10배, 큰 변압기, 모터, 발전기의 자기회로에 강자성 재료를 통해 전도되는 자기장의 약 10배, (19장에서 논의한 것처럼) MRI 의료 진단 촬영에 사용하는 초전도 자석의 구멍 내부 자기장의 약 10배 정도다.

비터 자석은 역학적으로 강하나 전기적으로 도체인 납작한 합금(가운데 구멍을 두고 그 둘레를 따라 촘촘한 나선형으로 착 달라붙어 감은 모양)에 엄청난 전류를 흘려 자기장을 만듦으로써 작동한다. 구리나 합금 권선에는 저항이 있고 이 저항은 열을 만들어 내므로 냉각수로 권선의 열을 냉각한다. 이러한 형태의 자석은 프란시스 비터Francis Bitter의 이름을 따라 명명됐는데, 그는 전자석을 냉각하는 방법을 개발했다. 1938년에 비터는 매사추세츠 공과대학교MIT에 (나중엔 '국립'이 됨) 자석 연구소를 설립하고 안정적인 10테슬라의 자기장을 달성했다. 비터 자석 이전에는 전자석을 냉각시키는 좋은 방법이 없었고 만들어낼 수 있는 자기장은 제한적이었다. (제2차 세계대전 동안 비터는 독일의 자기장 감지 지뢰를 피해 영국 선박을 보호할 수 있도록 배를 탈자기화demagnetize하는 방법을 연구했다. 비터는 이 연구를 '함대 디가우싱degaussing'이라고 불렀다.[3])

세계에서 가장 높은 강도로 유지되는(간헐적인 것이 아니라) 자기장은 플로리다의 탤러해시의 미 국립고자기장연구소에서 실험할 수 있다. 이 자기장은 바깥쪽의 초전도 솔레노이드[4]가 내부의 33.5테슬라 비터 자석에 11.5테슬라의 자기장을 더하는 혼합 자석 시스템이며, 1.25인치의 구멍 부분에서 총 45테슬라를 생성한다. 비터 자석에는 저항이 있어 3,300만 와트(33메가와트)의 전력이 계속 열로 소멸된다(이 전력이면 33,000여 가정에 빛을 제공할 수 있을 것이다!). 분당 4,000갤론의 물을 흘려보내야 이 자석을 냉각시킬 수 있다. 대조적으로 초전도 솔레노이드는 표준 콘센트에서 몇백 와트 정도의 전력만 제공해도 유지할 수 있다. 이 전력은 ① 냉동기를 돌려 초전도체를 차갑게 유지하는 데(19장의 MRI 자기 시스템의 설명과 유사한 방식으로) 사용되고 ② 자기장으로 저장된 에너지를 변환해 솔레노이드로 충분한 전류를 유도하는 데 (교류에서 직류로 변경한 뒤) 들어간다.

상자성

많은 예에서 반자성은 원자의 스핀 및 공간상태 자기모멘트에 직접적으로 자기장이 영향을 주므로 드러나지 않는다. 원자나 분자는 적용된 자기장에 어쩔 수 없이 정렬하고 끌리는 순자기모멘트를 가진다(어쩔 수 없는 것은 자기 모멘트가 보통 상온에서 열에 의해 임의의 방향으로 들끓기 때문이다). 이러한 물질을 상자성체paramagnetic substances라고 한다(이들은 약하게 자성이 있을 뿐이며, 일반적으로 사람들은 이러한 물질도 자성이 없는 물체라고 여긴다). 예를 들어 산소는 상자성적이다. 이를 보여주는 예시로, 액체 산소는 강한 말굽자석의 주둥이 사이에 정지돼 있을 수 있다(참고로 얼음이 청색을 띠는 것은 얼음에 갇힌 상자성의 산소가 특정 빛의 파장을 흡수하기 때문이다).

강자성

몇 가지 재료(예로 철, 코발트, 니켈 등)에서는 다수의 원자나 분자의 자기 모멘트가 '도메인domains'이라 부르는 구역 내에서 전체적으로 자발적으로 정렬돼 아주 강한 자기 모멘트를 만들어 낸다. 자기장이 없어도 이 도메인들은 폐쇄된 자기 회로처럼 이런 모멘트의 자기장을 흐르게 하려고 배열한다. 그러나 '연자성체'라고 부르는 이것에 자기장이 약하게 적용되기만 해도 이 자기 모멘트는 완전히 정렬해 하나의 도메인을 만들고 자기장에 강하게 끌리는 큰 자기 모멘트를 갖는다. 이러한 강자성체ferromagnetic substances를 사람들은 일반적으로 '자성이 있는' 물체라고 생각한다. 하나의 도메인이 만들어지면 '자화magnetized'됐다고 말한다.

강자성은 고체에 들어 있는 원자의 자기적 특성뿐 아니라 원자 사이의 간격과 자기적 연결에도 연관된 특별한 성질이다. 자세한 내용은 다음과 같다.

이론적으로 강자성이 발생하려면 인접한 원자의 바깥쪽 전자의 공간상태가 상당히 겹쳐야 하고, 동시에 이러한 상태의 전자가 핵 근처에 있을 가능성이 있어야 한다. 이들의 핵은 또한 적절히 떨어져 있어야 한다. d와 f 상태가 특히 이러한 요구사항에 맞는 듯하다(이러한 상태의 확률 구름은 그림 3.8의 수소의 d와 f 상태에 보이는 것과 어느 정도 닮았을 것이다). 그래서 13장 표 Ⅳ나 부록 B의 표 B.2에서 4번 행의(각각 바깥쪽 3d 전자를 6, 7, 8개 가지는) 철, 코발트, 니켈은 모두 강자성적이다. 흥미롭게도 (바깥쪽 3d 전자 5개를 가지는) 망간 자체는 강자성이 아닌 상자성이다. 망간 원자가 순수 금속상태보다 약간 떨어져 있는 망간 화합물은 강자성이며, 망간의 d상태에서 적절히 멀리 떨어진 듯하다.

강자성 재료의 응용

구리나 초전도선을 전기회로에서 전류를 운반하는 데 사용하는 것처럼, 강자성체는 자기회로에서 자기장을 운반하는 데 사용된다. 자기회로는 전기모터, 발전기, 변압기의 꼭 필요한 구성요소다. 변압기는 (미국과 캐나다를 예로 들면) 초당 60회나 자기장의 방향을 바꿔야 하는 교류 기기이기 때문에, 자기 회로는 계속해서 변하는 자기장의 방향에 도메인이 쉽고 빠르게 정렬하도록 연자성체로 만들어야 한다. 순수한 철과 적은 비율의 실리콘이 섞인 합금이 특히 이러한 응용에 좋다고 증명됐다.

자기 데이터 저장은 자기화가 가능한 재료를 사용해 비휘발성의 메모리를 만드는 것이다. 데이터는 재료를 자기화하는 헤드를 통해 (대개 코팅된) 재료에 '쓰인다.' 같은 헤드가 거기에 쓰인 자기장의 패턴을 감지해 쓰인 것을 '읽을' 수 있다. 이러한 자기저장 형태가 '하드디스크', 컴퓨터의 하드드라이브, 그리고 신용카드의 인식선 안에 있다.

영구자석과 그 응용

영구자석은 일단 도메인 방향이 정해지면 도메인을 하나만(또는 평행한 도메인 집합)을 보유하는 강자성체에서 만들어진다. 영구자석을 만드는 주된 방법은 입자를 아주 작게 만들어 단 하나의 도메인만 보유하도록 해서, 입자에 자기장을 건 다음 압착해 고체로 만드는 것이다. 또 다른 방식은 여러 성분이 매트릭스 구조로 둘러싸인 가운데에서 일관된 도메인(적용된 자기장에 평행으로 연결된)만 추출해 고체의 상 변이를 유도하는 것이다. 영구자석은 작은 모터, 원심분리기, 실험장치의 4극 자석, 냉장고 자석, 요즘 인기 있는 광고전단이나 노트, 명함 등에 쓰이고 있다. 희토류는 이러한 재료를 고자장, 저중량 응용품으로 만드는 데 특히 중요하다. 이에 대해선 네오디뮴 철 붕소 화물 자석이 여전히 챔피언이다.

22장

그래핀, 나노튜브,
그리고 '꿈의' 응용품 한 가지

이 장에서는 먼저 수많은 발명품을 낳을 만한 놀라운 특성이 있는 새로운 형태의 탄소를 이야기한다. 탄소와 탄소 결합은 원자의 양자적 본성에서 이해할 수 있는데 이 재료에는 1, 2차원적 물질에 대한 양자역학으로 예측할 수 있는 추가 특성이 있다(이론으로 들어가지 않고 설명할 것이다). 언젠가는 재료 중 발전된 탄소섬유 합성기술을 광범위하게 사용한 어떤 것이 성공할 것이라고 나는 믿고 그 성공스토리를 보여줄 것이다.

그 성공은 또한 다음 장에서 설명할 양자 기술을 응용한 제어 및 통신 장비 패키지를 이용할 것이다.

그래핀과 탄소의 형태(동소체)

그래핀

'그래핀'은 탄소가 이루는 형태 중 기초적 구조다. 나노튜브를 포함해 풀러렌이 있고, 더욱 친근한 흑연, 숯, 그리고 그을음 등이 있다. 그래핀에서 탄소 원자는 벌집형 배열의 꼭짓점에 있으며, 이들 사이에서 화학적 결합을 한다. 결합한 탄소 원자는 그림 22.1 ⓐ의 현미경 사진에 보이는 것처럼 연결된 6각형이 모두 한쪽 면을 보는 시트를 형성한다(참고로, 질화붕소와 다른 화합물도 단층 시트를 형성할 수 있다).

그래핀 시트의 실질적인 두께는 3.4×10^{-10}미터, 즉 0.34나노미터로 1나노미터는 10억분의 1미터다(동전 두께의 약 100만분의 1이다). 그래핀은 같은 두께로 만든 (가상의) 고탄소강 시트보다 100배 강하다. 이 시트의 6각형 탄소 원자 사이의 간격은 0.14나노미터로, 다이아몬드의 탄소 원자 간격과 거의 같다(표 D.1에서 볼 수 있듯이 탄소 원자의 지름이다). 그러므로 시트 면에 있는 그래핀은 매우 조밀하다. 그 두께는 탄소와 탄소 결합의 약 2.5배다(그래핀과 다음에 설명할 탄소나노튜브의 안정성과 강도는 s와 p공간상태의 sp^2 혼합hybrid[15장에 설명된 결합] 때문이다).

그래핀은 1962년 전자현미경으로 관찰됐으나 더 이상 연구되지는 않았다.[1] 하지만 2004년에 안드레 가임과 콘스탄틴 노보셀로프는 이를 재발견해 '2차원 물질 그래핀에 대한 획기적인 실험을 한 공로'로 2010년 노벨물리학상을 받았다.

그래핀은 이제까지 시험된 물질 중 파운드[16온스]당 가장 강한

ⓐ 그래핀의 원자현미경 사진: 벌집형 배열의 6각형 꼭짓점에 결합된 탄소 원자의 단일층 시트.

ⓑ 벅민스터풀러렌[버키볼]: 5각형과 6각형의 꼭짓점에 있는 60개의 결합된 탄소 원자가 지오데식 공을 이룸(모형).

ⓒ 꼭대기에 벅민스터풀러렌과 유사한 나노버드(nanobud) 구조가 공유 결합된 긴 나노튜브 중 짧은 섹션(모형)

그림 22.1. ⓐ 약 2천만 배 확대된 그래핀. (사진: Wikipedia Creative Commons; file:Graphene SPM.jpg; author: US Army Materiel Command. Licensed under CC BY 2.0.) ⓑ 유사한 스케일의 벅민스터풀러렌의 모델 (사진: Wikipedia Creative Commons; file:C60 Buckyball.gif; author: Saumitra R. Mehrotra and Gerhard Klimeck. Licensed under CC BY-SA 3.0.) ⓒ 유사한 스케일의 나노버드를 가진 탄소 나노튜브 (사진: Wikipedia Creative Commons; File:Nanobud.jpg; author: Arkady Krasheninnikov. Licensed under CC BY-SA 3.0.)

물질이다. 가임이 노벨상 수상연설에서 언급했듯, 4킬로그램(8.8 파운드) 고양이 한 마리를 지탱할 수 있는 1제곱미터짜리 그래핀 해먹이 고양이의 수염 하나보다 가벼울 것이다.[2]

위키피디아는 2014년 말에 세계 그래핀 시장이 900만 달러에 도달했다는 보고서를 언급하고 있다. 주로 전지, 에너지, 반도체, 전자기기

산업에 사용됐다고 한다.[3] 이 물질의 새로운 응용법을 탐색하는 데 소비된 수십억 달러에 비교하면 적은 편이다(다음 참고). 이러한 노력을 살짝 소개하자면, 이 분야를 연구하는 대학원생들과 교수들이 이 물질과 잠재적인 응용품과 관련된 2013년 기준 연구를 그저 분류하고 간략히 설명하는 문서를 발간했는데, 그 문서만 450페이지 정도다.[4]

<사이언티픽 아메리칸Scientific American>지의 2014년 기사에서 가임Geim은 그래핀을 질화붕소와 몰리브덴 또는 텅스텐 이황화물과 같은 단일층 물질과 함께 쌓거나 샌드위치형으로 가공하는 하나의 재료로 설명하고 있다.[5] 이 합성물은 특성이 있다. 그는 상온 초전도성도 가능하다고 했지만, (그래핀을 수백 제곱미터의 시트로 제조할 수 있음에도 불구하고) '최고'로 잘 이용한 응용품은 아직 나타나지 않았다고 말했다. 그러나 그 사실은 바뀔 수도 있다.

2015년 말 '마이크로 슈퍼 커패시터의 소개: 레이저 가공 그래핀으로 에너지 저장에도 무어의 법칙이 적용되다'라는 제목의 기사에서 마허 엘 카디Maher El-Kady와 리차드 케이너Richard Kaner는 돌파구가 될 기술을 추구하는 UCLA 그룹의 연구를 설명한다.[6] 전기회로의 충전-저장 부품인 커패시터는 사용자 편의성을 강조하는 현대의 전자기기 소형화와 보조를 맞추지 못한 (전지와 함께) 단 하나의 회로소자다. 이들은 그래핀 기반의 2차원적 접근으로 현대의 전자기기에 작고 유연하고 고에너지인 커패시터를 결합할 수 있다고 설명한다. 이 그룹은 전지 크기도 줄이려고 전지/커패시터 하이브리드도 개발하고 있다. 상업적으로 응용할 수 있는지는 로스앤젤레스에 위치한 스타트업 컴퍼니인 나노테크 에너지Nanotech Energy 사가 현재 실험 중이다.

캐더린 부자크Katherine Bourzac[7]는 반도체 기판으로 그래핀을 사용하고 다른 전자 재료를 그 위에 얇게 얹음으로써, 성능이 저하되지 않으면서 1000배 유연한 액정 디스플레이LCDs 등의 기기를 만들어 낼 수 있다고 설명한다(우리가 사용하는 핸드폰 화면이 LCD다).

순수 형태의 그래핀은 유난히 전도성이 높다. 이 점이 아주 유용한 반면 다른 부분에는 문제가 될 수 있다. 존 파블루스John Pavlus는 현재의 실리콘 기반 반도체 기술을 뛰어넘고자 새로운 물질, 즉 주로 그래핀을 사용하려는 IBM의 노력(2014년에 30억 달러 투자)을 설명한다. "그래핀 트랜지스터는 적당한 전력밀도power density와 실리콘이 양자화로 가는 5나노미터 이하에서, 최상위 실리콘 기기보다 100~1,000배 빠르게 작동한다."[8] ("양자화로 간다"는 매우 작은 스케일에서 이웃하는 회로 부분에서 전자의 파동함수가 회로소자를 가로질러 접촉되는 방식으로, 상당히 겹치기 시작한다는 의미다.) 그러나 그래핀은 밴드갭이 없다(17장 참고). 그래서 반도체보다 금속처럼 행동한다. 그래핀은 트랜지스터가 하는 것처럼 전류를 끌 수 없으며, 그래서 디지털 논리를 코드화할 수 없다(트랜지스터 전류는 8장에서 설명한 것처럼 물리적으로 정보 비트, 1 또는 0을 저장하기 위해 켜지거나 꺼진다). 파블루스는 (다음에 설명할) 탄소 나노튜브에는 작은 밴드갭이 있어서 반도체가 될 수 있다고 말한다. 개별 튜브는 실리콘에 비해 5배 향상된 값을 보인다. 그러나 이들은 깨지기 쉽고 장애가 있으면 밴드갭이 쉽게 제거될 수 있다.

그래핀은 모든 원자가 양 면에서 반응할 수 있는, 탄소의 한 가지 고체 형태란 것을 기억하자. 아주 높은 불투명도(복사를 흡수하는 능력)를 가진다. 그리고 단일층으로서 특성상 환경에 몹시 민감하다. 불순물이 포함되면 성능이 저하될 수 있으나 이 때문에 센서로 사용할 수 있는 가능성이 있다.

흑연은 자연에서 발견되며, 기원전 4000년 전부터 여러 목적으로 사용돼 왔다.[9] 흑연은 그래핀 시트가 한 장씩 쌓여 있는 구조이나 약간 편이돼 있어서 두 번째 시트의 탄소 원자가 첫 번째 시트의 6각형 중간 위에 놓이고 세 번째 시트의 탄소 원자는 첫 번째 시트의 탄소 원자와 같은 줄 위에 있는 식으로 계속된다. 시트 간의 결합이 비교적 약하기 때문에 시트는 서로 미끄러지기 쉽다. 흑연은 이러한 이유로 '미끄럽고', 시트를 닦아서 없앨 수 있다. 연필 공장에서 편리하게 이용해온 특성이다.

풀러렌

풀러렌fullerenes은 원자(또는 분자)가 단일층으로 연결된 기하학적 구조가 그래핀과 유사하다. 이러한 구조 중 하나가 '버키볼'로 재봉선만 있는 축구공이나 디즈니월드의 엡콧센터EPCOT Center입구에 있는 커다란 지오데식 돔과 같이 생겼다. 풀러렌의 또 다른 기하학적 형태는 나노튜브로, 바로 뒤에서 설명한다.

그림 22.1 ⓑ는 벅민스터풀러렌 C_{60}의 모델을 보여준다. 연구실에서 처음 제조됐고, 벅민스터 풀러Buckminster Fuller에 대한 '경의를 담아' 명명됐다. 그는 이 구조와 닮은 지오데식 돔을 처음에 건축하기 시작한 사람이다. C_{60}에서 탄소 원자는 (그래핀처럼 6각형의 링으로만 되어 있지 않고) 5각형의 링을 둘러싼 6각형의 '링'의 꼭짓점에 있다.

이 구조에는 60개의 탄소원자가 있다. 링 하나의 중심과 다음 링의 중심 사이의 간격은 평균적으로 0.14나노미터로 그래핀에서의 탄소 간격 정도다.

풀러렌의 버키볼 형태는 꼭짓점에 있는 탄소와 다른 원자를 조합해 생성할 수 있다. 버키볼의 여러 형태는 유전자 분야와 약품 투여에 관련한 의료 분야, X선과 MRI 촬영에 필요한 조영제 분야에 응용돼 왔다.

처음으로 제조된 건 1985년 연구실에서였지만 풀러렌은 그 이후 자연에서 발견됐고, 심지어 바깥 우주에서도 발견됐다. 천문학자 레티지아 스탱헬리니Letizia Stanghellini는 "바깥 우주로부터 온 버키볼이 지구상에 생명의 씨앗을 제공했을 수도 있다"[10]고 말한다.

탄소 나노튜브

탄소 나노튜브CNT는 연구실에서 여러 가지 방법으로 튜브 모양으로 만들 수 있고 실내, 실외에서 에틸렌, 벤젠, 메탄을 태워 생기는 화염과 그을음에서도 발견할 수 있다. 탄소 나노튜브는 긴 축이 스스로 감겨 있는 관 모양의, 이음매 없는 단일층을 형성하는 아주 긴 그래핀 조각이라고 생각할 수 있다. 6각형 링이 튜브의 긴 축을 둥글게 회전해 열 지어 감고 있거나 나선형으로 감고 있다. 이러한 구조 이외에도 많은 변형이 존재한다. 예를 들면 나노튜브 내에 나노튜브가 있고, 그 안에 나노튜브가 있는 구조도 있다. 구조와 변형에 따라 전기적, 열적, 광학적, 장력, 압축하는 특성이 다르다.

그림 22.1 ⓒ는 (공유결합을 통해) 풀러렌 '버드bud'가 붙어 있는 '링

원형' 형태의 탄소 나노튜브를 짧게 보여준다. 이 버드가 나노튜브 사이에서 미끄러짐을 방지할 수 있어, 잠시 뒤 논의할 고강도 합성 구조에서 나노튜브 다발의 역학적 특성이 개선된다.

NEC(이전 명칭은 일본전기회사)의 스미오 이이지마Sumio Iijima가 1991년 나노튜브의 '발견'을 알린 이후 세상은 새로운 물질에 대한 '흥분'으로 소동을 일으켰다. 이에 앞서 소비에트 연방의 라두슈케비치와 루캬노비치가 1952년 소비에트 물리화학 저널지Soviet Journal of Physical Chemistry에 (러시아어로) 발표한 연구를 시작으로 여러 국가의 연구원이 일련의 관찰을 보고하기는 했었다. 나노튜브는 자연, 숯, 그을음에서도 발견됐다.

탄소 나노튜브는 직경 1나노미터로 ('나노튜브'란 이름에 걸맞게) 얇으며, 탄소 원자 7개 정도의 폭이다. 버키볼처럼 전자현미경의 도움 없이는 눈으로 볼 수 없다. 하지만 이 튜브는 직경보다 수백만 배 길게 만들 수 있어서, 원자 10개 정도의 직경에 대략 동전 두께 정도까지 길게 튜브를 만들기도 했다. 어떤 나노튜브는 길이 대 직경 비율이 1억 3,200만 대 1이었는데, 다른 어떤 물질보다 큰 비율이었다.[11]

그래핀의 강도에 비하면 절반 정도지만, 탄소 나노튜브는 고탄소강보다 300배 강도이며 (약간 부서지기 쉬운 그래핀과는 달리) 과도한 압력을 주어도 부서지지 않고 5퍼센트까지 늘어난다. 합성 탄소 나노튜브 대부분은 소수성(물을 밀어냄)이지만 낮은 전압을 가하면 친수성(물을 끌어당김)이 된다. 탄소 나노튜브는 종종 1차원 전기 전도체로 여겨진다. 튜브의 긴 축을 따라 탄소링으로 열을 짓는(혹은 나선형) 방법에 따라 나노튜브는 전기적으로 전도성이거나 반도성이 된다.

단일벽 튜브의 이론상 최대 전도성은 튜브가 '탄도 양자 채널ballistic quantum channel'처럼 행동하는 데 따른 결과로 설명된다.[12] (이론에 기반한 '내재적 초전도성' 주장은 논쟁 중이다.) 이론상, 전도하는 나노튜브는 구리 같은 금속에 비해 1,000배의 전류밀도를 운반할 수 있다. 그리고 일반 상온에서 나노튜브의 긴 축은 구리보다 거의 10배 정도 열을 잘 전도할 것으로 예측되나, 이 긴 축의 수직 방향은 열절연체다.

이러한 특성 덕분에 많은 응용이 이루어졌다. 여기에 몇 가지를 소개한다. 참고로, 높은 전류 밀도는 많은 응용품에 이상적인 성질이다. 탄소 나노튜브-구리 합성물은 순수 구리나 금보다 100배의 전류를 운반하는 것으로 나타났다. 레이다를 흡수하는 탄소 나노튜브로 전투기를 코팅하면 스텔스 능력이 향상될 것이다. 나노튜브 집적 메모리회로가 2004년에 만들어졌으나 나노튜브의 전도성을 조절하는 것이 어려워 컴퓨터 분야에는 사용하기 힘들다(경험에 의하면 나노튜브의 특별한 열전도성은 컴퓨터의 조밀성과 용량을 제한하는 큰 문제, 즉 컴퓨터 프로세서의 회로소자와 메모리 부품 수십억 개가 작동하면서 발생하는 열을 제거하는 문제에 도움이 될 수 있는 듯하다). 탄소 나노튜브는 리튬전지를 개선할 전극으로 주목받고 있다. 태양 전지는 버키볼과 탄소 나노튜브를 조합해 개발하고 있는데, 버키볼은 전자를 가두고, 탄소 나노튜브는 이 전자들을 몰고 나가 전력을 운반하는 역할을 한다. 탄소 나노튜브는 또한 과학적인 힘을 탐침하는 현미경의 팁(끝부분)으로도 사용되고, 의료분야에서 골 성장을 도와주는 받침대 역할을 하기도 한다. 그리고 의도치도 않았고 하던 대로 만든 것일 수도 있으나, 탄소 나노튜브는 17세기의 다마스커스 강철에서도 발견됐다. 아

마도 이 검의 전설적인 강도는 재료 때문이었을 것이다.[13]

　나노튜브는 나노 크기만 한 기기를 개발하고자 연구한 여러 결과 중 하나일 뿐이다. 탄수 나노튜브의 강도는 여러 기기에 응용할 때 돋보인다. 나노튜브는 나노 크기 베어링에 실험적으로 사용된다. 나노튜브를 좀 더 큰 직경의 나노튜브 내부에 넣으면 서로를 밀어내므로 본질적으로 마찰 없이 회전할 수 있다. 이 특성은 세계에서 가장 작은 회전형 모터를 만드는 데 사용됐다.[14]

　마지막으로 탄소 나노튜브는 태양력과 풍력에 관련된 큰 문제를 해결하는 데 유용할 수 있다. 태양력과 풍력은 에너지를 간헐적으로, 가끔은 필요치 않을 때 생성한다. 필요할 때 필요한 장소에서 사용하려면, '사용하지 않는' 기간 동안 생산된 에너지를 저장할 방법을 찾아야 한다. 한 가지 방법은 생산된 전력으로 물을 수소와 산소로 전기 분해하고, 수소를 저장해 운송하는 것이다. 그런데 상온에서 안전하게 저장할 수 있어야 한다. 한 방법은 수소 분자 또는 원자를 고체 물질의 표면에 붙이는 것이다. 전기차의 동력으로 연소 기관에서 직접 사용을 할 때, 혹은 연료전지에서 전기에너지로 재전환할 때 수소를 떨어지게 하는 방식이다. 탄소 나노튜브에는 수소를 부착할 수 있는 거대한 표면이 있다. 이것과 앞에서 언급한 많은 응용품 앞에 놓인 과제는 고순도의 탄소 나노튜브를 상당히 저렴한 비용으로 생산하는 것이다.

　최근에는 주로 큰 제품의 역학적, 전기적, 열적인 특성을 개선하려고 탄소섬유 합성물에 벌크 탄소 나노튜브(조직되지 않은 나노튜브 덩어리)를 첨가해 사용한다. 탄소 나노튜브를 포함한 합성물은 오토바이 등의 부품을 가볍게 하고 강도를 증가하는 데 사용되어 왔다(탄소 나노튜브가 아니라도 탄소섬유 합성물의 역학적 특성은 이미 최고의 강철보다 우위에 있다).

더욱 큰 규모의 응용

스페이스 엘리베이터

CNT를 마치기 전에, '출구way out'(상식을 넘어선 것이라는 뜻도 있어 중의성을 이용한 말장난이다)라고 직접 이름 붙인 잠재적인 응용 방법을 소개한다(너무 진지하게 받아들이진 않길 바란다).

탄소 나노튜브는 '스페이스 엘리베이터'를 가능케 할 만큼 충분히 강하면서도 경량인 단 하나의 물질일 것이다. 이 기기는 탑재 화물을 22,000마일(35,000킬로미터)(안정된 지구궤도의 고도)까지 또는 그 이상까지 들어 올리고, 그곳에 놓여 어떤 임무든 수행할 수 있다(이 덕분에 많은 로켓 연료를 아끼고, 아마 로켓도 아낄 수 있을 것이다.)

이 엘리베이터는 로켓공학과 우주비행학의 창시자[15] 중 한 명인 콘스탄틴 치올콥스키Konstantin Tsiolkovsky가 1895년 (그의 원고 '지구와 하늘, 그리고 베스타에 대한 사색Speculations about Earth and Sky and on Vesta'에서) 처음 제안했다.[16] 그는 처음에는 탑을 짓자고 제안했다. 그러나 1959년 이후 연구에서는 대부분 인장력이 문제였다. 그리고 그곳에 탄소 나노튜브가 도입된다. 이 엘리베이터에는 경량이면서 아주 강한 케이블에 달려 있어야 했으며, 당시 단 하나의 실행

가능한 예측은 탄소 나노튜브로 만드는 것이었다.

엘리베이터는 궤도를 도는 하늘의 '균형추'('하늘 고리'라고 해야 되나?)와 적도 위 어딘가의 고정 스테이션 사이의 케이블 중간에 매달리게 된다. 균형추는 지구 자전의 원심력에 의해 바깥쪽으로 던져지는데 동등하게 케이블이 아래로 당기는 구심력과 중력 덕분에 우주로 날아가 버리지 않는다. 그렇게 22,000마일 고도 한참 위를 달리게 될 것이다(아래 방향으로의 중력에서 위 방향으로의 원심력을 뺀 최종값은 '중력장'의 힘으로 간주한다).[17] 케이블을 앵커(닻) 스테이션에서 풀면 앵커(그리고 그 훨씬 아래 걸려 있는 엘리베이터)는 우주로 올라가게 된다. 엘리베이터를 재선적하고자 다시 내려오게 하려면 앵커 스테이션은 앵커를 감아 들여야 한다. 그러고 나면 더 낮아졌지만 여전히 안정 지구궤도보다 훨씬 위에 있는 앵커가 강하게 당기기 때문에 새로운 탑재 화물과 함께 다시 엘리베이터를 올릴 준비가 된다.

이제 지상으로 내려올 시간이다. 거의 말이다.

탄소섬유 강화 폴리머 합성물[18]

탄소섬유는 나노튜브 직경의 약 5,000배 정도지만 그래도 매우 작고, 인간 머리카락 한 가닥 두께의 약 10분의 1이다. 탄소섬유는 레이언 섬유에서 방적사를 뽑듯이, 탄소를 벗길 수 있는 모든 구성요소에서 생산할 수 있다. 합성물을 만드는 방법을 보면 탄소섬유 방적사를 직물로 짜는데, 크기에 맞춰 잘라내고, 적합한 성형으로 층으로 쌓고, 에폭시 수지에 푹 적신다. 이러한 합성물은 스포츠 상품과 자동차를 포함해 많은 응용품에 이미 사용됐다. 그러나 세기가 변하며 또 다른 응용품이 보잉사 이사진의 관심을 끌고 있다.

드림라이너[19]

보잉사는 2011년 787 드림라이너 항공기의 상업서비스를 시작했다. 보잉사는 가장 진보된 모델의 미래가 탄소섬유 강화 폴리머CFRP 기술에 있다고 믿었다.[20] 군용기를 설계하며 성능을 시험해 본 뒤 날개와 동체는 더 이상 알루미늄 시트로 만들지 않고 대신 CFRP를 사용해 초강력 경량 부품을 만들었다. 이 비행기를 더 가볍고 더 강하게 만들고 컨트롤 시스템을 발전시킨 덕분에 보잉은 역사적인 트렌드를 거스르며 항공기의 크기를 늘리지 않고도 거리와 연료 효율을 (20퍼센트) 개선할 수 있었다. 787은 9,000마일〔1만 4,500킬로미터〕(뉴욕에서 홍콩까지) 이상을 재급유하지 않고 날 수 있다. 2016년 3월 기준 보잉은 62곳의 고객들로부터 항공기 1,139대를 주문받았다(787의 개발과 비행테스트는 IMAX 3-D 영화 <드림 오브 스카이Legends of Flight>에서 아름답게 표현된다.[21])

그러나 이곳은 경쟁이 치열한 업계다. 드림라이너가 비즈니스에 위협이 된다고 판단한 에어버스는 2015년 1월에 A350을 내놓았다. 이 비행체는 구조물의 53퍼센트를 탄소 합성물로 만들어 보잉의 50퍼센트에 필적한다. 경쟁사인 두 곳의 항공기 한 대당 제작비용은 2억2500만 달러에서 3억5600만 달러로 225~350명의 승객을 태울 수 있다.[22]

23장

반도체와 전자기기의 응용

금속과 비금속 사이의 특성을 가지는 원소들은 (13장의) 표 IV와 (부록 B의) B.2 같은 주기율표에 연하게 음영 처리돼 있다. 반금속이라고도 부르는 이 반도체 중에 실리콘과 게르마늄이 있다. 여러 고체의 원자처럼 이 고체 원소의 원자는 수백만 원자만큼 거리를 두고 깔끔하게, 심지어 3차원 수정배열 구조로 스스로 쌓이는 경향이 있다. 1940년대 말과 1950년대 초, 반도체와 다이오드와 트랜지스터와 같은 반도체 기기의 작동을 이해하는 데 양자역학이 (노벨상 수상자인 물리학자 윌리엄 쇼클리William Shockley와 존 바딘John Bardeen에 의해) 활용됐다. 이 기초적인 기기는 현재 전자기기 대부분의 핵심이며 집적회로 칩에 수십억 개가 올라간다. 다음으로 반도체의 작동방법을 설명한다.

도핑되지 않은 반도체에서의 전기적 전도

반도체는 17장의 양자적 관점에서 전자가 ⓐ 밴드갭 아래의 충만 밴드valence band를 거의 채우거나, ⓑ 비교적 작은 밴드갭 아래의 충만 밴드를 정확히 채우거나, 또는 ⓒ 밴드갭 위 전도밴드conduction band의 상태를 막 채우기 시작하려 하는 상황이라고 정의한다. 이 상황 각각에서 전기적 전도는 발생할 수 있으나 제한적이다.

ⓐ 형태의 반도체는 페르미 레벨과 갭의 근접성 때문에 건전지 등으로 전압을 주면 충만밴드의 상단이 페르미 레벨보다 조금 높은 에너지 상태가 되므로 일부 전자가 전이할(보통 이런 상태에서는 전자가 한 방향으로 움직인다) 수 있다. ⓒ 형태의 반도체는 갭 위 전도밴드의 바닥에 애초부터 일부만 점유돼 있으므로 전압으로 밀릴 전자도 일부 있고, 이로써 전도가 제한된다. ⓑ 형태의 반도체는 상황이 더욱 복잡하다.

ⓑ 형태의 반도체에서는 격자의 열 운동이 충만밴드로부터 일부의 전자를 들뜨게 해 비교적 작은 밴드갭을 지나 위의 더 높은 에너지인, 단단히 결속되어 있지 않은 전도밴드 상태로 들어가게 하므로, (고전적으로 볼 때) 전자는 고체 주위를 자유롭게 돌아다닌다. 원자를 국소적으로 둘러싼 전자의 수가 그 원자핵의 양성자의 수보다 적기 때문에, 이것은 국소적으로 충만밴드에서 순 양전하의 구멍holes을 만들어낸다.

만약 이웃한 원자의 전자가 처음의 구멍을 채우려고 그 자신의 구멍을 만들면서 뛰어들면, 구멍은 하나의 원자에서 그 이웃하는 원자로 효율적으로 이동한다. 구멍은 이렇게 원자에서 원자로 이동해, 음단자로 끌어당기고 양단자로부터 밀어내는 전압의 영향을 받아 양전하로 대전된 입자처럼 움직일 수 있다(실제 벌어지는 일은 전자가 끌어당겨져 반대 방향으로 움직이려고 구멍을 남기면서 양단자를 향해 뛰는 것이다). 이와 동시에 전도밴드에서 탈출해 돌아다니던 전자도 양단자를 향해 이동할 수 있다. 그래서 전도밴드의 전자와 충만밴드에서 구멍을 메우던 전자 모두 양단자를 향해 움직인다. 양단자로 움직이는 음전하가 있다는 것은 양단자로부터 흐르는 양전하가 있다는 말과 같으며, 이것이 전류의 정의다.

금속에서의 상황과는 달리 ⓑ 상황에서는 반도체가 냉각되면 전도에 대한 전기적 저항이 상승한다. 그 이유는 온도가 낮아지면서 전도 전자와 구멍을 만들어내는 열적인 들뜸excitation이 감소 또는 제거되기 때문이다. 이러한 특성을 이용해 서미스터thermisters라는 온도 측정 도구를 만들어 왔다.

고체에서 원자는 여러 패턴으로 쌓일 수 있다. 그리고 15장에서 논의한 탄소의 다이아몬드 형태처럼 실리콘과 게르마늄의 원자는 4면체 기하학적 구조로 스스로 쌓여 이것이 결정 전체로 확장하는 경향이 있다. 이러한 원자의 s 상태 바깥쪽 전자 두 개와 p상태 바깥쪽 전자 두 개는 하이브리드 배열로 결합하며, 4면체의 모서리에 전자가 있는 것으로 시각화할 수 있다. 탄소가 다이아몬드 형태가 됐을 때는 상온에서 전이하기에 충만밴드와 전도밴드 사이의 밴드-갭의 에너지 차이가 너무나 크다. 그래서 다이아몬드는 전도 전자나 공백이 없으므로 완벽한 절연체다. 그러나 실리콘과 게르마늄은 결합이 그만큼 강하지 않으며, 충만밴드는 더 높은 에너지 준위에 있고, 밴드갭은 더 작아, 위에서 설명한 반도체 반응이 나타난다.

도핑, 그리고 수십억 개의 트랜지스터를 포함하는 칩의 제조

실리콘이나 게르마늄 일부 원자를 인phosphorus과 같은 원자로 대체해서 전도 전자를 만들 수도 있다. 인은 4개가 아닌 5개의 바깥쪽 전자를 가진다. 이 도핑으로 밴드갭을 넘어 전도밴드에 추가적인 전도 전자를 가진(음으로 대전된), 소위 n형 물질을 만든다. 또 원자 일부를 바깥쪽 전자가 4개가 아니라 3개인 갈륨gallium 원자를 도핑할 수 있다. 그리하여 밴드갭 아래 충만밴드에 전자 상태가 비어 있는(전자 상태가 비어 있으면 양으로 대전된 것과 같다) p형 반도체가 생산된다. 그 뒤 n형과 p형 반도체를 샌드위치식으로 함께 붙이면 결과적으로 특별한 성질이 생긴다. 다이오드는 두 형태 사이의 경계를 따라 한 방향으로만 전자의 흐름이 발생하도록 하는 기기며, 트랜지스터는 n-p-n이나 p-n-p 물질 세 층이 있는 기기로, 한 층에 작은 전류를 줌으로써 나머지 두 층에 큰 전류가 흐르게(증폭) 할 수 있다.[1] 또는 컴퓨터의 메모리칩이나 프로세서칩에 있는 수십억 개의 아주 아주 작은 트랜지스터를 켜거나 끄는 것으로 0이나 1의 이진 상태를 표현해 정보를 저장하고 검색한다.

이러한 수십억 개의 트랜지스터와 여타 소자가 들어 있는 집적회로는 12인치 직경의 실리콘 기판 위에 포토리소그래피photolithography

과정을 이용해 수십 개씩 한 번에 만든다. 이 과정은 50단계에 이르는데, 특정 자외선을 쬐면 떨어져 나가는 포토레지스트로 기판을 코팅해 특정 부분만 떨어뜨리는 과정을 반복한다(포토레지스트는 일종의 덮개인데 다른 작업이나 물질을 막으면서 빛에만 반응해 그 아래 부분을 특정 깊이로 떨어져 나가게 한다). 마스크를 이용해 현미경 크기에 가까운 트랜지스터와 회로의 '청사진'을 빛이나 자외선에 노출한다. 노출된 부분은 여러 가지로 처리한다. 이후 단계 중에 특정 도핑 원소(도판트dopant)를 주입할 수도 있다. 또 다른 단계에서는 다르게 마스킹하고, 노출하고, 다시 떨어뜨린 후, 또 다른 도판트를 다른 부분에 첨가한다. 이후 많은 단계가 계속되는데, 계속 다르게 마스킹하고, 노출하고, 다시 떨어뜨린 후, 기화된 구리를 코팅 및 노출하며 선택적으로 제거하는데, 트랜지스터와 다른 회로소자 간을 '전선'으로 연결하기 위해서다.

전하결합소자 (CCDS)

전하결합소자는(브루스 로젠블룸Bruce Rosenblum과 프레드 커트너Fred Kuttner가 『양자 수수께끼Quantum Enigma』에서 잘 설명했듯) "개인용 사진의 세계를 크게 확장시켰고, 천문학에 혁신을 가져왔으며, 꾸준히 진단용 약물을 개선시키고 있다. 일반적인 디지털카메라에는 수백만 개의 반도체칩이 들어 있다."[2] 2장과 그림 2.3에서 설명한 광전효과(아인슈타인에 의해 판명됨)처럼 광자는 실리콘에서 한 무리의 전자 상태를 들뜨게 하고, 들뜬 전자는 만들어진 위치 정보를 제공하는 전기장에 의해 이동돼 그 위치에서 빛의 강도를 측정할 수 있도록 변환된다. 연구 결과 윌러드 보일Willard S. Boyle은 2009년 '이미지를 만드는 반도체, 즉 CCD 센서를 발명한 공로'로 노벨물리학상을 수상했다.

응용품

우리가 광범위하게 '전자장치'라고 부르는 것 대부분과 전기적인 제어와 통신에 사용하는 거의 모든 응용품은 반도체가 관련돼 있으며, 이들이 모여 다이오드나 트랜지스터를 만들고, 다시 칩에 수천, 수백만, 수십억 개가 다른 회로소자와 집적돼 기기를 이루는 것이다. 반도체의 사용과 그로부터 만들어진 발명품과 제품은 너무도 많아 여기서 다 말하긴 힘들다. 몇 가지 예만 적어 보자면 컴퓨터, 스마트폰, 보청기, 라디오, TV, DVD 플레이어, 하이파이시스템, 최신 전화기, 프린터, 스캐너, 팩스, 로봇, 자동차, 항공기, 로켓, 인공위성, GPS, 핸드폰, 전동기 제어, 로크인 증폭기 및 여타 과학적 장비, 운동 설비, 레이다 및 소나, 어획용탐지기 및 측심기, 자동 항법장치, 수치제어 기계공장 설비, 디지털카메라, 4장에서 설명한 바코드 인식기 같은 기초 레이저 기기 등 응용품 등이 있다.

그리고 물론 태양광을 전력으로 직접 전환해 주는 반도체 태양전지가 있다. 이 간헐적이고 매우 가변적인 전력원의 성공 여부는 에너지 저장 기술에 달려 있다. 22장에서 이 자원을 이용해 물을 전기분해해 수소를 생성하고 탄소 나노튜브를 사용해 저장하는 방법을 설명했었다.

새로운 개발들

반도체 부품과 응용품의 개발 속도는 놀라울 정도다. 우선 최근의 몇 가지 부품을 언급하려 한다.

아주 작은 슈퍼 축전기의 개발은 22장에서 이미 설명했다. 찰스 초이Charles Q. Choi가 자신의 논문인 '슈퍼 축전기를 슈퍼 충전하는 질소Nitrogen Supercharges Super-Capacitors'에서 설명하고 있다.[3] 칩 내부에서 저항을 유발하는 연결 부위를 줄일 수 있다고 리차드 스티븐슨Richard Stevenson이 '나노와이어 트랜지스터의 등장Rise of the Nanowire Transistor'[4]이란 기사로 설명했고, 7000만 개의 트랜지스터와 850개의 광학 부품을 하나의 실리콘 프로세서에 집적하는 방법을 닐 새비지Neil Savage가 '빛으로 칩을 연결하다Linking Chips with Light'[5]란 기사로 2016년 2월호 <스펙트럼Spectrum>의 뉴스 섹션에서 다루었다. <MIT 테크놀로지 리뷰> 2015년 7/8월호에 실린 '배터리 비즈니스에서 살아남기Survival in the Battery Business'라는 제목의 글은 고체 전지를 개발하려는 회사를 소개하고 있다. 같은 호에서 삭티3SAKTI3는 '50대 스마트한 기업' 중 하나로 꼽히며 조명을 받았으며, 다른 기업 중에는 일반적으로 사용되는 산업용 스크린프린터로 값싸게 프린트할 수 있는 아주 얇고, 유연하고, 충전가능한 전지를 개발한 '임프린트 에너지Imprint Energy'사,

서반구의 가장 큰 실리콘 태양전지 제조업체로 떠오르는 '솔라시티 SolarCity'사가 있다. '솔라시티의 (7억 5,000만 달러) 기가팩토리'라는 추가 기사가 같은 잡지의 3/4월호에 실렸다.[7]

매달 새롭거나 개선된 상품이 시장에 등장하고 있다. 인터넷이 원동력을 제공했다. 그러나 컴퓨터는 트랜지스터와 다른 회로소자가 원자 크기에 접근하면서 고전적인 한계에 부딪힌 듯 보인다. 이것은 칩을 더 이상 집적할 수 없음을 의미할지도 모른다(레이첼 코틀랜드Rachel Courtland의 '트랜지스터의 소형화는 2021년이 마지막일 수 있다 Transistors Could Stop Shrinking in 2021'을 참고하기 바란다[8]).

회로소자가 양자적으로 작용할 것이라는 예측은 최근 초강력 '양자컴퓨터'를 개발하는 결과를 낳았다. 8장과 부록 C에서 설명했듯이 세계 여러 곳에서 진행 중인 프로젝트가 컴퓨터 산업에 혁명을 일으킬지도 모른다.

24장

초전도체 Ⅱ
– 과학, 전력 생산 및 전송에서의 거대한 응용

초전도체 기술은 배의 프로펠러를 돌리는 강력하고 조밀한 전기 모터와 항공 방위 시설에 작은 발전기를 제공해줄 것이다. 발전기, 변압기, 그리고 송전선 등 상업용 전기 기기에서 초전도체는 저항 가열과 그에 따른 전력 손실(비효율성)을 피하게 해줄 것이다. 또 초전도체는 더욱 큰 용량으로 더욱 조밀한 부품을 만들 수 있도록 해줄 것이다.

그러나 지난 수년간은 초전도체와 초전도 권선을 개발하는 데 가장 큰 과제는 입자물리학의 거대한 실험기기에 들어갈 초전도 자석의 개발과 구축에 자금을 대는 것이었다. 관련한 기기 두 개와 최근 업적을 짧게 설명하겠다.

거대한 과학, 입자가속기

초전도 자석은 현대의 입자가속기에 들어가는 필수 부품이다. '원자 충돌기'보다 더 거대한 이 기계들은 주로 순수에너지에서 입자를 만들어내고 있다. 그리고 이들은 입자빔을 구부리는 용도로 초전도 자석을 수십만 톤 사용한다. 시카고 근처 페르미랩의 '테바트론'과 스위스 제네바 근처의 '거대강입자충돌기LHC'가 그 예로, 후자는 4부의 9장에서 설명하고 있다.

진보된 초전도체

초전도 기기를 충분히 낮은 비용으로 만들고 장기적으로 충분히 운용하도록 만든다면 그 제품은 최대의 상업적 성공을 거뒀다고 말할 만하다. 이 의미는 초전도체를 임계온도 아래로 유지하는 냉동 비용이 저항 가열 때문에 파손될 구리 권선을 교체하는 비용과 이와 관련된 전력 손실보다 적어야 한다는 뜻이다. 그리고 만약 개발 중인 '토코막' 융합반응로가 20장에서 설명한 것처럼 융합플라스마를 제한하는 자석이 소비하는 에너지보다 더 많은 에너지를 생성한다면, 초전도체는 절대적으로 필요한 존재가 될 것이다.

초전도체가 가동되는 최고 온도와 냉동 비용은 반비례한다. 그러므로 높은 온도에서 초전도체를 사용할 수 있다면 냉동 설비는 훨씬 작고, 덜 복잡하며, 덜 비싸고, 높은 온도에도 응용할 수 있을 것이기 때문에 전체의 경제적 효과가 좋아진다. 예를 들어 끓는 점이 77켈빈도인 액체 질소[1]에서 운용이 가능한 초전도체의 냉동 비용은 약 4켈빈도인 액체 헬륨에서 가동되는 초전도체의 냉동 비용보다 20분의 1만큼 적게 든다.

냉동은 교류 전력을 생성하고 전송하는 면에서 특히 중요하다. 그 이유는 초전도체를 임계온도 아래에서 보존해 어떤 저항도 없다고 하더라도 변화하는 자기장 안에서 가동될 때는 어느 정도의 '히스테리시스hysteresis(이전 성질로 돌아갈 때 다른 경로를 따르는 현상, 이력현상이라고 한다 - 편집자 주)'와 와전류 손실이 생기기 때문이다. 발전기, 송전선, 변압기에 사용되는 초전도체는 변화하는 자기장 속에서 가동된다. 그래서 초전도체를 사용해 저항을 없앰으로써 비용을 절약했다 하더라도 여전히 생성되는 열을 제거하는 냉동 비용을 고려해 계산해야 한다.

새로운 '고온' 초전도물질(HTS 물질)과 2세대 HTS 물질조차 비교적 덜 비싼 액체 질소에서 사용할 수 있도록 개발됐다.

가장 보편적으로 사용되는 1세대 HTS 물질조차 고온이라고 이름은 붙었지만 Bi2Sr2Ca2Cu3O10+x(비스무스-스트론튬-칼슘-산화구리, 약식으로 BSCCO)이다(화학!). BSCCO는 액체 질소 온도에서 운용할 수 있는 반면 그것을 운용할 수 있는 자기장 수준과 액체 질소 온도에서 초전도 방식으로 운반할 수 있는 전류량은 제한돼 있다. 이는 특히 2세대 HTS 물질과 비교된다. 보통 YBa2Cu3O7-x(이트륨-바륨-산화구리, 약식으로 YNCO) 또는 REBa2Cu3O7-x(희토류-바륨-산화구리, 약식으로 REBCO)이 해당 물질이다. 현재로서는 이 두 가지 HTS 물질도 최근 MRI에(액체 헬륨에) 사용되는 NbTi 합금 초전도체와 비교했을 때 여전히 비싸다.

저온과 고온 운용 사이의 타협을 최근 개발된 중간 온도의(Tc = 39K) MgB2 초전도체가 제공한다. 이 초전도체를 알맞게 운용하는 방법을 말하는 보고서도 있다.[2]

도시 규모의 전력 응용

전 세계적으로 50년 이상 전력 공급용 초전도 부품을 개발하려는 노력을 기울여 왔다. 그러나 내가 아는 한 이 기기 중 어느 것도 상업적으로 널리 사용된 예가 없다. 일부는 여전히 개발되고 있으나, 15년 전에 기울이던 노력과 비교하면 많이 감소했다.

성공의 핵심은 초전도 기기를 충분히 낮은 비용으로 충분히 믿을 만하게 만들어 장기적으로 운용할 만하게 비용을 해결하는 일이다. 예정에 없이 하루만 '정지'되더라도, 이 복합적인 초전도 기기를 사용함으로써 개선된 효율성과 운영상의 이점 덕분에 절약한 비용을 대폭 깎아 먹을 수 있다. 경쟁력 있는 비용과 안정성은 필수다. 단기 테스트에 완벽하게 성공해 초전도 기기가 경제적으로나 기능적으로 아주 매력적으로 보인다고 하더라도, 보수적인 전력산업계가 요구하는 안정성을 실험하는 데까지 수년이 걸릴 수도 있다.

어떠한 노력이 진행되고 있는지 알 수 있도록 아래 몇 가지 일반적인 프로젝트를 소개한다. 이 중 몇 개는 나도 여러 위치에서 이끌거나 함께 했는데, 재료과학자나 물리학 엔지니어, 또는 프로젝트 매니저 역할을 담당했다.

융합반응로

융합반응로의 플라즈마를 자기적으로 구속하는 측면에서 초전도체가 절대적으로 필요한 이유는 20장에서 설명하고 있다.

초전도 발전기

초전도 발전기는 70MVA(우리 측 용도로는 70메가와트, 또는 7000만 와트) 수준의 전력을 공급하고자 건설됐으나, 이 책에서는 초전도체 디자이너와 테스트에 사용된 기기의 디자이너 겸 감독으로서 직접 참여한 초기 개발을 인용한다.

우리가 1970년대 초 웨스팅하우스Westinghouse사에서 만들고 테스트를 성공적으로 마친 5MVA 초전도발전기를 그림 24.1에서 볼 수 있다.[3] 당시 우리 대다수는 초전도체가 전력업계에 혁신을 가져올 것이라 예상했다. 5MVA는 그때까지 만들어진 초전도발전기 중 가장 강력한 것이었다(발전기는 가운데와 왼쪽에 서 있는 엔지니어 뒤에 있다. 맨 오른쪽에 서 있는 턱수염을 기른 친구가 나다). 이 사진에서 5,000가정에 전력을 공급할 수 있는 기계의 규모가 얼마나 작은지 알 수 있다.[4]

프로젝트 조직과 에너지부의 지원

대규모 전력 부품 개발이 충분히 진보함에 따라 초전도 전력 부품을 실제 상업적으로 사용하기 위한 시범 프로젝트가 시작됐다(그리고

그림 24.1. 1972년 성공적으로 테스트를 마친 5MVA(우리 측 용어로는 5메가와트) 초전도 발전기와 웨스팅하우스의 디자인팀, 테스트팀 중 일부. 좌에서 우로. 앞 열: 짐 파커, 돈 리츠, 아돌푸스 패터슨, 클리프 존스, 톰 페이건. 서 있는 사람들: 존 몰, 헨리 할러, 그리고 본인인 마이크 워커. (사진: reprinted with permission from R. D. Blaugher et al., "Superconductivity at Westinghouse," Superconductivity News Forum 6, no. 20 [2012]: 12.)

일부는 완료됐다). 미국에서 이러한 시범 프로젝트는 관련 맺고 있는 팀이 노력함으로써 수행되는 일이 잦다. 초전도체 제조업체, 기기 제조업체, 특수 전문가가 있는 대학, 그리고 하드웨어를 사용할 전력회사, 여기에 에너지부Department of Energy 연구소의 엔지니어, 과학자도 함께했다. 에너지부는 이러한 많은 프로젝트를 부분적으로 지원하고 모니터했으며 일반적으로 프로젝트는 연례 동료 평가를 거쳤다.

이러한 프로젝트의 규모와 목적을 어느 정도 알 수 있도록 그중 두 개를 소개한다. 나는 뉴욕 알바니 근처에 위치한 IGC의 슈퍼파워SuperPower 분과에서 엔지니어 겸 프로젝트 매니저 임무를 담당했으므로 익숙하다.

송전선

이 케이블은 제작되고, 설치되고, 시범 운용됐으나 철거됐다(나는 프로젝트 예비 단계에만 관여했으며, 시작 바로 직전 2002년에 은퇴했다). 거의 0.25마일(0.4킬로미터) 길이의 HTS 지하 송전선이었고, 뉴욕주 알바니의 전국 송전선망 스테이션 두 곳을 연결해 표준 송전시설로 수년간 운용됐다. 초전도 케이블을 개발해야 한다는 당위성은 기존 구리 송전선에서 발생하는 전기 저항으로 손실되는 전력양이 7퍼센트에서 10퍼센트에 이른다는 점에서 나왔다. 초전도 케이블은 같은 지하 공간에서 기존 케이블에 비해 3~5배의 전력을 운반할 수 있으므로 현재의 케이블을 HTS 케이블로 대체해주면 주변 토지를 더 굴착할 필요 없이 더 많은 전력을 제공하게 된다는 또 다른 이점이 있다(이 점은 매우 중대한 사안이다. 몇몇 대도시의 지하 공간은 군중으로 붐벼 공간확보가 쉽지 않다!).

우리 프로젝트에서 사용한 진공 처리되고 유연한 초전도 케이블은 1세대 BSCCO HTS 초전도체로 만든 것으로 2005년 처음 설치되고 운용됐다. 2007년에 케이블 30미터가 온도계수가 더 높은 YBCO 2세대 HTS 초전도체로 대체됐고, 또한 접합부joints를 만들 수 있는지 실험해 운용까지 성공했다. 이 두 섹션 모두 냉각수로 액체 질소를 사용했다. 이 케이블은 3단계 중 각 단계당 800암페어씩을 운반한다. 단계당 48MVA(우리 식으로 하면 48메가와트가 되며, 평균 4만 8,000가정에 불을 밝히기에 충분한 양이다)의 전력을 3만 4,500볼트로 보내는 것이다.

이 프로젝트에서 슈퍼파워와 협력한 업체는 스미토모 전기산업Sumitomo Electric Industries과 린드Linde, 그리고 전국 송전선망National Grid

이었다. 자금은 뉴욕주에너지연구개발국NYSERDA과 미국 에너지부 the US Department of Energy에서 일부 제공했다.

(최근 개발 상황을 덧붙인다. 이상전류제한 초전도 케이블을 2014년부터 독일 에센의 시티센터에 전력을 제공하는 배전망으로 사용하고 있다. 2만 볼트로 최대 40MVA[우리 측 용어로는 40메가와트]를 1킬로미터[0.6마일] 이상 보낸다.[5])

이상전류제한 변압기

나는 또 다른 프로젝트에 참여해 첫 단계(변압기만) 대부분을 이끌었는데, 복합 HTS 초전도 이상전류제한SFCL 변압기를 제작하는 프로그램으로 변환돼 진전됐다. 이 초전도변압기는 기존 변압기에 비해 더 작고, 가볍고, 조용하며, 높은 효율을 보장한다. 변압기 수명에 위험을 주지 않고 정상을 넘어선 이상fault[6] 전류가 흐르는 동안에도 작동이 가능하다. 기존 변압기 오일이 아닌, 절연체와 냉각수 역할을 하는 액체 질소가 들어가기 때문에 HTS 변압기는 화재위험이 없다 (질소는 타지 않으며, 공기의 80퍼센트가 이미 질소로 이루어져 있기 때문에 대기 속으로 방출돼도 문제가 없다). 그리고 이상전류제한 기능을 추가했으므로 이 변압기는 전체 전력망 성능에 어떤 부정적인 영향도 끼치지 않으면서 다운스트림 시 변전소 회로차단기를 보호하고 업스트림 시 전력망에 더 큰 유연성을 제공한다.

이 프로젝트의 목표는 중전력의 스마트그리드와 호환되는 초전도 이상전류제한 변압기를 설계, 개발, 제조해 실제 운용되는 호스트 사이트에 설치하는 것이었다. 이 변압기는 유입하는 69,000볼트를 12,470볼트로 내리면서 28MVA(28메가와트와 같다)의 전력을 보낸다. SFCL 변압기는 액체 질소로 냉각되고 절연되는 2세대 HTS 초전도체를 사용할 것이다. 이 프로젝트는 2015년 완료를 계획했고 미국에너지부에서 일부 자금을 지원받았다. 이 프로젝트에서 슈퍼파워와 협력한 업체는 와우케샤전기시스템Waukesha Electric Systems(이전 명칭은 와우케샤변압기Waukesha Transformer), 서던캘리포니아 에디슨Southern California Edison, SCE, 오크리지국립연구소Oak Ridge National Laboratory, 허드슨대학교the University of Houston, TcSUH. (SCE와 TcSUH가 합류하기 전, 로체스터가스전기Rochester Gas and Electric와 렌셀러폴리테크닉대학교RPI, Rensselaer Polytechnic Institute가 초기 단계에 참여한 협력사였다.) 와우케샤는 경영진이 바뀌었고, 프로젝트에서 철수하기로 결정해, 변압기를 시범 운용하기보다 개념을 증명하는 데에만 사용했다.

미국에 있는 약 14만 개의 중전력 변압기가 서비스를 제공한 지 40년이 가까워져 온다. 즉, 유효수명을 거의 다했다는 의미다. 이들을 곧 대체해야 할 것이며, 이 새롭고 개선된 초전도 변압기 기술이 성공한다면 전체 미국 전력망을 업데이트하기에 꼭 맞는 시기일 것이다.

이들은 초전도체를 이용해 물질이나 응용품을 개발하려는 몇 개의 프로젝트에 지나지 않는다. 이제 여러분도 전력 부문에서 성공을 이루기 어렵다는 것을 느꼈을 것이다. 중대한 공헌이 이뤄지고 있다 하더라도 개발 상태와 가능한 모든 효과를 냉정히 평가해야 하며, 특히 보수적인 전력 업계가 빠르게 받아들이지는 않는다는 사실을 알아야 한다. 그러나 전 세계가 초연결superconnectivity돼 많은 일이 이루어지고 있다. 전 세계의 업계, 정부, 대학이 성취한 연구를 알아보고 싶다면, 초전도물질이나 초전도기기에 대한 소식이나 진행 중인 연구를 보고하는 주요 국제회의 중 하나로 2년마다 개최되는 국제초전도응용용학회Applied Superconductivity Conference를 추천한다. ASC 국제회의에서는 개최 때마다 500개 이상의 연구 발표가 이뤄진다.[8]

기억할 것은 우리를 둘러싼 세계를 양자적 관점으로 바라봄으로써 박차가 가해지거나, 올바로 이해해 개발 중이거나 운용 중인 많은 발명 중 5부에서 살펴본 것은 단지 몇 개에 불과하다는 것이다. 양자역학을 이해함으로써 지난 70년간 알아낸 것과 만들어낸 것은 진실로 놀랍다. 이후 20년간 상상을 초월할 일이 벌어질 것이다!

부록 A~E,
주석, 레퍼런스

부록 A

✳

전자기파동의 본질과 스펙트럼

참고: 빛의 파동이 어떤 성분으로 이루어져 있는지 정확히 개념화 하려면 약간 노력이 필요하다. 그러나 일단 개념화하면 모든 전자기 복사를 이해하게 되고 놀라운 주제임을 알게 된다. 물의 파장은 그림 2.2에 정의돼 있지만 빛은 다른 존재다. 여기서 제공하는 것은 2장에서 시작된 빛의 양자적 본성을 논의할 때 도움이 되고, 기초가 되는 비교적 간단하고 정확한 고전적 설명이다. 특히 그림 A.1의 단계별 구성을 따라가려면 약간의 집중을 요하나 그만한 보상은 있을 것이다.

하지만 만약 요점만 알아보고자 한다면 그림 A.1 ⓒ를 보자. 그림 A.2에 보이는 전자기파장의 스펙트럼을 살펴보는 데 충분한 (완전히 이해하지는 못하더라도) 파동의 '큰 그림'을 그려볼 수 있을 것이다. 그림 A.2의 맨 오른쪽 열에는 9장과 관련된 추가정보가 있다.

장과 전자기파동의 소개

1865년에 스코틀랜드의 수학물리학자 제임스 클러크 맥스웰James Clerk Maxwell은 전기장과 자기장이 공간에서 빛의 속도로 전파되는 파동이라는 전자기학을 제안했다. 이로부터 그는 빛 자체가 전자기파동이라는 결론을 내렸다. 이 이론을 통해 다른 전자기 파동, 그중 라디오 전파를 예측할 수 있었다.

맥스웰의 이론과 토머스 영의 시연(2장에서 앞서 설명한 것처럼 1801년)은 빛이 파동처럼 '보이고' 행동한다는 것이다. 부록에서 말하고자 하는 것은 이 '고전적' 맥락에서 빛의 본성을 이해한 맥스웰의 관점이다. 그러나 빛은 양자, 즉 입자와 같은 특성 또한 있다. 그 때문에 빛에너지는 별개의 에너지 묶음인 광자로 전달되며, 2장 후반부에 나오듯 파동-입자 이중성을 보인다(광자는 9장 파트 IV C에서 설명하듯 정전기력의 전달체).

빛을 볼 수는 있어도 빛을 이루는 전기장(**E**)과 자기장(**B**)은 볼 수 없다. 하지만 자기장은 우리에게 친숙하다. 자석이 서로 끌어당기거나 밀어내도록 하고, 냉장고 문을 붙잡아 두며, 나침반 바늘이 북극을 나타내도록 한다. 전기장은 덜 친숙하지만 우리 대부분은 강한 전기장의 결과를 본 적이 있다. 카펫 위를 걸어가다가 전기가 형성돼 갑작스레 방출되는 정전기에 깜짝 놀랐거나 번개를 본 적이 있을 것이다.

E와 **B**는 벡터다. 즉 강도와 방향이 있음을 표현하려고 모두 볼드체로 표기했다. **E**장은 공간을 통과하는 전압이 얼마나 강한지, 전하가 얼마나 강하게 전

자를 밀거나 당기는지, 위에서 언급한 정전기 방출이 있을지 여부를 측정한 값이다. 가령 여러분이 카펫 위를 걷는 바람에 전자가 떨어져 나와 약간의 전압으로 여러분(의 몸)이 충전됐다고 하자. 그런 뒤 카펫 위에 있지도 않고 전자를 발생시키는 신발을 신고 있지도 않은 한 친구와 악수를 하려고 다가간다고 하자(즉, 이 예에서 여러분의 친구는 전하를 운반하고 있지 않다). 여러분은 800볼트로 충전돼 있고 손은 친구의 손과 1인치(2.54cm) 떨어져 있다고 하면, 여러분의 손 모양과 다른 요소는 무시한다고 할 때 여러분과 친구 사이에는 전기장 E = (800볼트)/(1인치) = 인치당 800볼트가 있다(이것이 E의 일반적인 단위는 아니나 이 예에서는 상관없다). 800볼트는 공기를 통해 스파크를 일으키기에는 충분치 않다.

이제 손이 좀 더 가까워져 10분의 1인치 정도 떨어져 있다고 하자. 전압이 손 사이의 공간이 작아지자 더욱 빠르게 바뀐다. E = (800볼트)/(1/10인치) = 인치당 8,000볼트다. 여전히 아무런 일도 생기지 않는다. 만약 손이 100분의 1인치 떨어져 있다고 하면 E = (800볼트)/(1/100인치) = 인치당 80,000볼트이고 친구는 깜짝 놀라게 된다. 빛이 반짝이기도 하는데, 그 이유는 E장에서 가속돼 우리 몸을 떠난 전자가 공기 원자로부터 전자를 떨어지게 하고(이온화), 몸을 떠난 전자와 추가된 전자는 (E장의 영향으로 반대 방향으로) 가속되면서 일부는 재결합해 원자를 형성하고 그 과정에서 빛을 방출하기 때문이다. 여러분은 지표면 근처 대기 상의 파괴전압이라 알려진 인치당 약 75,000볼트를 넘어선 것이다.

카펫에서 발생한 정전기와 번개의 차이는 방전 때의 전자수와 떨어진 거리 뿐이다. 실제로 높은 곳에선 공기압이 낮아 쉽게 방전될 수 있다. 물체의 돌출이나 모양도 전기장을 강화하는 역할을 할 수 있다. 물론 번개는 여기서 설명한 것보다는 훨씬 더 복잡하나 근본 개념은 같다.

그러므로 **E**장은 전자를 움직일 수 있다. 장의 방향을 따라 전자에 힘을 가한다.

참고로, 하나의 전자가 만약 800볼트인 한 장소에서 0볼트인 장소로 방해 없이 이동하면, 800전자볼트$_{eV}$의 에너지를 획득한 것이다. 이것은 10장에서 설명한 수소원자의 바닥상태 전자 -13.8eV와 비교할 수 있다. 그리고 13.8eV는 부록 D에서 설명하고 있는 것처럼, 대부분 원소의 이온화에너지에 대략 맞먹는다. 그러므로 사고실험에서 800볼트로 방출된 전자는 원소의 원자를 이온화하기에 충분한 에너지 훨씬 그 이상을 갖고 있다.

평면편광 전자기파동

우리는 그림 A.1처럼 이상적인 광파동이 통과하는 단계를 시각화할 수 있다. 우선 ⓐ에서 공간의 세 방향인 세 축을 알아본다. 좌측에서 우측으로 이동하는 x축, 우리 쪽으로 이동하는 y축, 수직 위로 이동하는 z축이다. 축은 원점이라 불리는 한 점에서 교차한다. (x축 위의 거리는 원점 우측은 양의 값, 좌측은 음의 값, y축 위의 거리는 원점에서 우리 쪽은 양의 값, 우리에게서 멀어지면 음의 값, z축 위의 거리는 원점에서 위 방향은 양의 값, 아래쪽은 음의 값이다.)

ⓑ에서는 (짧은 빗금 안에) 직사각형 블록의 공간이 대략 x축을 중심으로 세로 방향으로 늘어서 있는 것을 시각화한다. 빵 한 덩이를 여러 슬라이스로 잘랐다고 생각하면 된다. 각 슬라이스의 자른 표면

은 x축에 수직방향 평면이 놓여 있는 직사각형이다(자른 평면은 평평한 표면 내에 제한된 영역으로 시각화했으나, 자른 표면을 포함하는 평면은 y와 z방향 모두 양측과 음측으로 무한히 확장할 수 있다).

ⓒ는 전자기파동을 나타낸다. 개념을 구체화한 방법을 소개한다. ⓐ와 ⓑ의 축과 동일한 축을 사용하나 ⓑ에 나온 '빵 한 덩어리를 슬

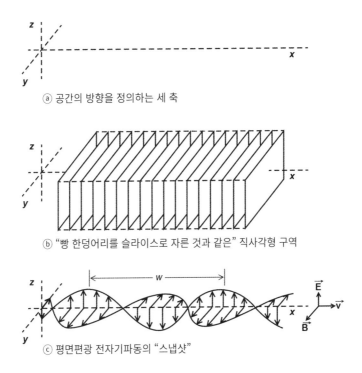

ⓐ 공간의 방향을 정의하는 세 축

ⓑ "빵 한덩어리를 슬라이스로 자른 것과 같은" 직사각형 구역

ⓒ 평면편광 전자기파동의 "스냅샷"

그림 A.1. 평면편광 전자기파동. ⓐ 세 축은 공간의 방향을 정의한다. ⓑ '빵 한덩어리를 슬라이스로 자른 것과 같은' 직사각형 구역. ⓒ 파동의 '스냅샷'. 각 화살표(즉, 벡터)는 x위치에서 전기장 E 또는 자기장 B의 강도와 방향을 보여준다. 화살표의 끝은 마루에서 마루까지 파장이 w인 파동을 그린다. 각 x위치의 국소적 장(화살표)은 시간의 흐름에 따라 그 좌측 장(화살표)이 상승 또는 하강함을 따라, 증가와 감소를 번갈아 하여 속도 v(광속)로 x축을 따라 전파된다. (그림 ⓒ modified from Wikipedia Creative Commons; file: Onde electromagnetique.svg; author: SuperManu. Licensed under CC BY-SA 3.0.)

라이스로 자른 듯한 구역'은 안 보인다. ⓑ의 평면이 ⓒ의 x축과 만나는 각 점에서 y와 z방향으로 무한히 화살표(벡터)가 존재하며 이 화살표가 전기장 **E**의 방향과 세기를 나타낸다.

이제 ⓑ처럼 하나의 슬라이스 평면에서 **E**장을 생각해 보자. 화살표 **E**가 더 길수록 그 평면 전체에 걸쳐 **E**장이 더 강하다. 그 평면의 모든 방면으로 같은 길이의 무한한 수의 화살표가 있다고 간주하지만 ⓒ에서는 오직 하나의 화살표만 선택해서 보여준다. 화살표의 길이를 비교할 수 있도록, 이 화살표는 x축으로부터 시작한다.

만일 슬라이스를 더 얇게 자른다면 결과적으로 가깝게 배치된 벡터의 끝부분만 보면 (z방향으로) 양과 음을 왔다 갔다 하는 사인파동처럼 보일 것이다. **B**벡터의 길이는 x를 기준으로 각 점에서 **E**벡터의 길이에 정비례하며, **B**벡터는 유사하게 사인파동을 그리지만 y방향으로 양과 음을 왔다 갔다 한다. **B**사인파동은 정확히 **E**사인파동과 같은 상이다(모두 x축을 따라 같은 점에서 양에서 음으로 교차한다) 사인파동의 최곳값을 진폭¹이라고 부른다. 이 설명에서 **E**벡터는 오직 위나 아래(z의 양이나 음의 방향으로)만 가리키기 때문에 파동이 z방향으로 편광되었다고 말한다. 그리고 각 슬라이스당 **E**는 그 슬라이스의 평면 어디에서도 같기 때문에 파동은 평면편광 되었다고 말한다.

파동의 전파

(평면 전체의 장을 표현한) 각 벡터는 시간에 따라 변함을 알았다. 처음

에는 길이가 증가하면서 사인파동의 양의 최곳값에 달하고, 그 뒤에는 감소하다가 음의 최곳값으로 가며, 그 뒤엔 다시 증가한다. 그리고 각 벡터는 그 옆의 벡터에 비해 약간 위상차가 있다. 벡터는 하나씩 뒤를 이어 연속해서 최곳값에 도달하고 다시 떨어진다. 이 연속된 각 벡터는 x방향으로 파동을 전파하는데, 경기장에 있는 팬들이 (연속해서 손을 들었다 내리면서) 경기장을 도는 인간 파도를 만들어 내는 것과 유사하다. 이러한 전파는 그림 2.2에 설명된 물의 파도와도 유사하다.

차이점은 인간 파도는 경기장을 돌지만 물의 파도는 방파제에 닿기 전까지 좌에서 우로 전파된다는 것이다. 우리가 다루어 본 평면의 전자기파동은 속도 v로 x방향으로 나아가며 직선으로 전파된다. 이 사례에서는 (새로운 슬라이스와 평면으로 시각화된) 바로 앞의 새로운 **E**와 **B**벡터를 유도한다. 참고: 사람들, 물분자, 또는 슬라이스의 **E** 및 **B**장은 오르고 떨어지거나 들어오고 나가지만 실제로 파동의 전파방향으로 움직이지는 않는다.

벡터 **v**는 전자기파동이 x축을 따라 좌에서 우로 전파됨을 보여 준다. 맥스웰이 정의하고 난 이후 실험으로 증명된, 모든 전자기파동의 속도는 빈 공간에서 언제나 같다. 광속, 약 c = 300,000,000미터/초이며 과학적 표기법으로 3×10^8m/sec으로 적는다(전자기파동이 물질을 통과해 전파되면, 가령 빛이 유리와 같이 밀도가 큰 물질을 통과하면 속력이 어느 정도 느려질 수 있다).

전자기 스펙트럼

앞에서 언급했듯 양의 마루에서 다음 양의 마루까지 거리는 그림 A.1처럼 **E**장과 **B**장 사인파동이 같으며 이 거리가 전자기파동의 '파장'이다. 이 파장은 그림 A.1ⓒ에서 w로 표시했다. 파동의 양의 마루가 초당 몇 번 지나가는지 세어보면 진동수를 얻을 수 있다. 이러한 진동수를 f로 나타낸다.

진동수 f와 파장 w는 밀접히 연관돼 있다는 점을 참고한다. 마루가 이동하는 진동수에 마루 사이의 길이를 곱한 값은 c(진공에서는 언제나 c이며 그렇지 않은 곳이라면 근삿값)의 속력과 같기 때문에, f와 w 사이의 관계를 공식으로 쓸 수 있다. 과학적 약칭으로, fw = c이다. 그러므로 만약 우리가 파동의 진동수만 아는데 그 파장을 알고자 한다면, 이 방정식 양쪽을 f로 나누어 w에 대한 공식을 얻을 수 있다. w = c/f. 이와 유사하게 만약 우리가 파동의 파장만 아는데 그 진동수를 알고자 한다면 이 방정식의 양쪽을 w로 나누어 f에 대한 공식을 얻는다. f = c/w.

장 파장인 라디오 전파부터 마이크로파, 적외선(IR), 가시광선, 자외선(UV), X선, 아주 짧은 파장인 고주파 감마선까지 전체 전자기 스펙트럼은 그림 A.2의 왼편에 보이는 것처럼 파장의 길이에 따라 정의된다.

진폭 변조amplitude modulation, AM 라디오는 초당 백만 사이클(1메가헤르츠) 범위의 주파수에서 작동되며, 대략 미식축구 경기장 하나 길이의 파장이다. 주파수 변조frequency modulation, FM 라디오 전파는 초당 100메가사이클(100메가헤르츠) 범위의 주파수에서 움직이고 약 1미터의 파장을 갖는다. 마이크로파는 한 자리 또는 두 자리 적은 강도로 몇 센티미터 범위의 파장이다. 빛은 몇백 나노미터(1나노미터는 1/10억 미터이다)의 파장인 반면 X선은 원자크기 눈금인 몇십 나노미터의 범위다. 마이크로파 범위 및 그 이상의 주파수인 전자기파동은 자주 복사radiation라고 지칭하며 이 용어는 가끔 라디오 전파의 방송을 설명하는 데 가끔 사용되는 경우도 있다.

레이저광과 백색광

전자기복사를 하는 어느 양자라도 **B** 벡터는 언제나 **E** 벡터에 수직이고 이 두 벡터는 언제나 파동이 전파하는 축에 수직이다. 그림 A.1 ⓒ에 나타나 있다. 그러나 이러한 **E**(와 **B**)는 진행 축에 수직인 평면에 어떤 방향에도 있을 수 있다. 전자기 양자의 집합에는 집합적인 정렬이나 우세한 편광이 없다.

그러나 파장(과 해당되는 주파수), 편광, 그리고 상phase(즉, 파동의 마루가 '동기'되도록)이 같은 사인파동을 이루도록 양자를 생성할 수 있다. 결맞음coherence이라고 하는 이러한 동기화는 4장과 20장에 설명한 것처럼 수십억 개의 빛 양자로 강력하고 특별한 효과가 있는 레이저를 생성했다.

특정 원소의 전자가 특정 상태에서 특정 상태로 전이된 결과인 빛은 (특정 편광과 파장 그리고 관련된 색상을 갖는) 단색광을 생성하는 반면, 우리의 태양에서 그리고 일반적인 천체에서 방출되는 빛은 무작위로 편광된, (소위) 연속 흑체blackbody 스펙트럼과 꽤 일치되는 경향이 있다. 흑체 복사에 대한 플랑크의 연구가 2장의 도입 부분에서 설명한 것처럼 양자 혁명의 시작이었다.

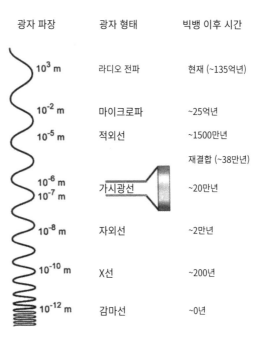

광자 파장	광자 형태	빅뱅 이후 시간
10^3 m	라디오 전파	현재 (~135억년)
10^{-2} m	마이크로파	~25억년
10^{-5} m	적외선	~1500만년
		재결합 (~38만년)
10^{-6} m 10^{-7} m	가시광선	~20만년
10^{-8} m	자외선	~2만년
10^{-10} m	X선	~200년
10^{-12} m	감마선	~0년

그림 A.2. 전자기복사는 광자라고 하는 에너지 양자로 전달된다. 좌측 열은 광자의 마루에서 마루까지의 파장을 보여준다. (그림 아래에서 위까지) 고에너지(10^{-12}미터의 파장인) 감마선에서 FM 라디오 전파의 장파장(약 1미터의 파장인) 광자까지 백만 x 백만배가 증가한다. 빅뱅 시기에 존재한 감마선 광자는 공간 자체의 팽창에 의해 (9장 섹션 II 참조) 빅뱅이후 137억 년이 지난 현재의 센티미터나 인치 정도인 마이크로파 범위의 파장을 갖는 우주배경복사로 목격된다. (책 Big Bang, Black Holes, No Math, by David Toback의 그림 12.7. Copyright © 2013 by David Toback. Reprinted by permission of Kendall Hunt Publishing Company.)

부록 B

---✶---

경험적으로 개발된 원소주기율표

역사

1789년의 상황을 생각해 보자. 원소의 가장 작은 단위인 원자가 있다는 가설 말고는 원자에 대한 개념은 없었다. 그 구성 입자인 전자, 양성자, 또는 중성자에 대한 생각이나 개념도 전혀 없었다.

많은 화학자들은 원소는 하나에서 또 다른 것, 예를 들면 납에서 금으로 변형될 수 있다고 믿던 연금술의 시대로부터의 유물인, 모든 원소가 수소 원자로 구성됐다는 생각을 여전히 고수했다. 비활성기체는 여전히 알려지지 않았고 100년이 지난 뒤인 1894년에야 발견되기 시작할 것이다. 이들은 모두 기체이고 당시에는 어떤 화합물도 발견되지 않았기 때문에 당시로서는 당연히 존재하지 않는 것이었다.

19세기는 정량적 연구와 정보의 시스템화에 엄청난 진보가 일어난 시기였다. 19세기 중반 과학은 유복한 사람들의 취미활동에서 헌신적인 연구자들이 후원을 받아 연구하는 형태로 변했다. 연구실은 연구뿐 아니라 당시의 선도적인 연구자에게 지도를 받을 수 있는 학교로서의 역할도 해냈다. 그리고 이어서 이러한 연구소에서 배출한 학생이 자신의 연구소를 차리게 됐다.

1817년을 기점으로 과학자들은 특정 그룹의 원소에 유사한 화학적 특성이 있다는 것을 알아차리기 시작했다. 예를 들면, 리튬, 나트륨, 칼륨의 유사성을 관찰했다. 물론 이들은 현재 닫힌 전자껍질을 초과해 전자 하나가 있는 그룹의 원소라고 알고 있다. 예를 들어 염소와 브로민의 유사성도 관찰했다. 이 둘은 껍질을 채우기에는 전자가 하나 부족한 원소들이다.

연구원들은 결국 원소를 관련 원자량atomic weights의 순서로 목록을 만들어 나가기 시작했다. 당시에 결합한 물질의 무게는 측정할 수 있었다. 가장 가벼운 원소인 수소의 원자량이 임의의 단위 질량인 '1'을 갖는다고 정의하고 약 8배의 질량인 산소와 결합하면 산소의 원자량은 8로 추정한다. 물론 당시 추정한 것처럼 각 산소 원자가 수소 원자 2개와 결합하지 않는다면 말이다. 그러한 경우라면 올바른 산소 원자량은 약 16으로 추론될 것이다(가벼운 원소의 경우 대략 이 질량의 반은 양성자, 나머지 반은 중성자에서 올 것이며, 이 두 가지가 원자핵을 구성한다).

원자량이 증가하는 순서대로 만든 원소목록이 '원자번호' 증가에 따라 만든 목록과 대략 같았다(그러나 당시에 원자번호의 존재는 알지도 못했다). 연구원들은 원소를 전체적으로 세어 보니 유사한 화학적 특성을 가진 원소와 주기적으로 만났다. 이들이 하나의 그룹이 되었다. 1843년 초에 원자량 순서로 원소를 위치시킨 표, 즉 주기율표에 원소를 배열하기 시작했고, 또한 그 화학적 특성에 따라 행이나 열별로 그룹을 나누었다.[2] 예를 들어 만약 원자량이 증가하는 대로 행을 구성하고 주기적으로 유사한 그룹의 원소는 열로 배열했다.

주기율표를 개발하는 데에는 적어도 여섯 명의 중대한 공헌자가 있었다. 가장 잘 알려진 주기율표는 화학자 드미트리 멘델레예프가 1869년에 발표한 것이다. 이것은 거의 비슷한 시기에 오스카 로타르 마이어가 종합한 것과 유사하다. 멘델레예프는 모두 합쳐 30여 개의 표를 발표했고, 발표되지 않은 것이 30개 더 있었다. 여러 형태였고, 원자량이 증가하는 순으로 열을 따라 내려가거나 행으로 구성되거나 '나선'형으로 이름 붙인 것도 있었다. 원소의 기본 정보를 변경하지 않으면서도 배열의 형태를 약간 바꿈으로써 이 원소에 해당되는 화학과 물리를 나타낼 수 있다.

멘델레예프가 1879년에 발표한 긴 형태의 표는 당시 알려진 61개의 원소를 원자량 순으로 행으로 배치했고, 유사한 화학적 특성을 갖는 원소를 열로 묶어 하나 위에 다른 하나를 올리는 식으로 그룹화했다.[3] 유사 원소 사이의 원소의 수는 다양하므로 이렇게 해서 만든 행에는 같은 수의 원소가 있지 않았다. 그리고 표에는 많은 빈칸이 있었는데 멘델레예프는 아직 발견되지 않은 원소가 그곳에 위치해야 한다고 믿었다. 그러나 빈칸과 불균형이 모두 모여 각 행은 완전한 특성의 주기(한 주기)를 나타낸다.

표 B.1은 멘델레예프가 1879년에 만든 표 중 첫 다섯 행만 다시 그린 버전이다. 로마숫자의 그룹명이 쓰인 열은 남겨두었으나 그 외에는 몇 가지 부분에서 변경했다. 첫째, 13장에서 논의한, 수소원자의 물리와 연결되는 부분을 좀 더 쉽게 보여주려고 (아래쪽 첫째 열부터 수소로 시작하는) 표의 위아래를 '뒤집었다'. 각 원소의 화학 기호를 넣었음에도 각 원소의 원자번호(당시엔 알려지지 않았음)와 전체 이름을 추가했다. 그리고 마지막으로 비금속 부분을 어둡게 음영 처리했고, 금속 구역을 음영 없이, 반도체 구역은 옅게 음영 처리했다(맨 오른쪽 열을 점유한 비활성 원소는 이 표가 구성될 당시 아직 발견되지 않았었다).

멘델레예프(또는 세리?)[4]는 표 A.1.의 유사 원소(그룹)의 열 중 처음 7개를 로마숫자 I에서 VII까지 연속해서 명명하고 다음 3개의 열을 함께 그룹 VIII로 명명했다(이 모든 명칭은 각 열의 위에 보인다). 그 뒤에 배열 방법은 약간 모호하다. 로마숫자 I, II,…등으로 다시 시작해 마지막 7개의 기둥을 명명하고 있다.

그래서 우리가 현재 알고 있는 특성을 가진 원소들은 모두 두 개의 열에 나타난 수소의 특성을 따르며 이 두 열 모두 그룹 I으로 명명한다.

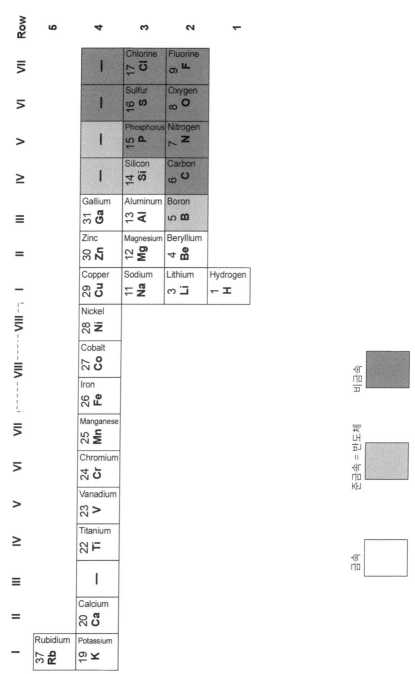

예측하는 당돌한 사람

주기율표를 구성하게 한 핵심은 각 원소의 화학적 반응과 강도는 물리적 특성인 원자량에 관계한다는 깨달음이었다. 멘델레예프만 이 사실을 깨달은 것은 아니었으나 그가 좀 더 심오하게 깨달았던 듯하다.[5] 그가 특별한 이유는 표로 나타난 패턴을 확신했다는 점이다. 그는 표를 통해 아직 발견조차 되지 않은 물질의 존재, 화학적 특성, 그리고 대략적 원자량을 대담하게 예측했다(그는 자신의 표에 빈칸을 포함해 이러한 것들을 나타냈다).

(1871년 독일어로 발표한 96페이지의 논문에서) 멘델레예프는 '에카알루미늄'과 '에카실리콘'(에카eka는 '이상, 너머beyond'를 뜻하는 산스크리트어이다)이라고 직접 명명한 것을 포함해 네 가지 원소를 예측했는데, 화학적 특성은 그의 1869년도 표에서 두 번째 그룹의 III과 IV열 앞에 있으며 이미 알려진, (아래 행의) 더 가벼운 원소의 특성과 유사할 것이라고 예측했다. 새로운 원소의 예상 특성은 나중에 실제로 발견된 두 개의 원소와 비교할 수 있다. 1875년에 발견된 (그리고 그의 1879년 표에 있는) 갈륨과 1886년에 표를 차지한 게르마늄이 표에 난 틈을 메웠다. 여기서 볼 수 있듯이 멘델레예프의 예측은 매우 훌륭했다!

이게 전부가 아니다. 갈륨은 프랑스인인 폴 에밀 프랑소아즈 르코크 드 브아보드랑Paul Emile Francois Lecoq de Boisbaudran이 발견했다. 그는 자신의 국가(골, 갈리아)의 고대 라틴어 명칭(갈리스Gallis)을 사용해 원소의 이름을 붙였다. 킨Kean이 자신의 베스트셀러인 『사라진 스푼The Disappearing Spoon』[6]에서 멘델레예프가 자신이 그 존재를 예측했으니

원소	원자량(상대)	밀도	녹는점(화씨도)
에카알루미늄 (1871년 예측)	68	6.0	낮음
갈륨 (1875년 발견)	69.72	5.904	85.6*
에카실리콘 (1871년 예측)	72	5.5	높음
게르마늄 (1886년 분리)	72.61	5.35	1,737

*뜨거운 날에 충분히 녹을 수 있을 정도로 낮음

갈륨을 진정으로 발견한 사람이라고 주장하며 르코크의 발견을 가로 채려고 했다고 밝혔다. 르코크는 또 다른 프랑스인이 주기율표를 훨씬 전에 개발했다고 주장하며 이를 응대했다. 멘델레예프는 르코크가 측정한 갈륨의 특성이 멘델레예프의 예측과 같지 않기 때문에 잘못됐을 것이라고 지적했다(참 당돌한 러시아 사람이었다!). 르코크는 멘델레예프가 옳다는 것을 결국 발견했고 자신의 원래 생각을 거두어 멘델레예프의 예측에 진정으로 동의한다는 결과를 발표했다. 킨은 이를 두고 "이론학자인 멘델레예프가 새로운 원소의 특성을 그 원소를 발견한 화학자보다 더욱 명확히 알았다는 사실에 과학계는 몹시 놀랐다"[7]고 표현했다.

킨이 자신의 책을 『사라진 스푼』이라고 제목을 붙인 건 바로 갈륨의 특성 때문이다. 갈륨으로 은빛 스푼을 만들어 컵에 넣어둔 채 뜨거운 물을 부어서 차를 대접하는 익살을 보여줄 수 있기 때문이다. 갈륨의 녹는 점은 매우 낮아서 뜨거운 물에 넣으면 고체에서 액체로 변형된다. 그래서 스푼은 손님들의 눈앞에서 녹아 컵 속으로 '사라지게' 된다.

멘델레예프 - 교사, 과학자, 개성 있는 사람, 쇼맨

드미트리 멘델레예프의 삶을 살펴보면 당시의 과학과 사회의 일면을 볼 수 있다. 차르 시대 러시아에서 과학뿐 아니라 사고와 정책까지 그가 선도했기 때문이다. 러시아의 발전에 열중한 주창자였고, 그 와중에 차르 국가의 전제주의 내에서 자신의 지위도 상승했다. 차르 알렉산드르 II세의 '대개혁'이 시작돼 농노가 해방되던 해인 1861년에 그는 러시아 사회에 진출했다. 그리고 멘델레예프는 여러 정부 관리와 친분을 쌓아 차르와 줄을 대며 곧 권력가가 되었다.

정치적으론 보수적이었으나 멘델레예프는 러시아의 기관과 과학을 현대화하려 했고 과학 연구에 쏟은 시간만큼 러시아를 개선하려는 노력에 시간을 쏟았다. 산업과 인력 자원을 조직하는 방법을 찾았고, 1891년의 보호무역관세를 제정하는 데 일조했으며, 예술 비평서를 출간했고, 유행하던 심령주의를 파헤치려는 계속되는 개인적인 노력의 일환으로 교령회 *séances* 자리에 참여하기도 했다. 그는 일생 동안 치즈 제조부터 철, 석탄, 기름의 생산에 이르는 영역에 걸쳐 기술적인 조언을 했다. 그는 또한 보드카의 알코올 함량 기준을 정하고, '대규모 과학' 프로젝트를 처음 시도했으며, 러시아에 미터법을 소개하고, 기구를 띄워 기상학을 촉진했으며, 화학 원소의 주기율표 개발에 가장 중요하게 공헌했다.

전 세계의 존경을 받으면서도 멘델레예프는 노벨상을 받지 않았다. 1901년에 노벨상이 설립됐고 1906년에 대상자로 제안됐으나 이전의 과학적 논쟁에서 생긴 오래된 원한이 끼어들었다. 그의 연구가 노벨상을 받을 자격이 충분함에는 의심의 여지가 없었다(그가 충분히 오래 살았더라면 결국 그에게 노벨상이 수여됐을 것이나 앞에서 언급했듯 살아 있는 과학자에게만 노벨상을 수여한다). 세리의 말을 인용하자면, "그는 (주기율) 시스템의 주요 발견자다…그의 버전은 당시 과학 커뮤니티에 가장 큰 영향력을 끼쳤다… 다윈의 이름이 진화론과 같은 의미이고, 아인슈타인의 이름은 상대성론과 같은 의미인 것처럼, 그의 이름은 주기율 시스템과 언제나 정당하게 연결된다."[8] 달의 분화구 중 하나와 원소번호 101인 방사성 원소 멘델레비움은 그를 기려 명명됐다.

그림 B.1. 중년의 드미트리 멘델레예프. (Image from AIP Emilio Segre Visual Archives)

하나의 페이지에 화학의 대부분을

표 B.2는 118개의 원소 중 103개를 나타낸, 일반적으로 사용되는 현대의 주기율표다. 명백한 이유 때문에, 멘델레예프의 1879년 표(위의 표 B.1)와 마찬가지로 이 표도 위아래를 뒤집어 보여주고 있다.

나는 멘델레예프의 표를 거의 표 B.2처럼 보이도록 합쳤다. 우측 그룹 I과 II 열의 H, Li, Na, Be, Mg을 좌측 그룹 I과 II 열로 이동시켰을 뿐이다. 그 외에 이 주기율표를 완성하고자 멘델레예프의 공백을 채웠고, 그룹의 명칭을 완료했으며, 원소의 세 행을 추가했고, 1879년에 발견된 비활성 기체를 맨 오른쪽 그룹인 VIII-A 열로 추가했다.

이제 세리의 일반적인 의견을 참고한다. "원소주기율표는 우아한 패턴으로 화학의 정수를 담은 하나의 문서로서, 강력한 과학적 체계 중 하나다. 생물학이나 물리학, 또는 과학의 어떤 분야에서도 이와 같은 것을 찾아볼 수 없다는 건 확실하다."[9]

Periodic Table

Row	IA	IIA	IIIB	IVB	VB	VIB	VIIB	VIIIB	VIIIB	VIIIB	IB	IIB	IIIA	IVA	VA	VIA	VIIA	VIIIA
1	Hydrogen 1 H																	Helium 2 He
2	Lithium 3 Li	Beryllium 4 Be											Boron 5 B	Carbon 6 C	Nitrogen 7 N	Oxygen 8 O	Fluorine 9 F	Neon 10 Ne
3	Sodium 11 Na	Magnesium 12 Mg											Aluminum 13 Al	Silicon 14 Si	Phosphorous 15 P	Sulfur 16 S	Chlorine 17 Cl	Argon 18 Ar
4	Potassium 19 K	Calcium 20 Ca	Scandium 21 Sc	Titanium 22 Ti	Vanadium 23 V	Chromium 24 Cr	Manganese 25 Mn	Iron 26 Fe	Cobalt 27 Co	Nickel 28 Ni	Copper 29 Cu	Zinc 30 Zn	Gallium 31 Ga	Germanium 32 Ge	Arsenic 33 As	Selenium 34 Se	Bromine 35 Br	Krypton 36 Kr
5	Rubidium 37 Rb	Strontium 38 Sr	Yttrium 39 Y	Zirconium 40 Zr	Niobium 41 Nb	Molybdenum 42 Mo	Technetium 43 Tc	Ruthenium 44 Ru	Rhodium 45 Rh	Palladium 46 Pd	Silver 47 Ag	Cadmium 48 Cd	Indium 49 In	Tin 50 Sn	Antimony 51 Sb	Tellurium 52 Te	Iodine 53 I	Xenon 54 Xe
6	Cesium 55 Cs	Barium 56 Ba	Lanthanum 57 La*	Hafnium 72 Hf	Tantalum 73 Ta	Tungsten 74 W	Rhenium 75 Re	Osmium 76 Os	Iridium 77 Ir	Platinum 78 Pt	Gold 79 Au	Mercury 80 Hg	Thallium 81 Ti	Lead 82 Pb	Bismuth 83 Bi	Polonium 84 Po	Astatine 85 At	Radon 86 Rn
7	Francium 87 Fr	Radium 88 Ra	Actinium 89 Ac**															

Lanthanide series (Row 6):

Cerium 58 Ce	Praseodymium 59 Pr	Neodymium 60 Nd	Promethium 61 Pm	Samarium 62 Sm	Europium 63 Eu	Gadolinium 64 Gd	Terbium 65 Tb	Dysprosium 66 Dy	Holmium 67 Ho	Erbium 68 Er	Thulium 69 Tm	Ytterbium 70 Yb	Lutetium 71 Lu

Actinide series (Row 7):

Thorium 90 Th	Protactinium 91 Pa	Uranium 92 U	Neptunium 93 Np	Plutonium 94 Pu	Americium 95 Am	Curium 96 Cm	Berkelium 97 Bk	Californium 98 Cf	Einsteinium 99 Es	Fermium 100 Fm	Mendelevium 101 Md	Nobelium 102 No	Lawrencium 103 Lr

** 악티니드 계열 (이 열 전체를 아래의 Z=89번 Ac 원소 이후에 넣는다)

* 란탄 계열 (이 열 전체를 아래의 Z=57번 La 원소 이후에 넣는다)

부록 C

★

양자컴퓨터의 개발

큐비트를 물리적으로 구성하는 것은 무엇인지와 양자컴퓨터 개발의 최근 상황을 한 번 알아보고자 이 부록을 준비했다.

부록 C를 쓰면서, 이 책 4부에서 화학과 재료과학의 기초, 5부에서 초전도체와 반도체의 본질을 읽어본 뒤라면 이해하기 쉬울 용어와 개념을 사용한다. 그러나 이 부록은 8장에서 말한 바를 보충하고 있다. 그러므로 앞부분은 건너뛸 것이다. 만일 이곳의 내용 중 이해하기 어려운 부분이 있다면, 그냥 지나가도록 한다. 8장 이후에 나올 장에서 배경지식을 더 제공할 것이기 때문이다. 또는 만약 너무 전문적인 부분까지 들어갔다고 생각한다면, 그저 훑고 지나가도록 한다.

8장에서 언급했듯이, 『양자 고양이와의 컴퓨팅』의 저자 존 그리빈은 큐비트를 구축하려는 여섯 가지 접근법을 설명하고 있는데,

그 개발의 진전과 2014년까지의 컴퓨터 응용을 살펴본다.[1] 이러한 접근법과 개발 상황을 다음의 번호가 붙은 섹션에서 간략히 요약하고, 추가됐거나 최근 성과가 있다면 적절히 언급한다. 이제 볼 것처럼 양자컴퓨터는 여전히 그 개발이 걸음마 단계이지만 큰 장래성이 있다.

1. **이온 트랩**: 마이크로칩에 만든 구멍이나 작은 진공실 내에 있는 하나의 이온이 전기장에 의해 갇혀 있고, 레이저 빔에 의한 열 때문에 발생하는 진동으로부터 보호하기 때문에(광냉각)[2] "여러 방향에서 당기고 있는 예인선에 의해 잡혀 있는 큰 배"와 같은 형상이다. 이 이온의 바깥쪽 전자를 레이저광의 펄스를 사용해 안정된 상태에서 다른 상태로 전이시킬 수 있다(그러므로 두 상태는 이진 큐비트가 된다). 이온은 그 위치에서 서로 다른 공명 진동수로 진동할 수 있다(같은 물리적 요소 안에 두 번째 큐비트를 제공함으로써 그렇게 한다). 그리고 이렇게 만든 이온의 열은 얽혀서 같이 작동한다. 이러한 접근법의 이점은 이온 상태에 손쉽게 접근, 제어, 판독할 수 있다는 점이다. 이 접근법으로 큐비트 실험이 시작됐다. 실험을 위한 작은 규모의 양자정보 프로세서는 2013년 말에 보고됐다.[3]

2. **핵자기공명**NMR:[4] 액체의 분자는 고주파 라디오 전파를 사용해 하나의 핵스핀 상태에서 다른 상태로 들뜬다(전환한다). (전자스핀과 같은 핵스핀의 z요소는 적용된 자기장에 대해 평행 또는 역평행 방향 중 하나를 택한다[이진].) 같은 분자 안에서 다수의 큐비트를

생성할 수 있다. 핵스핀은 열진동과 강하게 상호작용하지는 않는다. 그래서 NMR의 이점은 상온에서 작동한다는 것이다. 그러나 결과를 읽는 것이 어렵다. 그렇다고 해도 2001년에 매우 큰 액체 샘플 내의 한 분자에서 -1/2 핵스핀 7개를 사용해 15의 소수를 도출해 양자 인수찾기를 사실상 성공한 첫 번째 접근법이었다.[5] 그리고 2011년 11월 액체 수정 NMR을 양자알고리즘을 사용해 수 143의 소수를 찾는 데 사용됨으로써 인수를 찾는 문제에는 (고전 알고리즘보다) 더욱 잘 맞는다는 믿음을 주었다.[6]

3. **양자점**: (고체 표면의) 증착된 반도체 물질의 접합부에 생긴 나노 크기의[7] 작은 봉우리는 원자핵의 양전하로 전자를 끌어당기면서 전자를 가두는 작은 트랩을 만드는 경향이 있다. 전자가 이러한 트랩 쌍의 하나에서 또 다른 것으로 움직이거나 그사이를 차지하면 큐비트를 만드는 데 필요한 (이진의) 상태 전환과 중첩이 생긴다. 두 개의 양자점에서 전자스핀 상태 사이를 전환하는 실험에 성공했고 2012년 즈음 약 200마이크로초간 스핀 결맞음이라는 중대한 성과가 있었다. 이 접근법은 표준 반도체 제조기법으로 여겨진다. 상온에서 작동할 수 있다는 이점과 함께, 다른 몇몇 접근법이 요구하는 단열과 냉각 같은 복잡성이 없기 때문이다. 뉴사우스웨일스대학교의 미셸 시몬스Michelle Simmons가 발표한 최근 자료에 양자점의 전체적인 진전 상황이 요약돼 있다. 실리콘에 화학적으로 심은 인phosphorous 이온점의 제작과 분석[8], 그리고 널리 표준화된 실리콘 기반 제조기술을 사용해 이 접근법이 진보했음을 알려준다.[9] 이 최근 발표에서 2 큐비트 기기의

제작과 5~10년 내에 20개 큐비트 집적회로를 개발하려는 프로젝트를 설명했다.[10]

4. **동위원소 핵스핀**: 일반적인 실리콘과 탄소의 동위원소는 순 핵스핀이 없다. 그래서 순수 고체 물질에서 순 스핀을 갖는 희귀한 동위원소를 가지고 하나의 핵스핀 상태에서 다른 상태로(가령, '업스핀'에서 '다운스핀'으로) 전환하는 큐비트를 만들 수 있다. 'NV 중심nitrogen-vacancy center'이 관련된 이것의 한 이형은 다음 들여쓰기된 단락에서 아주 자세히 설명한다.

5. **양자광학**: 광자(빛입자 하나)의 이진 상태, 말하자면 수직과 수평 편광[11]은 광자가 유동성 큐비트로 행동할 수 있음을 말한다. 8장에서 설명한 CNOT 게이트[12]를, 광학연구소 실험대에서 이 접근법을 사용해 대규모로 만들었다. 뿐만 아니라, (2008년에) 길이 70밀리미터 × 너비 3밀리미터 × 두께 1밀리미터의 실리카(유리)에 수백 개의 CNOT 게이트를 만들어서도 시연했다. 이 칩은 산업 공정으로 제작된다. 그리빈의 말을 인용하자면, "선구적인 브리스틀Bristol(영국) 기기에서 네 개의 광자가 네트워크로 유도되고 가능한 모든 4비트 입력이 중첩된다. 네트워크 내부의 게이트에 의해 이뤄진 계산은 얽힌 출력을 만들고, 이 출력은 적절한 광자쌍의 상태를 측정함으로써 붕괴된다. 이러한 방법으로 브리스틀팀은 15의 인수를 찾는 데 쇼어Shor의 알고리즘을 이용했고 자랑스럽게 3과 5라는 답을 찾았다. 이는 모두 일반적인 컴퓨터칩과 유사한 기기를 이용해 상온에서 이뤄졌다."[13] 2012년에 브리스틀그룹은 암호화 같은 단일 목적에 사용할 수 있는 '컴

퓨터'(얽힌 입자 2쌍만을 필요로 하는)의 사용 가능성을 3년 이내로 예상했다.

6. **초전도 양자간섭기기**SQUIDs:[14] 현재 모든 접근법 중 가장 진보된 이 접근법은 IBM과 D웨이브D-Wave라는 회사에서 개발하고 있다. 두 회사 모두 초전도 양자간섭기기 접근법과 19장에서 간략히 소개한 초전도 기술을 사용한다. 2011년 9월 기준 IBM의 연구원들은 초전도 접합 양자쌍 큐비트 두 개로 실험을 하고 있었다.[15] 이들은 이것이 큰 도전 과제이나 5년 정도의 기간이면 많은 것을 깨우쳐 컴퓨터 개발에 집중할 수 있을 것이라고 말했다.

좀 더 최근에 D웨이브는 1000큐비트가 담긴 프로세서를 개발했다고 알렸다(2015년 6월).[16] (여기서 약간 주의할 점은, 이 프로세서의 실제 양자컴퓨터 능력은 여전히 검증될 필요가 있다는 것이다.) 초전도체-반도체-초전도체 죠세프슨 소자를 포함하는 작은 회로가 극저온에서 작동된다.[17] 이 회로들은 전류가 이진 양자화된 상태 사이에서 변환될 수 있다. 표준 반도체 기기 제조기술을 사용해 제작된, 칩 하나에 128,000개의 죠세프슨 소자가 있는 프로세서다. 제조업체인 D웨이브는 세계 최초의 양자컴퓨터 회사가 될 것이라고 강조한다.

'구글의 첫 양자컴퓨터'라는 제목으로 2014년 9월 나온 한 기사에서는 D웨이브 컴퓨터가 '범용 게이트'를 사용해 일반적인 문제를 푸는 컴퓨터가 아니라, '최적화' 문제만 풀 수 있는 '양자 어닐링annealing 컴퓨터'로서 작동한다고 설명한다.[18] 구글은 범용 모델을 개발하는 일과 D웨이브가 기능을 개선하도록 돕는 일 모두에 힘쓸 예정이다.

얽힌 NV 중심 - 4번 접근법, 동위원소 핵스핀의 한 가지 예

큐비트가 작동하는 데 필요한 더 세세해지는 재료공학을 이야기하고자 NV 중심에 대한 최근(2014년 10월) 리뷰 기사 하나를 이곳에서 간단히 요약해 본다.[19] 이 기사에서는 초현미경적 크기의 개체 측정에 NV 중심을 이용할 수 있는 잠재성도 설명한다. NV 중심 접근법은 손쉽게 제어 가능하고 읽을 수 있는 이온트랩과 좀 더 순조롭게 기기를 제조할 수 있는 반도체칩 제조공정 간에 생기는 간극을 줄이려는 의도다. 이 예의 NV 중심 접근법에서는 질소이온을 이온건을 사용해 탄소원자의 고순도 다이아몬드 구조 격자에 심는다. 다이아몬드를 만드는 한 가지 방법은 탄소원자를 완벽한 배열로 넣어 화학증착chemical vapor deposition이라 부르는 공정을 이용해 한 번에 한 층씩 원자를 쌓는 것이다.

이 이온은 이온 충격의 결과로 격자에서 탄소원자 하나를 잃은 공공과 쌍을 이루게 된다. 이러한 이온-공공 쌍, 즉 NV 중심은 이온 트랩의 이온 하나처럼 행동한다. NV 중심의 전자 하나는 바닥과 들뜬 전자 공간상태를 가진다. 이들은 전자 스핀의 자기모멘트와의 상호작용해 세 개의 상태로 나뉜다. 나뉜 상태는 $m_s = 0$, $m_s = 1$, $m_s = -1$로 불리며, $m_s = 0$ 상태는 에너지가 같은 다른 두 상태의 에너지보다 약간 낮다.

마이크로파 진동에 적용된 작은 교류 자기장이 전자가 처음 점유하는 스핀 상태를 설정하는 데 사용될 수 있다. 들뜬 $m_s = 0$ 상태로부터의 전이는 다른 들뜬 상태로부터의 전이보다 명백히 더욱 밝은 붉은 빛을 발산하므로 어떤 상태에 중심이 있는지를 읽을 수 있는 메커니즘이 있다. 게다가 상태에서 상태로의 전이는 1마이크로초(백만분의 1초) 내에 발생하므로 이러한 읽기는 얽힌 상태 지속기간(결맞음 시간) 중 아주 짧게 일어날 수 있다. NV의 이러한 모든 특성은 연구됐고 실험으로 확인됐다.

NV 중심의 스핀상태 지속기간은 상온(실온)에서 약 1밀리초(천분의 1초, 1,000마이크로초)뿐으로 NV 중심의 저장시간으로는 너무 짧아 큐비트로 사용할 수 없다. 이 결맞음 시간은 만약 NV 칩이 액체 질소의 온도, 즉 77켈빈도로 냉각된다면 허용 가능한 1초로 늘어날 수 있다. 다음을 보면 저장에 대한 대안을 흥미롭게 제시하고 있다.

NV 중심의 양자상태가 상호작용하는 지배적인 메커니즘은 순핵스핀이 없는 주로 12C 동위원소로 구성된 호스트 다이아몬드 격자의 불순물 13C 동위원소의 핵스핀에서 나온다. 13C 핵스핀의 상태는 결맞음 시간이 시간 단위이기 때문에, 정보는 이러한 13C 동위원소의 스핀에 저장돼 설정(초기화)되고 이 동위원소의 스핀과 근처 NV 중심의 핵스핀과 전자스핀과의 상호작용을 통해 접속할(읽을) 수 있다. 그리하여 NV 중심은을 하이브리드 스핀 레지스터로 간주할 수 있으며, 이곳에서 전자 스핀은 중심부 핵스핀에서 다수의 얽힌 큐비트를 감지하고 준비하는 접점 역할을 한다. 특히 각 중심부 핵스핀은 탄소 핵스핀에 효과적으로 표시하는 레이저의 주파수에 따라 전자의 전이를 허용하도록(또는 허용하지 않도록) 하는 역할을 하여, 핵스핀과 전자는 함께 (8장에서 설명한) CNOT 게이트로 작동한다.

단지 제한된 수의 핵스핀만이 NV 중심 하나를 둘러쌀 수 있으며, 이러한 방식으로 얽힐 수 있으나 NV 중심은 12나노미터의 거리에 걸쳐 다른 하나와 얽힐 수 있다. 여기서 더 나아가 '광자는 근처 또는 멀리 떨어진 양자 레지스터와 연결될 수 있는, 본질적으로 날으는 큐비트'이며, 멀리 떨어진 경우 양자 인터

넷과 유사한 네트워크를 만들 가능성도 있다는 제안도 있다.[20]

(컴퓨터 외에도 이 기사에서는 NV 중심을 포함하는 나노 크기의 다이아몬드 입자를 분자 또는 생물학 시스템에 접합하거나 표면에 나노 크기로 가까이 위치시켜 센서로 사용할 수 있다는 제안도 하고 있다. NV 전자 에너지 준위는 이러한 중심에서 방출되는 빛의 파장에 수반되는 편이와 함께 국소적 화학환경이나 분자적 요동[즉, 온도]의 영향을 받는다. 자기장을 적용해 빛의 파장을 더욱 편이시켜 빛이 발산되는 위치를 정확히 감지하는 데 사용할 수 있다. MRI에서 이뤄지는 것[19장 참조]과 유사하나 훨씬 더 높은 해상도로 내부 또는 표면의 개체를 이미지화한다.) 그러므로 이것들은 미니 온도계나 화학 센서로 사용할 수 있다.

8장에서 언급하고 이곳에서 약간 더 자세히 설명한 것처럼, 실용적인 양자 컴퓨터 시스템을 개발하려는 많은 노력이 이뤄지고 있다. 이 분야는 빠르게 성장하므로 이 책이 출간될 즈음이면 훨씬 더 많은 부분이 성취됐을 가능성이 높다.

부록 D

━━━━━━━━━━━━✕━━━━━━━━━━━━

원자의 크기와 원소의 화학성

이온화 에너지

원자의 크기와 원소의 화학적 특성은 그 원자의 바깥쪽 전자가 얼마나 강하게 그 핵에 결합돼 있는가에 크게 좌우된다. 이러한 결합 강도를 이해하는 방법으로 자신의 원자로부터 바깥쪽 전자가 탈출하는데 필요한 이온화 에너지ionization energies를 측정해 왔다.

측정은 보통 각각 하나, 둘, 또는 그 이상의 전자를 대상으로 여러 시리즈의 표로 만들어진다. 에너지는 전기적인 방법을 사용하거나 (2장에서 처음 논의된 것처럼) 광자에너지와 그 파장 사이의 양자적 관계를 사용한 스펙트럼식spectroscopic 데이터 계산으로 얻을 수 있다. 어느 방법으로 결정하든 이온화 에너지는 꽤 잘 일치한다. 두 방법 중

스펙트럼식이 더 정확하며 여기에 제시된 데이터는 주로 이 방법으로 얻었다.[1]

바닥상태 원자로부터 가장 바깥쪽 전자를 자유롭게 하는 데 필요한 이온화 에너지[2]는 가장 바깥쪽의 전자를 속박한 음에너지로부터 이 전자를 자유입자로 만드는 0의 에너지까지 밀어올리는 데 필요한 에너지다(에너지와 '속박상태bound state' 에너지의 논의를 위해선 11장으로 돌아가 참조한다).

그러므로 이온화 에너지의 음수는 그 속박상태, 바로 이 책에서 바깥쪽을 점유한 전자상태의 음에너지 준위라고 설명해온 내용인, 즉 전자를 보유하는 음에너지의 크기와 각 원소에 대한 척도일 뿐이다.

그러므로 이온화 에너지의 측정은 에너지를 계산하거나 근사치를 내기에 어렵고 더욱 복잡한, 다전자 원자의 에너지 준위를 조감해볼 수 있도록 한다. 또한 이 높게 점유된 에너지 준위는 하나의 원자를 다른 원자와 비교하는 것처럼 그 차이점을 알게 해줄 것이다. 이를 통해 우린 결합을 설명한다.

15장에서 특정 결합을 따져 보았으나 부록에서 이 주제를 일반적으로 소개한다. 이러한 가장 바깥쪽 상태의 에너지 준위가 결합하려는 경향이 우리에게 무엇을 말해주는지 보도록 한다.

표 D.1. 일부 원소 원자와 채워진 원자가허껍질 이온의 바깥쪽 전자에너지*와 관련 크기. (*측정된 이온화 음에너지) 원자와 이온은 비현실적으로 입체 구와 원형 빗금으로 보여줌으로 참고한다. (Fine and Beall, reference E, Table 16.3, p. 554, with permission from Dr. Leonard W. Fine.)

Group

| IA | IIA | B-Groups | | IIIA | IVA | VA | VIA | VIIA | VIIIA |

Row 6

Rn/ — -10.75

Atom/Ion Radius: Cs/Cs+ 2.35/1.67
E in (eV): -3.89

바깥쪽 전자에너지 E(녹색으로 보여지며, 전자볼트 eV로 제시됨)는 중성 원자의 가장 높게 점유된 상태의 에너지이다. 원자의/이온의 반경(화색으로 표기됨)은 백만분의 1밀리미터의 0.1의 단위로 되어 있다. (다음 하나의 두께는 약 1밀리미터 터이다).

Row 5

Xe/ — I/I- 1.33/2.16 — -12.13

Atom/Ion Radius: Rb/Rb+ 2.11/1.48
E in (eV): -4.18

#4 전이 금속

Group	IIIB	IVB	VB	VIB	VIIB	VIIIB			IB	IIB
Atom/Ion	Sc/	Ti/	V/	Cr/	Mn/	Fe/	Co/	Ni/	Cu/	Zn/
Radius	1.4	1.3	1.2	1.2	1.2	1.1	1.1	1.1	1.2	1.2
E in (eV)	-6.5	-6.8	-6.7	-6.8	-7.4	-7.9	-7.9	-7.6	-7.7	-9.4

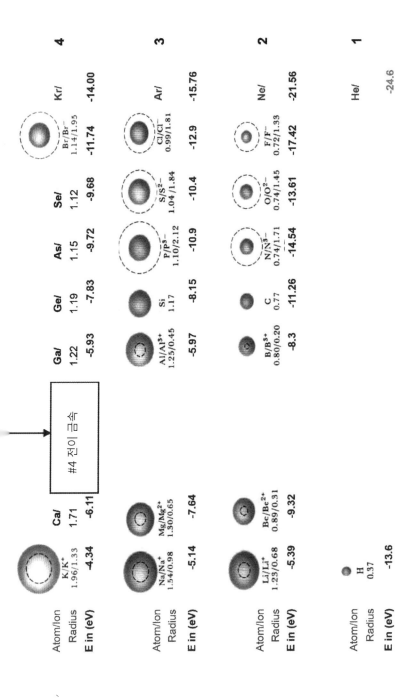

바깥쪽 전자의 에너지와 원자의 크기

표 D.1(삽입된 사진 중 끝에서 두 번째)은 바깥쪽 전자의 에너지와 원소 41개 원자의 크기를 보여주는 주기율표 일부다. 이 표는 그 특성을 정의하면 간단하고 이해하기 쉽다. 각 원소의 기호는 음영 처리된 구의 아래에 (해당 원자의 크기를 보이며) 나와 있고, '원자가하위껍질' 이온(이번 장에서 좀 더 정의해 본다)이 위첨자 기호와 함께 비율처럼 비교해 보여준다. 예를 들면 Mg/Mg^{2+} 식이다. 이 기호 밑에 원자와 그 원자가하위껍질 이온의 대략적인 반경(이 부분 또한 좀 더 자세히 다뤄 본다)이 비율로 주어져 있으며, 둘 다 천만분의 1밀리미터 단위로 되어 있다. 바깥쪽 전자에너지(측정된 음의 이온화 에너지)는 구와 기호 아래 맨 밑의 항목이며 녹색으로 보여진다.

원소는 13장에서 정의했듯, A형과 B형 그룹으로 나뉜다(각 원소들 열에 대한 그룹명인 로마숫자 뒤에 A 또는 B자로 형을 표시하고 있다). 이 그룹(열)은 우리의 주기율표 IV와 B.2의 그룹에 해당한다. (참고: 내용과 관련해 주기율표를 더 쉽게 찾아볼 수 있도록, 같은 주기율표를 두 군데에 배치했으며 13장의 표 IV와 부록 B의 표 B.2이다.)

표 D.1의 중간 직사각형 박스는 B형 그룹인 전이금속의 원소 10개에 대한 정보를 제공한다. 이를 둘러싸고 있는 표의 나머지 부분은 31개의 (주요) A형 그룹 원소 각각의 원자 특성을 나타내고 있다. 위에서 언급한 두 주기율표의 좌측 끝과 우측 끝 두 개의 열이나 아래쪽 몇 개의 행에 표시된 원소와 같은 위치에 있다. 한 번에 하나의 그룹과 하나의 특성을 생각해 보는 것이 가장 쉬우며 원소의 A형 그룹의 특성을 원자 크기로 따져보며 시작한다.

표 D.1을 훑어보면 알게 되는 첫 번째 것은 각 행의 좌측에서 우측으로 구의 크기가 거의 연속해서 감소하고 있다는 것이다. 이러한 구의 크기는 각 원소 원자의 대략적인 전체 크기를 나타낸다.[3] (이것은 본질적으로 각 원자의 전자가 점유한 가장 바깥쪽 상태의 확률구름의 크기다. 그러나 모든 전자 상태는 표 D.1에 그려진 것처럼 딱딱한 구형이 아닌 [예를 들어, 그림 3.8에서 보이는 것처럼] 약간 분산되고 구름 같다고 간주된다는 점을 기억하자. 맨 왼쪽의 첫 두 열의 원소들 바깥쪽 s 상태 또는 맨 오른쪽의 마지막 열의 원자들의 완전히 채워진 껍질의 전자들만이 사실 구와 같은 대칭성을 갖는다고 예측되며 이 모든 '구'는 '흐릿'하고 분산돼 보일 것이다.)

비활성 기체 원자의 크기는 나타나 있지 않고, 각 행의 맨 오른쪽 VIIIA 열에 구 없이 나열돼 있다는 점을 참고한다. 이러한 원소의 원자는 VIIA열 바로 앞의 행의 원자 크기보다 아주 약간 작다 (VIIIA 열 쪽으로 각 행의 좌측에서 우측으로 마지막 원소까지 점차적으로 원자의 크기가 변화하는 것으로 보이기 때문이다).

마지막에 설명할 몇 가지 예외는 있으나 바깥쪽 전자에너지는 표의 각 행의 좌측에서 우측으로, 그리고 각 열의 위에서 아래로 가면 점점 더 음으로(결합이 더 강해지며) 간다. 각 원자의 크기는 원소에서 원소로 행을 따라 (좌에서 우로) 점점 감소하며 이러한 감소는 바깥쪽 전자에너지가 더욱 음수가 되는 것과 대략 대응되며, 좀 더 음인 에너지가 생성하는 더욱 강한 전자 결합을 반영한다. 그리고 각 원자의 크기는 원소에서 원소로 열 아래로 내려가며 점점 감소하며 이러한 감소는 바깥쪽 전자에너지가 각 열의 아래로 내려가면서 더욱 음으로 가는 것과 대략 대응되며, 더욱 강한 전자 결합을 반영한다.

표의 각 행의 마지막 세 개의 원소들을 연속해서 따져 보면 바깥쪽 전자에너지가 차차 음으로 가는 것을 본다. 각 행의 좌측에서 우측으로 연속적인 각 원소를 살펴보면, 즉 더욱더 많은 전자가 있는 원소 쪽으로 살펴보면, 점점 더 음의 에너지를 띨수록 바깥쪽 전자는 더 강한 결합을 하는 경향을 보인다. 이러한 원소의 원자에 p 상태 전자가 추가되면 그 동료 전자를 핵의 끌어당김으로부터 보호하는 것으로 보이지만 이는 부분적이며, 바깥쪽 전자의 음의 에너지가 더욱 강해짐에 따라 그 원자의 추가 양성자는 모든 전자를 더욱 강하게 당겨 강한 결합을 만들어 낸다.

표의 각 행의 바깥쪽 전자에너지는 VIIIA 원소, 즉 전자의 모든 껍질을 완전히 채운 원소에서 최소에 도달한다. 이러한 원소의 원자는 자신의 전자를 아주 강하게 붙들어 다른 원소와 반응하지 않아 아무런 전자도 잃지 않는 경향이 있다. 이들 원자는 또한 하나의 전자도 얻지 않는 경향이 있는데, 그룹 VIIIA 원소의 추가된 전자가 들어갈 상태의 바깥쪽 전자에너지(끌어당기고 결합하려는 경향의 척도)는 더 작은 음에너지(와 결합력)를 갖는데, 심지어 표의 다음 행을 시작하는 원소의 비교적 작은 바깥쪽 전자에너지보다도 작다. 그 이유는 그룹 VIIIA 원소의 원자에 전자 하나가 추가돼 형성될 이온이 — 비록 그렇지 않다면 다음 열을 시작하는 다음의 원자번호가 높은 원소의 원자를 닮을지라도 — 다음의 원자번호가 높은 원소의 원자보다 그 핵에 양성자가 하나 적기 때문이다. 그러므로 추가된 바깥쪽 전자는 다음으로 원자번호가 높은 원소 원자의 동등한 전자보다 핵에 덜 견고하게 결합되며 덜 강하게 끌린다. 그러므로 다른 원소의 전자는 비활성 기체 그룹 VIIIA 원소의 원자에 끌리지 않는다. 전자를 잃으려는 경향이 부족하고 전자를 얻으려는 경향도 부족해 그룹 VIIIA 원소가 왜 이온결합 형성 반응이 없는지를 설명한다. 이들은 전자를 공유해 공유 결합을 하려는 경향도 없다. 그러므로 이들은 상호작용 없는, 냉담한 경향이 있으며 이런 이유로 '비활성기체'라는 이름이 붙었다.

이제, 기둥 VIA열 2행에 기호 O로 표시된 산소 원자와 3행에 기호 S로 표시된 유황 원자의 바깥쪽 상태 에너지가 VA열의 질소(N)와 인(P) 원자 각각의 바깥쪽 전자 상태에너지와 비교해 덜 강한 음에너지를 갖는다는 점을 살펴본다. 덜 강한 음에너지를 갖는 O와 S는 좌측에서 우측까지 원소의 원자의 바깥쪽 점유 상태 에너지가 안정적으로 감소하는 상황을 중단시킨다. O와 S의 (좌측에서 우측으로 살펴볼 때) 특이한 에너지 증가는 산소와 유황이 자신의 행에서 바깥쪽 p 하위껍질에 반대 스핀인 전자, 즉 같은 p 공간상태를 점유하는 두 전자를 갖는 첫 번째 원소이기 때문에 발생한다. 그리고 13장과 14장에서 언급했듯, 이는 그 상태의 두 전자가 서로 비교적 크게 밀쳐내므로, 이러한 바깥쪽 전자의 음에너지가 덜 강하도록 만들어 덜 단단하게 결합하게 하고 이들 중 하나를 제거하는 데 필요한 이온화 에너지가 그만큼 작아진다.

결합하려는 경향

자연에서는 모든 것이 가장 낮은 에너지 상태로 향하는 경향이 있다. 전이 후의 양쪽 원자(또는 만약 형성이 된다면 이온)의 모든 전자의 에너지 합계가 이전의 에너지 합계보다 작다면 원자는 전자를 서로 공유하거나 전이하려는 경향을 띨 것이다. 그러므로 원자(원소)가 전자를 얻거나 잃거나 공유하려는(화학적으로 결합하려고 반응) 경향을 결정하는 것은 마지막으로 점유된 상태의 에너지준위, 그리고 다른 전자가 점유할 가능성이 있는 바로 위 에너지준위다. 설명해 보겠다.

가령, 한 원소의 원자의 바로 위 상태의 에너지(즉, 첫 번째 점유되지 않은 상태)가 두 번째 원소 원자에 마지막으로 점유된 상태와 비교해 비교적 낮다면(즉, 음에너지가 더욱 강하다면), 처음 원자는 두 번째의 가장 바깥쪽 전자를 획득하려는 경향을 띨 것이다. 그것은 두 번째 원자에서 첫 번째 원자로 전이하는 것이며 전자는 더 낮은 에너지로 '떨어진다'. 자연은 전체 에너지가 낮은 상태를 사랑한다. 이러한 형태의 획득 반응성은 비금속의 원자에서 전형적이다(즉, 마지막 열의 비활성 기체를 제외하고 전형적이다. 여기서부터 좀 더 설명한다). 비금속은 표 D.1의 우측 아래편에 있고, 주기율표 IV와 B.2의 우측 아래편에 음영 처리돼 나와 있다. 예를 들어 이러한 원자인 불소 원자는 불산의 구성물로서 매우 소유욕이 강하여 규소를 산소와의 결합(SiO_2)에서 빼내 유리를 삭게etch 한다.

반대로 만약 원자의 가장 바깥쪽을 점유한 상태의 에너지가 다른 원소의 원자의 하나 위(점유되지 않은) 에너지 상태와 비교해 비교적 높다면(음에너지가 적다면), 첫 번째 원자는 자신의 가장 바깥쪽 전자를 '더 낮은 에너지 쪽'인 두 번째 원자로 가도록 한다. 이러한 형태의 반응성은 금속에서 전형적이다. 금속은 표 D.1의 좌측 위쪽으로 갈수록 보이며 위에 언급된 두 개의 주기율표의 좌측 위쪽에 있다. 예를 들어 나트륨 원자의 바깥쪽 1s 전자 하나는 음에너지가 낮아서 만약 이 금속 덩어리 하나를 물에 떨어뜨리면, 가능한 상태의 음에너지가 훨씬 강해 매우 소유욕이 높은 산소 원자는 이전에 결합한 수소 원자를 옆으로 밀어두고 더 높은 에너지인(음에너지가 덜 강한) 나트륨 전자에 달라붙을 것이다. 여기에서 수소 가스가 발생되고, 이것이 공기 중의 산소와 결합해, 빛과 열을 방출하며 탄다(그리고 양이 충분하다면 폭발한다).

만약 전자가 위 경우 중 하나로, 한 원자에서 다른 원자로 완전히 전이되면 전자를 획득하는 원자는 순 음전하를 가지고, 그래서 음이온anion이 된다. 전자를 잃는 원자는 순 양전하와 남게 되고 그래서 양이온cation이 된다. 반대로 충전된 두 이온은 정전기적으로 서로 끌어당기므로 이온결합ionic bond이라고 하는 형태로 붙는다. 예를 들어 나트륨과 불소는 이온결합 해 NaCl, 즉 일반 식염을 만든다.

만약 두 원자의 바깥쪽 상태에서 한 단계 더 높은 에너지의 비점유 상태가 획득성에서 비슷한 경향이 있다면 이들은 공유결합covalent bond이라고 하는 형태로 자신의 바깥쪽 전자를 공유해 (양쪽 원자의 상태를 더 낮은 에너지로 왜곡하는 방식으로) 자신의 전자의 전체 에너지를 더욱 낮출 수도 있다. 이 결합에서 전체 분자의 에너지는 원자 두 개가 따로 있을 때의 에너지보다 낮다. 참고로 모든 결합은 이온결합과 공유결합의 여러 형태다(특정 결합 형태는 15장에서 좀 더 설명된다).

가장 바깥쪽 전자가 완전히 채워진 껍질상태(그래서 비교적 낮은 에너지 상태)를 점유하는 원자는 그 전자를 빼앗기지 않으려는 경향이 있다. 그리고 만약 이들의 한 단계 더 높은 에너지(비점유) 상태의 음에너지가 그다지 강하지 않다면, 그 상태 또한 전자를 획득하려는 경향을 띠지 않는다. 이들은 그저 다른 원자와 반응하려 하지 않아 전자를 얻거나 잃거나 하지 않는다. 이들은 '냉담한' VIIIA열의 비활성 기체 원소들로 표 D.1과 주기율표 IV 및 B.2의 맨 오른쪽 열에 나타나 있다. 참고: 결합하려는 경향을 설명하는 다른 방법은 각 원소의 원자가 (원소번호로) 가장 가까운 비활성 기체 원소의 원자처럼 껍질을 정확히 채우려고 전자를 얻거나 잃으려는 경향이 있다고 말하는 것이다.

원자와 이온의 크기에 대한 추가 내용

표 D.1에서 좌측에서 우측으로 원자 크기가 감소하는 것은 반직관적이다. 표의 좌측에서 우측으로 움직이면 우린 전자가 더 많은 원자라는, 즉 더 높은 원자번호의 원소라는 것을 안다. 그리고 전자가 더 많은 원자가 (더 적은 원자보다) 더 커야 하지 않을까?

14장과 이번 부록 앞에서 설명한 물리학으로부터 우린 그렇지 않다는 답을 알고 있다. 핵을 둘러싼 전자가 많을수록 핵에는 양 전하인 양성자 수가 그만큼 많다는 뜻이다. 이것은 핵을 둘러싼 다른 전자의 음전하가 양성자를 차단해 어느 정도 경감되기는 하나, 각 전자를 모든 양성자로, 더 큰 힘으로 끌어당기는 결과를 가져온다. (표 오른쪽으로 갈수록 전자가 많아지므로) 추가적인 모든 전자(앞에서 언급한 것처럼 그룹 VIA열의 원자는 제외)를 핵이 더욱 끌어당기고, 그만큼 모든 전자 상태의 크기가 감소한다. 즉, 더 많은 전자가 있는 더 작은 원자가 되는 것이다. 그러나 각 행의 에너지 준위의 마지막 p상태가 채워질 때까지만 통한다.

IA열 원소는 (물론 전자를 하나만 가지는 수소는 제외) 껍질을 완전히 채우고 전자를 하나 더 가진다. 그리고 (수소를 제외하고) 이 전자 하나는 (이전의 상태껍질을 완전히 채운 에너지 상태와 비교해) 더 높은 에너지의(더 작은 음에너지의) s 상태를 점유한다. 모든 경우에 바깥쪽 전자는 핵 안의 양전하로부터 대부분 차단된다. 단단히 결합되고, 대칭적이면서, 전자로 꽉 채워진 껍질 때문이다. 그래서 이 마지막 전자는 핵에 강하게 당겨지지 않으며, 그 s 상태는 이전 행의 비활성 기체 원자의 채워진 전자 상태보다 상당히 크다. 이것은 수소보다 높은 n (음에너지가 더 작은) 상태에 전자를 가지는 것과 약간 비슷하다. $Z=1$(수소)의 원자는 하나의 핵 주위에 하나의 전자를 가진다. 바깥쪽 상태에 전자 하나만 보이는 원소는 수소처럼 (양전하를 차단하고 있는) 껍질 밖에서 하나의 전자가 도는 듯하다. 그러므로 IA열 위로 연속되는 각 원소의 원자는 크기가 더 크고 결합하는 음에너지는 더 작다. 이 행을 따라 다시 진행되는데 오른쪽으로 갈수록 크기는 더 작아지고 완전히 채워진 단단한 껍질이며, 마지막에는 첫 번째 원소의 원자보다 약간 더 크고 덜 단단히 결합된 s 상태로 (다음 행으로) 뛰어오른다.

표 D.1에 있는 가장 큰 원자는 세슘 원자다. 기호는 Cs, 원자번호 $Z = 55$, 표의 좌측 꼭대기에 보인다. 직경은 100만분의 1밀리미터의 거의 절반이다. 즉, 2 × (Cs 반경 = 2.35 단위) × (1단위 = 0.1 × 100만분의 1밀리미터) = 0.470× 10^{-6}밀리미터다.

아이오딘(I) 원자보다 단지 두 개의 전자를 더 가지며 원자번호 55인 세슘 원자의 반경은 아이오딘 원자 반경의 거의 1.6배라는 점을 살펴보자. 이것은 전자가 완전히 채워진(또는 거의 완전히 채워진) 껍질을 넘으면 더 큰 s 상태가 되기 때문에 크기에서 커다란 점프가 발생한 듯하다. 53개의 전자를 가진 아이오딘 원자의 반경은 전자가 하나인 수소 원자 반경의 단지 3.6배. 아이오딘 원자의 채워진 내부의 껍질과 거의 채워진 바깥쪽 껍질이 비교적 작은 크기로 줄어들게 만들었다.

또한 IIA열 원소의 원자 크기가 IA열의 원자의 크기와 비교해 비교적 크게 작아지는 것을 살펴보자. 이것은 IIA열 원소의 s 상태 하위껍질을 정확히 채운 결과(상응해 바깥쪽 전자가 더욱 단단히 결합함에 따라) 점유된 바깥쪽 상태 에너지가 특수하게 크게 감소했다고 설명할 수 있다. (각 원소를 구별하는 원소번호 Z만을 나타낸 표 III에 보이는 해당 s 블록 상태의 하위껍질을 참조한다. 정확히 완성된 하위껍질을 가진 원자들은 전체 껍질을 정확히 채운 전자를 가질 때와 비슷하게 단단하게 결합한다.)

원자가하위껍질 이온

이온은 원자가 전자를 하나 또는 그 이상 뺏길 때나, 추가 전자를 하나 또는 그 이상 획득할 때 생성된다는 것을 기억하자(이온은 전체적으로 전자를 빼앗기거나 획득한 원자가 합쳐져 구성될 수도 있다. 예를 들어 수산화이온은 물H₂O이 수산화이온OH과 수소이온H⁺으로 분리되어, H에서 전자를 빼앗아 OH가 획득하므로 생긴다). 그리고 원자가 전자를 얻거나 잃으려는 경향의 전자 수를 '원자가valence'라고 한다. 전자를 빼앗길 때, + 원자가 양이온이 생성된다. 전자와 순 양전하보다 양성자가 많기 때문이다. 전자를 획득할 때, - 원자가 음이온이 생성된다. 양성자와 순 음전하보다 전자가 많기 때문이다. 이 이온의 원자가가 표 D.1(과 우리 살펴본 두 주기율표)의 상단 좌측과 하단 우측을 향하는 원소가 화합물을 형성하기 위해 조합하려는 경향 대부분을 설명해 준다. (상단 좌측 원소의) + 원자가 원자는 전자를 획득하려는 경향이 있고 (하단 우측 원소의) - 원자가 원자는 전자를 잃으려는 경향이 있다.

+ 원자가하위껍질 이온은 완전히 채워진 2열의 1s 상태 원자가하위껍질이나 완전히 채워진 p 상태 원자가하위껍질만을 남기며, 혹은 안쪽의 하위껍질도 있다면 또한 전체가 채워진 상태로 남기고 가장 바깥쪽 전자가 모두 떨어져 나갔을 때 생성된다. - 원자가하위껍질 이온은 충분한 여분의 바깥쪽 전자를 획득해 다음 원자가하위껍질을 형성할 때 생성된다.

표 D.1에서 구 안의 점선 원은 원자로부터 전자가 하나, 둘, 또는 세 개가 제거됐을 때 원자가하위껍질 양이온의 상대적인 측정 크기를 보여 준다. 각각 위첨자 +, 2+, 또는 3+로 표시돼 있다. 예로, 리튬 (Li)과 그 원자가하위껍질 양이온인 Li^+이 수소 다음의 두 번째 행 IA열에 각각 구와 점선 원으로 나타나 있다(또한 수소 이온은 점선 원이 없다는 점을 참고한다. 수소 원자가 자신의 전자를 잃으면 남아 있는 건 양성자 하나뿐으로 수소 원자 보다 만 배나 작아 표 D.1에서는 보여줄 수 없다). 구를 둘러싼 점선 원은 전자를 하나, 둘, 또는 세 개 추가적으로 획득했을 때 원자가하위껍질 음이온의 상대적인 크기를 보여준다. 각각 위첨자 -, 2-, 또는 3-로 표시돼 있다. 예로, 질소(N)와 그 원자가하위껍질 음이온인 N^{3-}가 VA열 두 번째 행에 N/N^{3-}로 나타나 있다.

전이금속 B형 그룹의 원소와 그 특성

우린 다음으로 'B' 그룹 전이금속 원소의 특성을 살펴본다. 13장 주기율표 IV와 부록 B 표 B.2의 가운데 위쪽에 표시한 59개의 B형 원소다. 13장에서는 표 III의 d 블록에 원자번호가 표시된 원소들이 다.[4] 표 III과 IV의 네 번째 행의 중간 전이금속 시리즈 중 첫 번째 10개의 전이금속의 특성은 표 D.1에 블록으로 삽입돼 있다. 10개 원소 대부분은 원자 크기와 바깥쪽 전자 에너지 모두 비교적 변화가 적다는 점을 참고하자. 하지만 이러한 원소는 다른 화학적, 물리적 특성이 있다. 원자의 크기와 바깥쪽 전자에너지는 원소의 특성 및 결과적으로 표를 설명하는 역할을 하며, 작은 차이가 나는 에너지는 특성에서 덜 극적인 변화가 있는 이유를 설명한다.

전이금속은 대부분 일반적으로 알려진 원소를 포함하며, 그중에는 순수 원소 형태로 발견되거나 분리된 원소가 있다. 또한 표 IV와 B.2를 참고해 여기서 특히 이러한 더 친숙한 원소를 소개한다. 4행 전이금속 시리즈의 원소는 원자번호 Z = 21인 스칸듐으로 시작한다. 다음으로 티타늄, 바나듐, 크로뮴, 그리고 망간이 있고, 뒤따라 철, 코발트, 니켈, 구리, 아연이 있다. 그리고 이들 중 마지막 세 개의 아래인 (두 번째 전이금속 시리즈인) 5행에 팔라듐, 은, 카드뮴이 있다. 또한 (세 번째 시리즈인) 6행에는 플래티늄, 금, 수은이 있다.

금속을 고체로 유지하는 것, 이들의 전기적 특성을 생성하는 것, 그리고 이들의 자기적 특성의 원인이 되는 것은 16장에서 간략히 소개했다. 이들의 실제적인 사용 및 관련 발명품 또한 간략히 소개했다.

이들의 화학적 특성은 여기서 자세히 다루지는 않는다. 깊이 탐구해 보고 싶다면 레오나드 파인Leonard W. Fine과 허버트 비올Herbert Beall의 『공학자와 과학자를 위한 화학Chemistry for Engineers and Scientists』(레퍼런스 E), 또는 캐서린 하우스크로포트Catherine Housecroft와 알란 샤프Alan G. Sharpe의 『무기물 화학Inorganic Chemistry』(레퍼런스 H)와 같은 좋은 책을 읽어볼 것을 추천한다.

희토와 더 무거운 원소 (표 D.1에는 나와 있지 않음)

d 상태와 대조적으로 f 상태는 원소의 특성에 거의 영향을 미치지 않는다. 그래서 원자번호 $Z = 58$부터 $Z = 71$까지인 4f 블록 희토 원소들에서 4f 상태를 채우는 것이 이들 앞에 나오는 원자번호 $Z = 57$인 란타늄이 보이는 원소 특성과 거의 차이가 없다. 이러한 이유로 이 원소들은 자주 란탄족lanthanide(또는 란타노이드lanthanoid)이라고 부른다. 이와 유사하게 원자번호 $Z = 91$부터 $Z = 103$까지인 5f 블록 원소는 5f 상태를 채워도 이들 앞에 나오는 원자번호 $Z = 89$인 악티늄의 특성과 거의 변화가 없다. 그래서 이 원소들은 자주 악티늄족actinide(또는 악티노이드actinoid)이라고 부른다. 원자번호 $Z = 72$인 하프늄 원소의 원자로 시작되는 란탄족 이후 원소의 원자에서 d 상태를 채우는 것은 또다시 특성상의 중대한 차이가 난다. 물론 이미 언급한 것처럼 원자 크기는 예외다.

부록 E

---✦---

X선의 생성

이 부분은 14장의 논의와 관련돼 있다. 일부 전이금속 원자의 안쪽 전자 상태의 지극히 낮은 에너지는 X선 생성을 극적으로 보여준다. 참고로 어떤 원소(수소와 헬륨은 제외)의 원자 내의 가장 안쪽 껍질인 1s의 전자 두 개는 핵의 총 전하에 거의 노출돼 있으며 나머지 전자 구름의 거의 안쪽에 위치한다. 가장 안쪽 상태에 있는 한 전자는 같이 1s에 있는 동료 전자에 의해서만 주로 차단된다. 그러므로 핵의 양성자의 양전하 중 일부를 제외하고 거의 대부분을 만난다. 원자번호가 더 높은 원소에서 이러한 안쪽의 전자는 14장에서 살펴보았듯이, 거의 전자 하나인 이온과 비슷한 음에너지를 갖는데, 대략 핵의 양성자 수의 제곱에 비례한다(즉, 원소번호 Z의 제곱에 비례한다). 따라서 더 높은 원자번호의 원소는 내부 상태 에너지가 매우 매우 높은 음의(아

460

주 낮은) 값이다. 만약 이러한 안쪽의 전자 중 하나가 더 높은 에너지 상태로 또는 심지어 원자 밖으로 나가떨어지면 제거된 전자가 차지하던 가장 낮은 에너지 상태로 또 다른 전자가 전이할 수도 있다. 이렇게 되면 이 다른 전자는 (더 낮고 더 음의 에너지 상태로 가므로) 에너지를 잃고, X선이라고 부르는 매우 매우 높은 에너지를 가졌으며 관통하는 성질이 있는 광자를 발산한다(물론 X선은 의료용 영상 장비와 금속과 합금의 결함을 발견하는 용도 등 많은 응용품에서 사용해 왔다).

X선은 보통 안쪽의 전자를 원자로부터 완전히 자유롭게 떼내기에 충분한 에너지인 수만 전자볼트 에너지로 가속한 전자로 금속을 때려서 만든다. 금속과 전자 폭격을 유도하기 위해 큰 전압으로 유지되는 전자원(보통 가열된 텅스텐 필라멘트)은 대개 진공 튜브 속에 싸여 있다. 일단 안쪽 전자가 자유롭게 빠져나오면 위에서 설명한 전이가 발생하고 그 과정에서 X선을 방사한다. 물론 금속을 폭격하는 데에는 수십억 개 원자 안의 수십억 개의 전자가 관련되며 수십억 개의 X선 광자가 발산된다.

X선을 만드는 데 일반적으로 사용하는 두 개의 금속성 원소는 구리($Z = 29$)와 텅스텐($Z = 74$)이다. 만약 다른 전자가 차단하지 않는다고 가정하면 (실제로는 아니나 여기선 대략으로 짐작한다), $n = 1$인 안쪽 가장 낮은 에너지 상태의 에너지 준위는 14장의 섹션 ⓐ에서 설명하고 그림 14.1에 나와 있는 것처럼 이온의 전자와 마찬가지로 슈뢰딩거 방정식으로 계산할 수 있다. $n = 1$일 때, 공식은 다음과 같았다.

$$E = (-13.60 \text{ eV}) \times (Z)^2/(n)^2,$$

구리와 텅스텐을 계산하면 각각 -11,438eV와 -74,474eV를 얻는다. 이러한 원소로부터 발산된(가장 바깥쪽의 전자에서 안쪽의 n = 1 전자 레벨까지 전이하며 발산된) X선을 측정해 얻은 가장 높은 에너지는 안쪽의 상태 에너지 준위가 -8,990eV와 -69,550eV라고 말해준다. 원자의 복잡성과 핵의 전하 일부는 바깥쪽 전자에도 노출되고 안쪽의 다른 전자가 어느 정도 차단한다는 점을 고려하면, 계산한 이론값과 비교적 잘 일치한다. 이 특정한 에너지가 나타난다는 점에서 X선은 원자를 설명하는 양자역학의 유효성을 다시 한번 확인한다. 고전이론으로는 특정 에너지를 전혀 예측하지 못할 것이다.

주석 및 레퍼런스

《양자역학이란 무엇인가》의 주석 및 레퍼런스는
QR을 통해 웹페이지에서 확인하실 수 있습니다.